TypeScript

图形渲染实战

基于WebGL的3D架构与实现

步磊峰◎编著

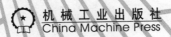
机械工业出版社
China Machine Press

图书在版编目（CIP）数据

TypeScript图形渲染实战：基于WebGL的3D架构与实现/步磊峰编著. —北京：机械工业出版社，2020.1

ISBN 978-7-111-64266-4

Ⅰ. T… Ⅱ. 步… Ⅲ. JAVA语言－程序设计 Ⅳ. TP312.8

中国版本图书馆CIP数据核字（2019）第269861号

　　为了让广大 3D 图形爱好者能够快速地学习 WebGL 图形编程，本书按照循序渐进的方式，由浅入深地讲解了 WebGL 图形编程的相关知识点。本书理论结合实践，可以让 3D 图形爱好者少走弯路，直击 3D 图形开发中的核心要点。

　　本书共 10 章，分为 3 篇。第 1、2 章为数据结构基础篇，主要介绍如何构建 TypeScript 开发调试环境，并以范型编程方式实现和封装了动态类型数组、关联数组、双向链表、队列、栈和树等数据结构。第 3~7 章为 WebGL 图形编程基础篇，围绕着如何建立一个 WebGLApplication 框架应用体系和 WebGLUtilLib 渲染体系而展开，并且详细介绍了 3D 图形编程中的一些常用数学基础知识。第 8~10 章为开发实战篇，在使用 WebGLApplication 框架和 WebGLUtilLib 框架的基础上实现了对 id Software 公司开源的 Quake3 BSP 及 Doom3 PROC 场景的解析和渲染，并且介绍了 Doom3 MD5 骨骼蒙皮动画原理、解析与渲染的相关知识点。

　　本书特别适合对 3D 图形开发、WebGL 图形编程、游戏开发等感兴趣的技术人员阅读，还适合 JavaScript 程序员及想从 C、C++、Java 和 C#等强类型语言转 HTML 5 开发的程序员阅读。另外，编程爱好者、高校学生及培训机构的学员也可以将本书作为兴趣读物。

TypeScript 图形渲染实战
基于 WebGL 的 3D 架构与实现

出版发行：机械工业出版社（北京市西城区百万庄大街 22 号　邮政编码：100037）			
责任编辑：欧振旭　李华君		责任校对：姚志娟	
印　　刷：中国电影出版社印刷厂		版　　次：2020 年 1 月第 1 版第 1 次印刷	
开　　本：186mm×240mm　1/16		印　　张：22.75	
书　　号：ISBN 978-7-111-64266-4		定　　价：109.00 元	

客服电话：（010）88361066　88379833　68326294　　投稿热线：（010）88379604
华章网站：www.hzbook.com　　　　　　　　　　　　　读者信箱：hzit@hzbook.com

笔者在本书的姊妹篇《TypeScript 图形渲染实战：2D 架构设计与实现》一书中使用了微软最新的 TypeScript 语言，以面向接口及泛型的编程方式，采用 HTML 5 中的 Canvas2D 绘图 API，实现了一个 2D 动画精灵系统，并在该精灵系统上演示了精心设计的与图形数学变换相关的 Demo。本书中，笔者将继续带领读者学习 TypeScript 图形渲染的相关知识。本书主要解决的是基于 WebGL 的 3D 图形架构与实现。

3D 图形编程是一个庞大的主题，从宏观角度，笔者将整个 3D 图形编程分为三个层次，即画出来、画得美和画得快。本书定位于画出来，目的是让读者使用 TypeScript 语言及 WebGL 3D API 编写一个 WebGLApplication 应用程序框架及 WebGLUtilLib 封装库，来渲染 id Software 公司的 Quake3 及 Doom3 这两个引擎的场景和骨骼动画格式。通过本书，可以让各位读者了解 3D 图形渲染底层最原始的运行流程。

读者能学到什么

本书最大的特点是专注于使用 TypeScript 语言和 WebGL API（应用程序接口），来渲染 id Software 公司最经典的 Quake3 和 Doom3 引擎的场景和骨骼蒙皮动画文件格式。全书通过 8 个完整的 Demo 来探索和演示 3D 图形渲染的基础知识。

通过阅读本书，读者能掌握以下知识：

- 构建 TypeScript 的开发、编译及调试环境；
- 使用 TypeScript 封装或实现常用的容器对象；
- 实现一个支持刷新、重绘、事件分发与响应、定时回调及异步/同步资源加载的 WebGLApplication 框架体系；
- 使用 WebGL 1.x 版中内置的各个常用对象；
- 将 WebGL 1.x 中的一些常用操作封装成可重复使用的类库（WebGLUtilLib）；
- 使用开源的 TSM（TypeScript Vector And Matrix Math Library）数学库；
- 用单视口和多视口自由切换来渲染基本的几何体、坐标系，并在 WebGL 环境中正确地使用 Canvas2D 进行文本绘制；
- 进行远程加载、解析和渲染 Quake3 BSP 二进制场景文件；
- 进行远程加载、解析 Doom3 PROC 场景文件，并实现基于视锥体与 AABB 级别的可见性测试场景渲染功能；

- 深入理解骨骼蒙皮动画的数学原理，并成功地解析和渲染 Doom3 中的 MD5 骨骼动画格式。

本书有何特色

- **深入**：凝聚作者 15 年 3D 图形编程经验，带领读者探索 3D 图形编程的知识；
- **系统**：使用 TypeScript 构建 Application 应用程序框架及 WebGL 渲染框架；
- **广泛**：涉及数据结构、WebGL 渲染 API 用法、3D 数学、二进制文件读取、骨骼动画及场景渲染等内容；
- **独特**：使用 TypeScript 和 WebGL 渲染 API 来演示 Quake3、Doom3 引擎的场景和骨骼动画渲染；
- **实用**：详细讲解 8 个完整的 3D 图形 Demo，帮助读者理解 3D 图形渲染最本质的运行流程。

本书内容

第1篇 数据结构基础（第1、2章）

第 1 章 SystemJS 与 webpack，以循序渐进的方式介绍了如何构建基于 SystemJS 和 webpack 的 TypeScript 语言开发、编译和调试环境，最终形成一个支持源码自动编译、模块自动载入、服务器端热部署、具有强大断点调试功能、能自动打包的 TypeScript 开发环境。

第 2 章 TypeScript 封装和实现常用容器，主要涉及与数据结构相关的知识点。首先讲解了 JS/TS 中新增的 ArrayBuffer、DataView 及与类型数组相关的知识点，然后封装和实现了动态类型数组、字典、双向循环列表、队列、栈及通用树结构。

第2篇 WebGL图形编程基础（第3~7章）

第 3 章 WebGLApplication 框架，通过本书第一个 WebGL Demo 来演示一个支持不停刷新、重绘、事件分发与响应、具有定时效果的 WebGLApplication 框架体系的使用流程。该框架支持使用 ES 6.0 标准中的 async/await 机制进行资源加载。

第 4 章 WebGL 基础，通过一个 WebGL 基本几何图元绘制的 Demo，详细介绍了 WebGLContextEvent、WebGLContextAttribut、WebGLRenderingContext、WebGLShader、WebGLProgram、WebGLShaderPrecisionFormat、WebGLActiveInfo、WebGLUniformLocation 和 WebGLBuffer 这 9 个类的作用和常用方法。读者可以重点关注 WebGLBuffer 的 3 种不同渲染数据存储模式。

第 5 章 WebGLUtilLib 渲染框架，介绍了多个与 WebGL 相关的类。其中，GLProgram 类用来编译、链接 GLSL ES GPU Shader 源码，并提供载入 uniform 变量的相关操作；GLStaticMesh 对象用于绘制静态物体；GLMeshBuilder 对象可以用于绘制动态物体；GLTexuture 类可以在 GLStaticMesh 或 GLMeshBuilder 生成的网格对象上进行纹理贴图操作。

第 6 章 3D 图形中的数学基础，通过介绍开源 TSM（TypeScript Vector And Matrix Math Library）数学库，让读者掌握向量、矩阵、四元数等相关的 3D 数学知识，并在 TSM 库的基础上实现了平面、摄像机、矩阵堆栈及 GLCoordSystem 等后续 Demo 要用到的类。

第 7 章多视口渲染基本几何体、坐标系及文字，使用 WebGLApplication 框架及 WebGLUtilLib 库实现了两个 Demo。其中，第一个 Demo 使用 GLMeshBuilder 类在多视口中渲染基本几何体；第二个 Demo 则用来演示 3D 图形中坐标系的各种变换效果，并通过使用 Canvas2D 来绘制文字，从而解决 WebGL 中文字绘制的短板问题。

第3篇　开发实战（第8~10章）

第 8 章解析与渲染 Quake3 BSP 场景，首先在 Quake3BspParser 类的实现中介绍了如何使用 DataView 对象进行 Quake3 BSP 二进制文件解析，然后实现 Quake3BspScene 类。Quake3BspScene 类可以将需要渲染的数据编译成 GLStaticMesh 对象支持的格式，从而正确地显示 Quake3 BSP 场景。

第 9 章解析和渲染 Doom3 PROC 场景，主要介绍了如何解析和渲染 Doom3 PROC 场景文件。首先实现了用 Doom3SceneParser 类进行场景文件的解析；然后实现了用 Doom3ProcScene 类进行场景文件的渲染；最后对场景的渲染增加视截体的可见性测试，从而提升 WebGL 的绘制效率。

第 10 章解析和渲染 Doom3 MD5 骨骼蒙皮动画，主要介绍了如何解析和渲染 Doom3 引擎中的 MD5 骨骼蒙皮动画。首先通过问答的方式介绍了骨骼动画中 4 个与坐标系相关的问题；然后解析并绘制.md5mesh 文件；最后介绍.md5anim 动画文件格式，并实现动画序列的显示播放。

本书配套资源获取方式

本书涉及的源代码文件和 Demo 需要读者自行下载。请登录华章公司网站 www.hzbook.com，在该网站上搜索到本书，然后单击"资料下载"按钮，即可在页面上找到"配书资源"下载链接。

运行书中的源代码需要进行以下操作：

（1）按照本书第 1 章中的介绍下载并安装 Node.js 和 VS Code。

（2）在 VS Code 的终端对话框中输入 npm install 命令，自动下载运行依赖包。

（3）下载好依赖包后继续输入 npm run watch。

（4）在 VS Code 中新建一个终端面板，输入 npm run dev。

本书读者对象

- 对 3D 图形编程、WebGL 图形开发、游戏开发感兴趣的技术人员；
- 想转行做图形开发和 WebGL 开发的技术人员；
- 需要全面学习 3D 图形开发的技术人员；
- 想从其他强类型语言（C、C++、Java、C#、Objective-C 等）转 HTML 5 开发的技术人员；
- JavaScript 程序员；
- 想了解 TypeScript 的程序员；
- 想提高编程水平的人员；
- 在校大学生及喜欢计算机编程的自学者；
- 专业培训机构的学员。

本书阅读建议

- 没有 3D 图形框架开发基础的读者，建议从第 1 章顺次阅读并演练每一个实例；
- 有一定 3D 图形开发基础的读者，可以根据实际情况有重点地选择阅读各个模块和项目案例；
- 对于每一个模块和项目案例，先思考一下实现思路，然后再阅读，学习效果更好；
- 可以先对书中的模块和 Demo 阅读一遍，然后结合本书提供的源码再进行理解，并亲自运行和调试，这样理解起来就更加容易，也会更加深刻。

本书作者

本书由步磊峰编写。感谢在本书编写和出版过程中给予了笔者大量帮助的各位编辑！

由于作者水平所限，加之写作时间较为仓促，书中可能还存在一些疏漏和不足之处，敬请各位读者批评指正。联系邮箱：hzbook2017@163.com。

编著者

|目录|

第 2 篇 WebGL 图形编程基础

第 3 篇　开发实战

第1篇
数据结构基础

第 1 章　SystemJS 与 Webpack

在本书的姊妹篇《TypeScript 图形渲染实战：2D 架构设计与实现》一书中，第 1 章以循序渐进的方式讲解了如何使用 SystemJS 构建一个能直接启动 HTML 的页面、能自动进行 TypeScript 编译（转译）、能解决跨域问题、能支持热更新、能进行严格类型检测、能使用断点调试源码的 TypeScript 运行环境。

为了完整性，在本书的第 1 章中会快速地了解一下 SystemJS 的安装和使用流程，然后使用 Webpack 来构建 TypeScript 开发、编译、调试及打包环境，最终我们也会得到一个与 SystemJS 具有类似功能并且支持打包压缩源码的 TypeScript 运行环境。

接下来会总结 SystemJS 和 Webpack 之间的区别，大家可以自行决定使用哪种技术。最后还会带领大家了解一下编译（Compile）与转译（Transpile）之间的区别与联系。本章内容的思维导图如图 1.1 所示。

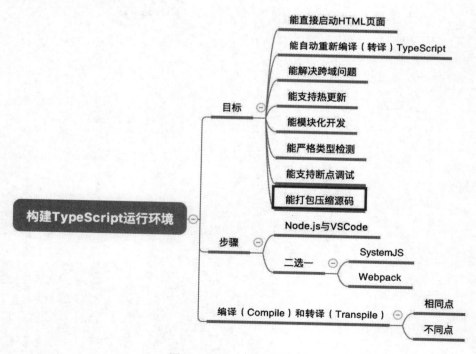

图 1.1　本章内容思维导图

1.1　准 备 工 作

在使用 SystemJS 或 Webpack 进行 TypeScript 开发前，必须要预先安装 Node.js 运行环境和 Visual Studio Code 代码编辑器。

1.1.1　安装 Node.js

Node.js 官方（https://nodejs.org/）说明如图 1.2 所示。

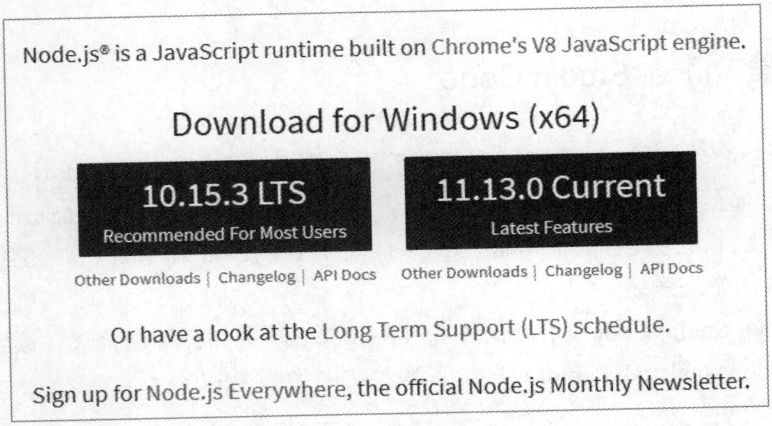

Node.js® is a JavaScript runtime built on Chrome's V8 JavaScript engine.

Download for Windows (x64)

10.15.3 LTS	11.13.0 Current
Recommended For Most Users	Latest Features

Other Downloads | Changelog | API Docs   Other Downloads | Changelog | API Docs

Or have a look at the Long Term Support (LTS) schedule.

Sign up for Node.js Everywhere, the official Node.js Monthly Newsletter.

图 1.2　Node.js 官方说明

在安装 Node.js 时，一般会提供两个版本：LTS 版和 Current 版。其中，LTS 是 Long Term Support（官方长期支持版）的缩写，在生产环境中，请使用 LTS 版。

本书以 MS Windows(x64)系统为演示环境，Mac OS、Linux 系统的安装和使用与 Windows 相似。如图 1.2 所示，单击 10.15.3 LTS 按钮开始下载 Node.js 安装包，在本书编写时，最新的稳定版是 10.15.3LTS。

下载完 Windows 系统安装包后，双击进入如图 1.3 所示的安装界面，一直单击 Next 按钮，直到安装完成。

打开 Windows 中的 CMD 程序，输入相应命令：node-v 及 npm-v。若成功安装，则会显示如图 1.4 所示的内容。

至此，已经成功安装了 Node.js 运行环境。接下来安装 Visual Studio Code 代码编辑器。

图 1.3　Node.js 安装界面　　　　　　　图 1.4　测试 Node.js 和 NPM 安装是否成功

1.1.2　安装 Viusal Studio Code

Visual Studio Code 是一个运行在桌面系统上的，并且可用于 Windows、Mac OS X 和 Linux 平台的轻量级且功能强大的源代码编辑器。它直接内置了对 JavaScript、TypeScript 和 Node.js 的支持，并具有其他语言（C/C++、C＃、Python 和 PHP 等）的扩展，同时提供了一个丰富的生态系统。

对于 Visual Studio Code（后续简称为 VS Code）的更加详细的描述，读者可以访问官网（https://code.visualstudio.com/）自行了解，官网如图 1.5 所示。

图 1.5　VS Code 官网

在此想强调的是 VS Code 有 3 个令笔者愉悦的体验，具体如下：

- VS Code 是 VS 中第一个支持 Mac OS X、Linux 和 Windows 的跨平台开发工具。
- 强大的智能代码补全功能。
- 通过插件方式提供编辑-编译-调试各种语言的能力。开发者不只是写代码，他们还要不断调试程序，而 VS Code 直接内置了 Node.js 的调试器，并且通过扩展来支持 Python、PHP、C/C++、C#和 TypeScript 等编程语言的调试。

在 Windows 中安装 VS Code 是极其容易的一件事，只要单击"下载"按钮进行下载即可。下载完成后，将会获得一个名为 VSCodeUserSetup-x64-1.32.3.exe（这是笔者当前下载的版本）的安装文件，双击后一路单击 Next 按钮，就会得到 VS Code 应用程序。

1.2　安装和配置 SystemJS

SystemJS 是一个可配置的模块加载器（Configurable Module Loader），它能在浏览器或 Node.js 上动态加载模块，并且支持 CommonJS、AMD、全局模块对象及 ES 6 模块等。关于 SystemJS 的具体作用，可以参考网址 https://github.com/systemjs/systemjs 查看。

🔔注意：关于 CommonJS、AMD 和全局模块对象等相关内容，请读者自行查阅相关资料。

1.2.1　安装 SystemJS

接下来看一下如何安装 SystemJS。具体操作步骤如下：

（1）如图 1.6 所示，首先创建一个例如名为 systemjsdev 的文件夹，在右键快捷菜单中选择 Open With Code 命令，使用 VS Code 打开该文件夹。

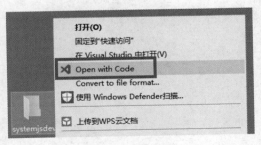

图 1.6　使用 VS Code 打开文件夹

（2）如图 1.7 所示，使用 Ctrl+`快捷方式打开 VS Code 的 TERMINAL 面板，并且输入 npm init 命令，然后根据提示生成 package.json 文件。

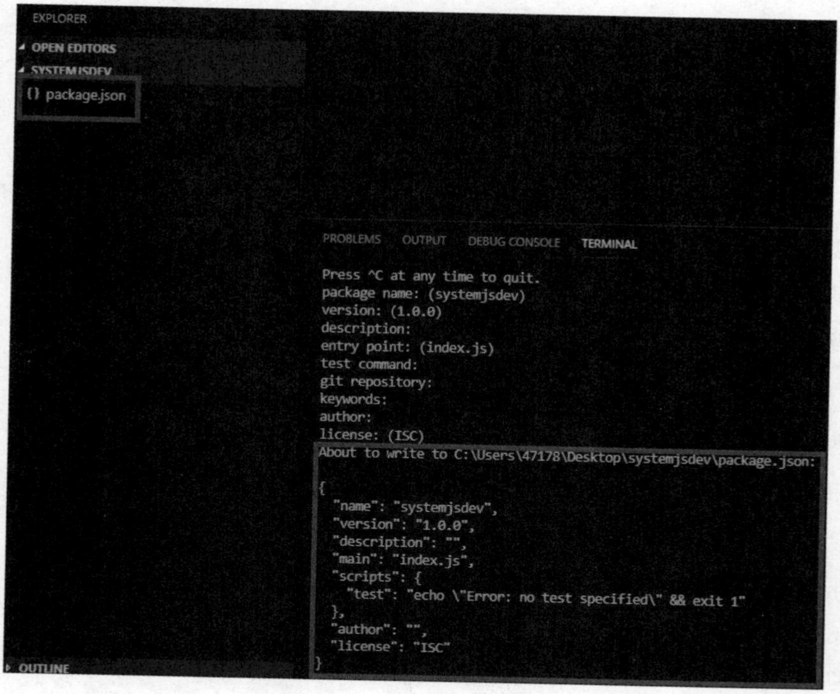

图 1.7 npm init 命令生成 package.json 文件

（3）在本地安装 TypeScript 依赖包和 SystemJS 依赖包，具体代码如下：

```
npm install typescript systemjs@0.19.47 --save
```

上面的命令一次性安装 TypeScript 依赖包和 SystemJS 依赖包，同时安装后将依赖包记录在 package.json 文件的 dependencies 项下，如图 1.8 所示。

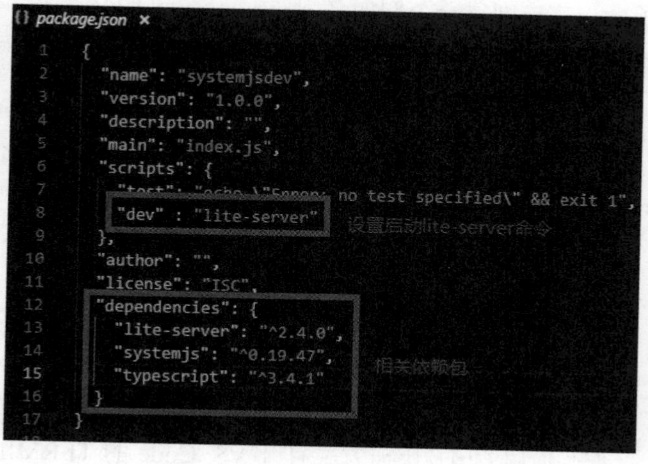

图 1.8 npm 安装依赖包及配置 lite-server 启动命令

注意：SystemJS 安装时使用@标记出具体的版本号，这是因为从 SystemJS v0.2 版开始
将 TypeScript 加载变成插件方式了，而 SystemJS v0.2 之前的版本则直接内置
TypeScript 加载功能，为了简单起见，这里就直接使用 SystemJS v0.19.47 版了。

（4）本地安装 lite-server 服务器并配置启动服务器命令，具体代码如下：

```
npm install lite-server --save
```

完成 lite-server 服务器安装后，我们要配置一下启动服务器的命令。打开 package.json
文件，找到 scripts 项，输入如图 1.8 所示的命令。

至此已经构建了一个使用 SystemJS 来加载 TypeScript 语言的运行环境。接下来将通
过一个例子来了解一下 SystemJS 的用法。

1.2.2　使用 SystemJS

我们通过一个简单的例子来看一下如何使用 SystemJS 自动加载并转译 TypeScript，如
图 1.9 所示。

图 1.9　SystemJS 示例

（1）首先需要在 VS Code 中创建一个例如名字为 index.html 的文件。

（2）然后打开 index.html 文件，输入!符号，接着按 Tab 键，VS Code 会自动生成一个
HTML 模板文件，修改文件 title 等。

（3）在 script 标签中引入 SystemJS 依赖包和 TypeScript 依赖包，请注意路径要正确，
具体代码如下：

```
<script src="node_modules/systemjs/dist/system.js"> </script>
<script src="node_modules/typescript/lib/typescript.js"> </script>
```

（4）最后使用 System.config 方法配置相关参数，使用 System.import 方法载入 TypeScript 的入口文件，具体代码如下：

```
<script>
    System.config ( {
        Transpiler : 'typescript' , // 要使用 TypeScript 编译（转译）器
        Packages : {
            './ ': { defaultExtension : 'ts' }
                                    // 要转义 package.json 同一目录下的所有 ts 文件
        }
    } ) ;
    System
    .import ( 'main.ts')      // 要导入的 ts 入口文件名
    .then(null, console.error.bind(console));
                             // 如果产生错误，将错误发送到浏览器控制台窗口
</script>
```

1.2.3　第一个 TypeScript 程序

在上面代码中，SystemJS 引入了一个名为 main.ts 的入口文件。为了了解 TypeScript 模块化开发，我们在 main.ts 文件中引入 src 目录下的 firstTSDemo.ts 文件，具体的目录结构如图 1.10 所示。

来看一下 firstTSDemo 的代码：

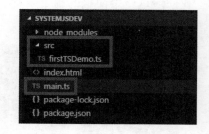

图 1.10　第一个 TypeScript Demo 文件结构

```
// 使用 export 关键字导出 firstTSDemo 模块中的 FirstTypeScriptDemo 类
// 如果不使用 export 关键字，没有导出类，那就不会生成导出模块
// 一个模块至少要有一个导出类、函数或变量等
export class FirstTypeScriptDemo {
    public constructor() {
        alert("This Is First TypeScript Demo!!!");
    }
}
```

main.ts 文件使用 import 关键字导入 firstTSDemo 这个模块中的 FirstTypeScriptDemo 类，然后生成该类的实例，具体代码如下：

```
import { FirstTypeScriptDemo } from "./src/firstTSDemo" ;
new FirstTypeScriptDemo() ;
```

当我们在 VS Code 的 TERMINAL 面板中输入 npm run dev 命令后，就会立即启动 lite-server 服务器；接着载入 index.html 文件，而 index.html 文件引入了 SystemJS 和 TypeScript 依赖包，会自动在 index.html 页面中将 main.ts 文件及 main.ts 所引用的其他 TS 文件进行转译，生成对应的 JS 源码，然后让浏览器的 JS 脚本引擎进行 JS 源码解释运行。

很显然，我们会得到如图 1.11 所示的结果。

图 1.11　运行 firstTSDemo

1.3　安装和配置 Webpack

根据官方（https://www.webpackjs.com）的描述，Webpack 是一个现代 JavaScript 应用程序的静态模块打包工具（Module Bundler）。当 Webpack 处理应用程序时，它会递归地构建一个依赖关系图（Dependency Graph），其中包含应用程序所需要的各个模块，然后将所有这些模块打包成一个或多个 bundler。

Webpack 会在打包时分析你的项目结构，找到 JavaScript 和 CSS 等模块及其他一些浏览器不能识别的模块（如 TypeScript、SaSS 和 ScSS 等），然后将其转换（或转译）和打包成浏览器认识的文件格式（如 JavaScript、CSS、PNG 和 JPG），这样浏览器就能正确地执行这些模块。由于 Webpack 涉及的内容相当多，有兴趣的读者可以浏览其官网，更加深入和系统地了解相关知识。

1.3.1　安装 Webpack

接下来看一下如何安装 Webpack。

（1）创建一个例如名为 Webpackdev 的文件夹，在右键快捷菜单中选择 Open With Code 命令，使用 VS Code 打开该文件夹。

（2）在 VS Code 的 TERMINAL 面板中输入 npm init --f 命令，然后直接生成 package.json 文件。

🔔注意：和 SystemJS NPM 安装相比，Webpack 多了个 --f 命令参数，这样就不需要按照指示逐步输入相关内容，可以直接生成 default 内容的 package.json 文件。

（3）安装 TypeScript 依赖包。

```
npm install typescript --save-dev
```

（4）安装 Webpack 依赖包。

```
npm install webpack --save-dev
```

（5）安装 Webpack 命令行依赖包。

```
npm install webpack-cli --save-dev
```

（6）安装 Webpack 开发用的服务器依赖包。

```
npm install webpack-dev-server --save-dev
```

（7）安装在 Webpack 中加载并编译（转译）TypeScript 源码的依赖包。

```
npm install ts-loader --save-dev
```

安装完毕后，会在 package.json 的 devDependencies 项下添加上述 5 个依赖包，如图 1.12 所示。

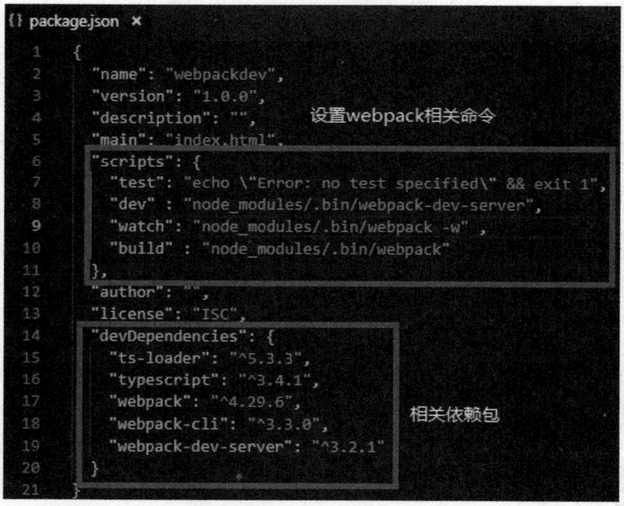

图 1.12　npm 安装依赖包及配置 Webpack 相关命令

注意：此处用的是--save-dev 命令参数，因此这 5 个依赖包是添加在 devDependencies 项下的。而 SystemJS 安装时使用的是--save 参数，因此依赖包是添加在 dependencies 项下的。它们之间的区别是：

- dependencies 项下是发布后还需要依赖的模块，我们在开发完后肯定还要依赖它们，否则就运行不了；
- devDependencies 项下的依赖包，我们只在开发时才会用到，在发布后不再需要。

最后设置一些命令。在 package.json 文件中找到 main 项，将对应的值改为 index.html（设置入口 HTML 页面，可以改成其他名字），然后找到 scripts 项，输入如图 1.12 所示的命令。

🔔**注意：** 关于上述设置的命令（dev / watch / build），将会在下一节中讲解和演示。

　　至此完成了 Webpack 的全部安装过程，接下来看一下如何配置 Webpack。

1.3.2　配置 Webpack

　　要让 Webpack 起作用，需要在 package.json 同一目录下生成一个名为 webpack.config.js 的文件，然后打开该文件，输入如下内容：

```
const path = require("path");
module.exports = {
    entry: "./src/main.ts",          // 入口 ts 文件，名字可以任取，但是一定要注意
                                     //   路径设置是否正确

    output: {
        filename: "./bundle.js"      // 自动会产生 dist 目录，因此可以去掉 dist/ 目录
    },
    mode: 'development',              // 本书中，设置为开发模式
    devtool: "inline-source-map",    // 如果要调试 TypeScript 源码，需要设置成这样
    resolve: {
        extensions: [".ts", ".js"]   // 添加 ts 和 js 作为可解析的扩展
    },
    plugins: [
    ],                               // 在此可以添加各种插件
    module: {
        rules: [
            {
                test: /\.ts$/,        // 正则表达式，如果是 .ts 结尾的文件
                use: ["ts-loader"]    // 则使用 ts-loader 来加载 TypeScript 源码
                                     //   并自动进行转译

            }
        ]
    },
    // devServer 参数详细说明，请参考 https://webpack.js.org/configuration/
dev-server/网页相关内容
    devServer: {                     // 就是配置我们 npm install webpack-dev-
                                     //   server -save-dev 安装的那个服务器

        contentBase: path.join(__dirname, "./"),
                                     // 设置 url 的根目录，如果不设置，则默认指向
                                     //   项目根目录(和设置 ./ 效果一样)

        compress: true,              //如果为 true，开启虚拟服务器时为你的代码
                                     //   进行压缩。起到加快开发流程和优化的作用

        host: 'localhost',           // 设置主机名，默认为"localhost"
        port: 3000,                  // 设置端口号，默认端口号为 8080
        historyApiFallback: true,    //让所有 404 错误的页面定位到 index.html
        open: true                   //启动服务器时，自动打开浏览器，默认为 false
    }
};
```

注意：本书用到的 Webpack 配置参数在上面代码中已详细注释了，关于 Webpack 更详细的配置参数及说明，请参考 Webpack 的官网（https://www.webpackjs.com/concepts/）说明。

1.3.3　调用 build 命令

在 1.3.1 节中，在 package.json 文件的 scripts 项下配置过 build 命令，该命令可以调用 Webpack 进行打包操作，我们可以使用 npm run build 方式来调用 build 命令。此时 Webpack 会自动编译（转译）TypeScript 源码，并且进行资源打包，从而在 dist 目录下生成 bundle.js 文件。

当我们调用 npm run build 后，虽然在 dist 目录文件夹中生成了 bundle.js 文件，但是却提示 tsconfig.json 为空（实际是不存在 tsconfig.json 这个文件，从而导致 ts-loader 解析错误）。要解决该问题也很简单，我们来生成并配置一下 tsconfig.json 文件，如图 1.13 所示。

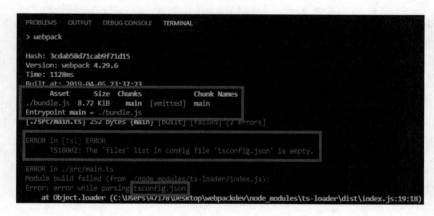

图 1.13　Webpack 打包错误

1.3.4　配置 tsconfig.json 文件

有两种方式生成 tsconfig.json：手动方式和调用 tsc --init 命令方式。

手动方式需要自己生成 tsconfig.json 文件并输入各种需要的参数，比较麻烦，好处是不需要全局安装 TypeScript 依赖包。若使用 tsc --init 命令的话，则可以自动生成 tsconfig.json 并提供很多默认配置参数。

为方便起见，我们使用 npm install typescript -g 命令全局安装 TypeScript，然后调用 tsc

--init 命令生成 tsconfig.json 文件。由于自动生成的 tsconfig.json 文件内容非常多，因此下面仅列出本书中使用到的 TSC 编译器参数，代码如下：

```
{
  "compilerOptions": {
    /* Basic Options */
    "target": "ES2015",    /* Specify ECMAScript target version: 'ES3'
(default), 'ES5', 'ES2015', 'ES2016', 'ES2017','ES2018' or 'ESNEXT'. */
    "module": "commonjs", /* Specify module code generation: 'none',
'commonjs', 'amd', 'system', 'umd', 'es2015', or 'ESNext'. */
"sourceMap": true,    /* Generates corresponding '.map' file. */

    /* Strict Type-Checking Options */
    "strict": true,            /* Enable all strict type-checking options. */
    "noImplicitAny": true,     /* Raise error on expressions and declarations
                                 with an implied 'any' type. */
    "strictNullChecks": true,  /* Enable strict null checks. */
    "strictFunctionTypes": true,  /* Enable strict checking of function
                                   types. */
    "strictBindCallApply": true,  /* Enable strict 'bind', 'call', and
                                   'apply' methods on functions. */
    "strictPropertyInitialization": true, /* Enable strict checking of
                                 property initialization in classes. */
    "noImplicitThis": true,    /* Raise error on 'this' expressions with an
                                 implied 'any' type. */
    "alwaysStrict": true,      /* Parse in strict mode and emit "use strict"
                                 for each source file. */
    "esModuleInterop": true /* Enables emit interoperability between
CommonJS and ES Modules via creation of namespace objects for all imports.
Implies 'allowSyntheticDefaultImports'. */
  }
}
```

🔔注意：关于 TypeScript 编译（转译）器的命令参数，由于数量较多，请读者自行参考官网（http://www.typescriptlang.org/docs/handbook/tsconfig-json.html）。这里只想强调两点：

- 设置 sourceMap 为 true，生成用于调试使用的.map 文件；
- 将所有严格类型选项都设置为 true，包括 null 值检查，从而让编译（转译）器来确保类型安全，确保 null 指针错误，这是 TypeScript 语言的精华所在，也是强类型语言转过来的程序员的最爱。

1.3.5　调用 build 和 dev 命令

在 1.3.1 中安装 Webpack 中，已经设置过了 build、watch、dev 这 3 个命令，并且在 1.3.3 节中调用过 build 命令，且报错。设置好 tsconfig.json 文件后，继续调用 npm run build 命令，就能够正确地把 src 目录下的 main.ts 文件成功编译（转译）成名为 bundle.js 的文件并且将该文件存储到 dist 目录下，如图 1.14 和图 1.15 所示。

图 1.14　webpack build 成功　　　图 1.15　webpack build 时的目录结构

接下来，在 index.html 文件中调用一下 bundle.js，具体代码如下：

```html
<!DOCTYPE html>
<html lang="en">
<head>
    <meta charset="UTF-8">
    <meta name="viewport" content="width=device-width, initial-scale=1.0">
    <meta http-equiv="X-UA-Compatible" content="ie=edge">
    <title>webpackdemo</title>
    <script src="./dist/bundle.js"> </script>
</head>
<body>
</body>
</html>
```

最后使用 **npm run dev** 命令来启动 webpack-dev-server，会自动跳出如图 1.16 所示的内容。

图 1.16　Webpack 示例

注意：之所以在启动 webpack-dev-server 后自动跳出 index.html 页面，是因为我们在 webpack.config.js 的 devServer 项下设置了 open 参数为 true 的原因。

1.3.6　使用 watch 命令

我们使用 **npm run dev** 命令来启动 webpack-dev-server，会自动跳出 index.html 页面。

但是仍旧有一个不足之处：如果修改了 TypeScript 源码，webpack-dev-server 并不会自动调用 TypeScript 编译（转译）器。在这种情况下，每次需要以 Ctrl+C 快捷方式退出 webpack-dev-server，然后再次调用 **npm run build** 命令，重新调用 **npm run dev** 开启服务器。

如果用 1.2 节中 SystemJS 依赖包的话，每次修改 TS 源码后，SystemJS 都会自动重新编译（转译）TS 源码为 JS 源码，这是一个非常有用的功能。

其实变通一下，也能够在 Webpack 中实现 SystemJS 类似的自动编译（转译）源码的功能。回顾一下在 1.3.1 节中设置的命令，具体代码如下：

```
"scripts": {
    "build" : "node_modules/.bin/webpack",
    "watch": "node_modules/.bin/webpack -w" ,
    "dev" : "node_modules/.bin/webpack-dev-server"
  }
```

可以看到我们设置了一个 watch 命令，该命令和 build 命令最大的区别就是带了-w 参数，这意味着我们可以对项目打包（和 build 命令一样）并且进行实时监控，如果通过 Ctrl+S 保存文件时，当前配置文件下的文件发生过更改，则 Webpack 会自动重新打包（包括自动进行 TS 源码编译或转译）。

⚠注意：如果你修改了 webpack.config.js 文件，则需要按 Ctrl+C 退出 webpack -w 并且重新调用 npm run watch 命令进行手动打包。

1.3.7　联合使用 watch 和 dev 命令

我们可以联合使用 watch 和 dev 命令来实现 SystemJS 类似的功能。

（1）用 Ctrl+` 快捷方式打开 VS Code 的 TERMINAL 面板，输入 **npm run watch** 命令。

（2）如图 1.17 所示，按+号按钮增加一个 TEUMINAL 面板，并输入 **npm run dev** 命令，此时会加载 index.html 文件，运行 dist 目录下的 bundle.js，跳出如图 1.16 所示的对话框。

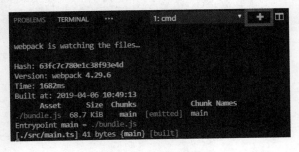

图 1.17　VS Code 中增加 TERMINAL

（3）我们修改 main.ts 中的内容，然后按 Ctrl+S 键保存后，会发现，重新编译（转译）

TS 源码，然后按 F5 键刷新一下页面，就会运行修改后的代码。

⌂注意：SystemJS 和 Webpack 在重新编译(转译) TS 源码后，不能自动运行 HTML 文件，
　　　需要手动刷新一下页面。

1.3.8　使用 Webpack 压缩打包源码

看一下使用 watch 打包后的 bundle.js 源码，如图 1.18 所示。

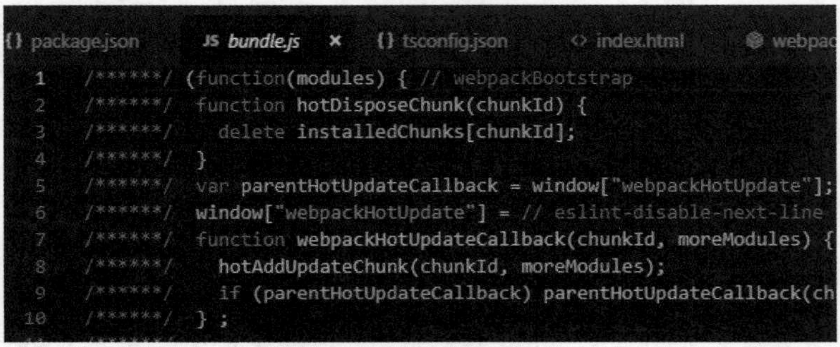

图 1.18　压缩前、打包后的源码

修改一下 watch 命令参数，增加-p 参数，代码如下：

```
"watch": "node_modules/.bin/webpack -w -p"
```

重新运行后的效果如图 1.19 所示。

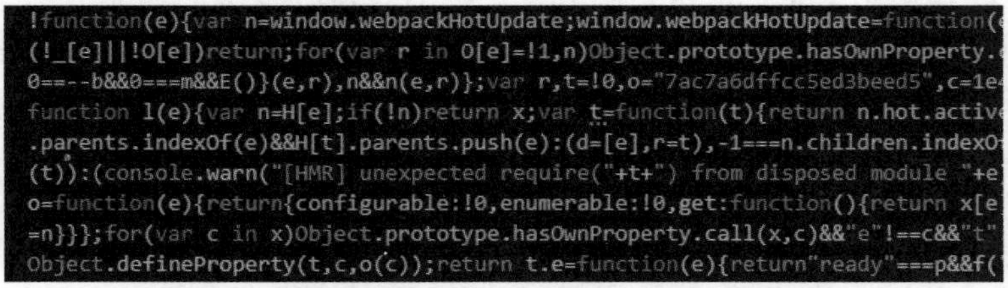

图 1.19　压缩后、打包后的源码

1.4　SysemJS VS. Webpack

上面我们演示了使用 SystemJS 和 Webpack 两种自动进行 TypeScript 转译成 JavaScript
的库。接下来总结一下它们之间的异同点，具体如表 1.1 所示。

表 1.1　SystemJS与Webpack的比较

功　能	SystemJS	Webpack	说　明
自启动HTML页面	支持	支持	需服务器支持（lite-server 或webpack-dev-server）
模块化开发	支持	支持	TypeScrip语言支持模块化开发
严格类型检测	支持	支持	通过TypeScript的 tsconfig.json配置获得
断点调试	支持	支持	需要浏览器调试插件，将在1.6节中介绍
解决跨域问题	支持	支持	需服务器支持（lite-server 或webpack-dev-server），在后面章节中会了解相关内容
支持热更新	支持（在SystemJS中，修改HTML或CSS源码并保存后，会立即自动重载刷新页面）	需要css-loader、style-loader、html-webpack-plugin等插件	需服务器支持（lite-server 或webpack-dev-server）
自动重新编译（转译）TypeScript	支持	支持	SystemJS和Webpack内置了该项功能，但都需要手动刷新页面运行更新后的代码
打包压缩源码	不支持	支持	SystemJS是加载器，而Webpack是打包器

表 1.1 列出了 SystemJS 与 Webpack 的相同点，接下来看一下它们最大的不同点。在 SystemJS 的 Demo 中，index.html 中引入的是：

```
<script src="node_modules/systemjs/dist/system.js"> </script>
<script src="node_modules/typescript/lib/typescript.js"> </script>
```

而 Webpack 的 Demo 中，index.html 中引入的是：

```
<script src="./dist/bundle.js"> </script>
```

　　由此可见，SystemJS 是在页面载入时进行 TypeScript 源码的编译（转译）的，因此它是一个加载器。而 Webpack 是在后台进行编译（转译）和打包操作的，生成 bundle.js，HTML 直接执行打包后的 JS 源码。因此从运行效率及内存消耗来说，Webpack 更有优势。本书后续都将使用 Webpack 作为打包工具。

1.5 编译（Compile）VS.转义（Transpile）

本章中经常提及编译和转译这两个词，从本质上说，TypeScript 的 tsc 命令实际是转译命令（虽然 tsc 命令中的 c 是 Compile 缩写），来看一下编译和转义的异同点。

- 相同点：编译和转译都是将源代码转换成能够被执行的指令。
- 不同点：编译一般产生可以直接运行的二进制指令（例如，C/C++编译后的二进制文件）或字节码（例如，Java、C#等编译后的字节码），而转译则会产生另外一种语言的源码，不能够直接运行，需要使用另一种语言的编译或解释器来运行。例如，TypeScript 被转译成 JavaScript 源码，浏览器中解释运行的仍旧是 JavaScript 源码。

顺便看一下 TypeScript 是如何将 enum(枚举类型)转译成 JavaScript 源码的(JavaScript 不支持 enum 类型，正好可以了解一下如何在 JavaScript 中实现 enum 类型)。

首先在 main.ts 中输入如下代码：

```
export enum ELanguage {
    C,
    CPP,
    CSHAPE,
    JAVA,
    PHP,
    JAVASCRIPT,
    TYPESCRIP,
    PYTHON,
    BASIC
}
```

然后在 TERMINAL 中输入 tsc ./src/main.ts 命令（在 1.3.4 节中全局安装了 TypeScript 依赖包，因此可以直接调用 tsc 命令），按回车后，在 main.ts 同一目录下会得到一个名为 main 的 js 文件，打开该文件，就能看到如何使用 TypeScript 来实现 TypeScript 中的 enum 关键字，转译后的 JS 代码如下：

```
"use strict";
exports.__esModule = true;
var ELanguage;
(function (ELanguage) {
    ELanguage[ELanguage["C"] = 0] = "C";
    ELanguage[ELanguage["CPP"] = 1] = "CPP";
    ELanguage[ELanguage["CSHAPE"] = 2] = "CSHAPE";
    ELanguage[ELanguage["JAVA"] = 3] = "JAVA";
    ELanguage[ELanguage["PHP"] = 4] = "PHP";
    ELanguage[ELanguage["JAVASCRIPT"] = 5] = "JAVASCRIPT";
    ELanguage[ELanguage["TYPESCRIP"] = 6] = "TYPESCRIP";
    ELanguage[ELanguage["PYTHON"] = 7] = "PYTHON";
    ELanguage[ELanguage["BASIC"] = 8] = "BASIC";
})(ELanguage = exports.ELanguage || (exports.ELanguage = {}));
```

1.6　断　点　调　试

VS Code 提供了强大的调试功能，我们可以非常愉悦地调试相关代码。本节来关注 VS Code 中如何断点调试 TypeScript 源代码。

1.6.1　安装及配置 Debugger for Chrome 扩展

由于本书使用 Chrom 浏览器作为 TypeScript 运行和调试环境，因而需要先安装 Debugger for Chrome 扩展。我们可以单击 VS Code 最左侧的活动栏中的扩展图标（或使用 Ctrl+ Shift+ X 快捷键）打开扩展面板，输入 Debugger for Chrome 后下载安装。

安装好 Debugger for Chrome 后，按 F5 键进入调试状态，此时 VS Code 会显示如图 1.20 所示的界面。

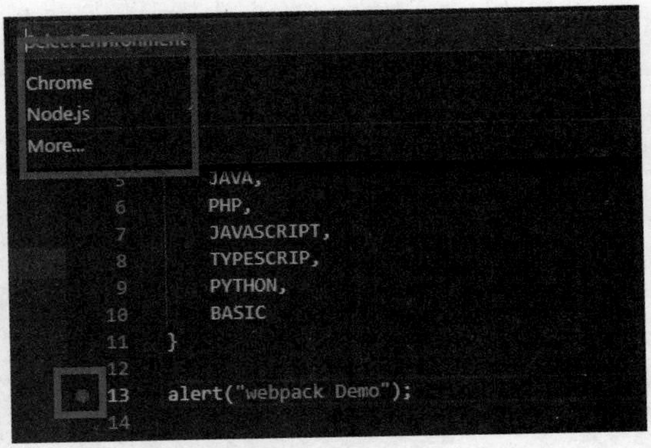

图 1.20　设置 Debugger for Chrome 扩展

选择 Chrome 选项后，VS Code 会自动在当前项目的根目录下生成一个名为.vscode 的文件夹，并且同时在该文件夹内生成 launch.json 文件，具体内容如下：

```
{
    version" : "0.2.0" ,
    configurations" : [
    {
      "type" : "chrome" ,
      "request" : "launch" ,
      "name" : "启动 Chrome 并打开 localhost" ,
      "url" : "http://localhost:8080" ,
      "webRoot" : "${workspaceFolder}"
    } ]
}
```

在默认情况下，launch.json 中的 url 属性使用 8080 端口，而 webpack-dev-server 服务器设置的端口是 3000，因此我们更改 url 为 htt://localhost:3000。由此可见，调试 TypeScript / JavaScript 源码需要服务器提供服务。

1.6.2　断点调试 TypeScript 程序

要在 VS Code 中断点调试 TypeScript 源码，除了安装 Debugger for Chrome 扩展外，还需要做如下几步操作。

（1）在 tsconfig.json 文件中，设置 sourceMap 项的值为 true，在编译（转译）TypeScript 源码时生成 sourceMap（已在 1.3.4 节中设置完成）。

（2）如果使用 Webpack，则在 webpack.config.js 文件中设置 devtool 的值为 "inline-source-map"（已在 1.3.2 节中设置完成）。

（3）调用 npm run watch 和 npm run dev 命令启动 TypeScript 编译（转译）功能和 webpack-dev-server 服务器。

（4）如图 1.21 所示，在第 13 行代码处红色方块标记的区域单击，会产生一个红色的圆点（即调试时的断点），当按 F5 键时就能自启动页面，并将代码运行中断在断点处。

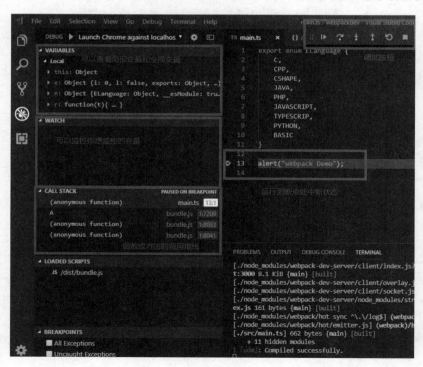

图 1.21　VS Code TypeScript 断点中断效果

1.6.3　VS Code Debug 快捷键

在图 1.21 中，关于调试按钮的相关说明请参考表 1.2。

表 1.2　调试按钮说明

调 试 按 钮	快 捷 键	说　　明
暂停/继续（pause / continue）	F5	遇到断点，程序中断。若存在下一个断点，则按F5键运行到下一个断点
单步跳过（step over）	F10	单步执行，不会进入子函数，而是将子函数执行完再停止
单步调试（step in）	F11	单步执行，遇到子函数就会进入子函数，然后继续单步执行
单步跳出（step out）	Shift + F11	当单步执行到子函数内后，使用step out可以执行完子函数的剩余部分，并返回到上一层函数
重启（restart）	Ctrl+Shift+F5	重新调试运行整个程序
停止　（stop）	Shift + F5	退出调试程序

1.7　本 章 总 结

本章主要关注如何构建 TypeScript 的开发、编译（转译）、调试和打包环境，主要做了如下几件事：

- 安装 Node.js 应用程序；
- 安装 VS Code 代码编辑器；
- 安装和配置 SystemJS 依赖库，构建一个能直接启动 HTML 页面、能自动进行 TypeScript 编译（转译）、能解决跨域问题、能支持热更新、能进行严格类型检测、能使用断点调试源码的 TypeScript 运行环境；
- 安装和配置了 Webpack 依赖库，获得和 SystemJS 一致的功能后，更是增加了打包压缩功能；
- 了解 SystemJS 加载器与 Webpakc 打包器之间的异同性；
- 了解了编译与转译之间的异同性；
- 断点调试 TypeScript。

以上就是本章的主要内容，希望读者能理解并掌握。

第 2 章 TypeScript 封装和 实现常用容器

本章的目的是让大家了解如何使用 TypeScript 语言来封装实现或自行实现一些本书后续将要经常使用的容器对象。封装实现是指在 JS/TS 现有的容器对象上进行二次封装，以利于后续的操作。自行实现是指在 JS/TS 中不存在此类容器对象，需要我们从无到有自己实现的容器对象。

如图 2.1 所示，由矩形框标记出来的相关容器对象将会在本章中一一实现。下面直接进入本章的具体内容。

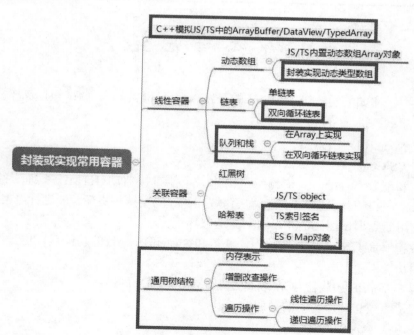

图 2.1　本章内容思维导图

2.1　ArrayBuffer、DataView 及类型数组实现原理

在没有 JS / TS 类型数组对象前，仅存在 JS / TS Array 对象。Array 对象存储的元素类型可以是基本数据类型，如 number 和 string 等，也可以是引用类型，如 Number、String、Objcet 及各种自定义类型等。这意味着 Array 对象可以存储 JS / TS 中所有的数据类型，并且 Array 对象中的元素数量是没有限制的，Array 对象的容量可以动态地增长。

由于 Array 对象可以容纳任意类型及动态增长这两个特点，进而导致运行效率低下及占用更多的内存消耗。

为了解决上述问题，JS / TS 引入了 ArrayBuffer、DataView 及 TypedArray（包括一系列对象，统称为类型数组）这几个对象。

2.1.1　C/C++模拟 JS/TS 中的 ArrayBuffer 对象

ArrayBuffer 对象用来表示通用的、固定长度的原始二进制数据缓冲区。

如果你有过 C / C++的编程经历，那么会很容易理解这句话的含义。我们用简单的 C / C++代码来定义一下 ArrayBuffer 对象（为了区分，C/C++自定义的类，这里以 C 前缀开头，如 CArrayBuffer 等），代码如下：

```
// 无符号 8bit 的 char 类型被重定义为 Byte 类型，和 TS 中的 type 关键字作用类似
typedef unsigned char Byte;
class CArrayBuffer
{
public:
    // 构造函数
    CArrayBuffer(int byteLength = 8)
    {
        this->_byteLength = byteLength;
        // 分配 byteLength 个字节的内存
        this->pData = new Byte[byteLength];
    }
    // 析构函数，用于释放分配的 pData 字节数组内存
    ~CArrayBuffer()
    {
        if (this->pData != NULL)
        {
            delete[ ] this->pData;
            this->pData = NULL;
        }
    }
    // 使用 public 方法获取已分配内存的字节长度
    // 由于使用了 private 且没有提供 set 方法，因而 byteLength 是只读的
```

```
        // 这意味着你只能在构造函数中才能设置要分配的内存字节长度
        // 这也意味着一旦在 new 之后，再也没机会增加内存容量了
        int byteLength()
    {
            return this->_byteLength;
        }
public:
        Byte *pData;             // ArrayBuffer 对象指向已经分配的内存字节数组的首地址
private:
        int _byteLength;         // 当前内存字节数组的字节数
    };
```

通过上述模拟代码，我们可以清晰地知道 JS / TS 中的 ArrayBuffer 对象持有一个以字节（Byte）为单位的内存区块（内存缓冲区），并提供了一个属性用来了解当前内存区块的字节数量（byteLength）。此外我们还可以了解到另外两个事实：

- 无法动态地增减 ArrayBuffer 的内存区块大小（参看 CArrayBuffer 类中的 byteLength 方法注释）；
- 无法直接操作 ArrayBuffer 的内存区块中的数据（参看 CArrayBuffer 类，没有提供直接操作 pData 的方法）。

2.1.2　C/C++模拟 JS/TS 中的 DataView 对象

ArrayBuffer 不能直接被操作，而是要通过 JS/TS 中的 DataView 对象或类型数组对象（TypedArray）来操作，它们会将缓冲区中的数据（相当于 CArrayBuffer 中的 pData 指针指向的内存区块）表示为特定格式，并通过这些格式来读写缓冲区的内容。

为了更好地了解上述内容，我们继续使用 C/C++源码来模拟相关原理。接下来看一下 DataView 的简易实现源码，代码如下：

```
// 为演示使用，这里仅仅定义uint16 和 float32 两种数据类型
typedef unsigned short uint16;          // 无符号 short 类型
typedef float float32;                   // float 浮点数类型
class CDataView {
public:
    CArrayBuffer* buffer;                // 当前视图要操作的数据源
    // 当前视图要操作数据源buffer 中的哪个子区块，使用经典的字节偏移与字节长度表示子
        区块的范围
    int byteOffset;
    int byteLength;
    // 为了简单起见，没做 pBuffer 非 NULL 检查及 byteOffset / byteLength 越界检查
        等测试
    CDataView(CArrayBuffer* pBuffer , int byteOffset , int byteLength ) {
        this->buffer = pBuffer;
        this->byteOffset = byteOffset;
        this->byteLength = byteLength;
    }
```

```
    // 注意算法，是从 CDataView 的起始 offset 位置，然后再加上以 Byte 为单位的 offset
    void setFloat32(int offset, float32 value) {
        memcpy(this->buffer->pData + (this->byteOffset + offset), &value,
sizeof(float32));
    }
    // 注意算法，是从 CDataView 的起始 offset 位置，然后再加上以 Byte 为单位的 offset
    float32 getFloat32(int offset) {
        return *((float32*)(this->buffer->pData + (this->byteOffset + offset)));
    }
    // 注意算法，是从 CDataView 的起始 offset 位置，然后再加上以 Byte 为单位的 offset
    void setUint16(int offset, uint16 value) {
        memcpy(this->buffer->pData + (this->byteOffset + offset), &value,
sizeof(uint16));
    }
    // 注意算法，是从 CDataView 的起始 offset 位置，然后再加上以 Byte 为单位的 offset
    uint16 getUint16(int offset) {
        return *((uint16*)(this->buffer->pData + (this->byteOffset + offset)));
    }
};
```

源码注释得已经比较清楚了，我们实现一个 Demo 来测试 C/C++版 CDataView 相关操作及与 JS/TS DataView 对比。

2.1.3　C/C++版 CDataView VS. JS/TS 版 DataView

下面来做一些代码测试。

（1）C/C++测试源码如下：

```
int main()
{
    CArrayBuffer buffer(16);       // 创建一个分配 16 字节的 buffer 对象
    CDataView view0(&buffer, 0, buffer.byteLength());
                                   // 创建第一个 DataView 对象
    view0.setFloat32(8, 99.99);    // 相对 0 位置偏移 8 个字节处，写入一个 32 位浮点数
    view0.setUint16(8+4, 2048);    // 由于 32 位浮点数占 4 个字节，因而 8+4=12 字节处
                                           写入一个 2 字节的非负整数
    // 分别输出在相对 0 位置偏移 8 个字节处的 32 位（4 字节）浮点数的值
    // 以及相对 0 位置偏移 12 个字节处的 16 位（2 字节）非负整数
    printf("%f\n", view0.getFloat32(8));
    printf("%d\n", view0.getUint16(8+4));
    // 创建第二个 DataView 对象，指向 buffer 偏移 8 个字节处，字节长度为 8
    CDataView view1(&buffer, 8, 8);
    // 下面代码输出的内容应该是和 view0 输出的内容一样
    printf("%f\n", view1.getFloat32(0));
    printf("%d\n", view1.getUint16(4));

    getchar();
    return 0;
}
```

（2）JS/TS 测试源码如下：

```
let buffer: ArrayBuffer = new ArrayBuffer( 16 );
                                // 创建一个分配 16 字节的 buffer 对象

let view0: DataView = new DataView( buffer );  // 创建第一个 DataView 对象
view0.setFloat32( 8, 99.99 );   // 相对 0 位置偏移 8 个字节处，写入一个 32 位浮点数
view0.setUint16( 8 + 4, 2048 );// 由于 32 位浮点数占 4 个字节，因而 8+4=12 字节
                                这个为写入一个 2 字节的非负整数

// 分别输出在相对 0 位置偏移 8 个字节处的 32 位（4 字节）浮点数的值
// 以及相对 0 位置偏移 12 个字节处的 16 位（2 字节）非负整数
console.log( view0.getFloat32( 8 ) );
console.log( view0.getUint16( 8 + 4 ) );

// 创建第二个 DataView 对象，指向 buffer 偏移 8 个字节处，字节长度为 8
let view1: DataView = new DataView( buffer, 8, 8 );

// 下面代码输出的内容应该是和 view0 输出的内容一样
console.log( view1.getFloat32( 0 ) );
console.log( view1.getUint16( 4 ) );
```

运行上述源码会发现，我们自己实现的 CDataView 和 CArrayBuffer 运行后的效果与 JS/TS 版的 DataView 和 ArrayBuffer 运行后的效果是一致的，结果如图 2.2 和图 2.3 所示。

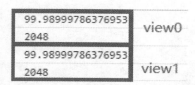

图 2.2　JS/TS DataView 运行效果

图 2.3　C/C++ CDataView 运行效果

2.1.4　C/C++模拟 JS/TS 中的 Float32Array 对象

前面已经通过 CDataView 模拟了 JS/TS 中的 DataView 对象。通过 CDataView 对象的实现细节会发现该对象可以读写各种数据类型（为了演示效果，这里仅仅实现了 float32 和 uint16 数值类型的读写操作），CDataView 是一个通用的二进制数据读写对象。

在某些情况下，可能只需要读写一种类型的数据，例如在 WebGL 中，我们仅需要浮点数表示的顶点坐标信息，如果用 DataView 操作略显麻烦。此时不如提供专用的二进制浮点数操作视图，这样更加方便。这就是 JS/TS 中 Float32Array 的用途所在。

为了完整性，继续使用 C/C++来模拟 JS/TS 中的 Float32Array 类，代码如下：

```
class CFloat32Array {
public:
```

```
        CArrayBuffer* buffer;
        int byteOffset;
        int byteLenght;
private:
        // 根据 JS/TS 规范，该属性是只读属性，因此使用 private 访问级别并提供 get 函数来获取
        // 并且该属性表示元素的个数，而不是字节数，字节数和元素个数之间的关系是
        // 字节数 = 元素个数 * 4（因为一个 float32 占 4 个字节）
        int _length;
private:
        // 内存泄漏，最好方式是使用 shared_ptr，但是为了演示效果，不引入智能指针相关内容
        // 因此使用_deleteBuffer 变量，标明是否在本类的析构函数中释放 CArrayBuffer 的内存
        bool _deleteBuffer;
public:
        // 实现 JS/TS Float32Array 中第一个构造函数
        // 当使用 length 参数的构造函数时，一个内部使用的 CArrayBuffer 被创建出来了
        // 该 CArrayBuffer 分配的内存大小是 length * sizeof(float32) = length * 4
        CFloat32Array(int length) {
            this->buffer = new CArrayBuffer(length * sizeof(float32));
            this->_length = length;
            this->_deleteBuffer = true;
        }
        // 实现 JS/TS Float32Array 中第二个构造函数
        // 为了简单起见，没有对 byteOffset 及 length 进行边界检测
        // 更重要几点，请万分注意：
        // byteOffset 是以字节为单位的
        // length 则表示的是元素个数，而不是字节数，切记
        // 此时表示的是内存区间，因此字节数 byteLength 是指区间的字节数，而不是 buffer
        //    的总字节数
        // 请区分 CArrayBuffer.byteLength 和 Float32Array.byteLength 之间的区别
        // CFloat32Array.byteLength <= CArrayBuffer.byteLength
        CFloat32Array(CArrayBuffer* buffer,int byteOffset,int length) {
            this->buffer = buffer;
            this->byteOffset = byteOffset;
            this->_length = length;                    // length 是元素个数
            this->byteLenght = length * sizeof(float32);
                                                       // 计算出当前内存区间的字节数

            this->_deleteBuffer = false;
        }
        ~CFloat32Array() {
            if (this->_deleteBuffer == true) {
                delete this->buffer;
                this->buffer = NULL;
                printf("delete");
            }
        }
        // 为简单起见，没做 length 越界检测
        // 在 JS/TS 的 Float32Array 中，使用了[ ]操作符进行浮点数设置和读取
        // 在 C/C++中可以使用重载[ ]操作符实现 JS/TS 中一样的操作
        float32& operator [](int idx) {
            return *((float32*)(this->buffer->pData + (this->byteOffset + idx
    * sizeof(float32))));
```

```
    }
// 返回的是元素个数而不是字节数，切记
    int length() {
        return this->_length;
    }
};
```

C/C++源码注释得已经比较详细了，请读者仔细阅读注释。

2.1.5 C/C++版 CFloat32Array VS. JS/TS 版 Float32Array

首先对比一下 C/C++的 CFloat32Array 与 JS/TS 的 Float32Array 源码。

（1）C/C++测试源码如下：

```
// C/C++源码
int main()
{
    printf("arr0 内部生成 CArrayBuffer\n");
    // 调用第一个构造函数，在内部生成 CArrayBuffer
    CFloat32Array arr0(8);
    // 遍历各个元素，设置浮点数值
    for (int i = 0; i < arr0.length(); i++) {
        arr0[i] = i * 100.0;
    }
    // 遍历各个元素，输出刚才设置的值
    for (int i = 0; i < arr0.length(); i++) {
        printf("%f\n", arr0[i]);
    }

    printf("arr1 共享 arr0 中 CArrayBuffer 的部分区块\n");
    // 调用第二个构造函数
    // 第一个 Float32Array 中获得 CArrayBuffer，并使用 offsetByte 和 length
    CFloat32Array arr1(arr0.buffer, 4 * sizeof(float32), 4);
    // 由于初始化时使用了 arr0.buffer，因而已经有数据了
    // 此时遍历输出应该是[ 400 , 500 , 600 , 700 ]
    for (int i = 0; i < arr1.length(); i++) {
        printf("%f\n", arr1[i]);
    }
    printf("重置 arr1 的各个元素为 10.0 的倍数\n");
    // 重置数据为 10.0 倍数
    for (int i = 0; i < arr1.length(); i++) {
        arr1[i] = i * 10.0;
    }
    // 输出重置后的数据
    for (int i = 0; i < arr1.length(); i++) {
        printf("%f\n", arr1[i]);
    }
    getchar();
    return 0;
}
```

（2）JS/TS 测试源码如下：

```
tsmain ()
{
    console.log( "arr0 内部生成 ArrayBuffer" );
    let arr0: Float32Array = new Float32Array( 8 );
    for ( let i: number = 0; i < arr0.length; i++ )
    {
        arr0[ i ] = i * 100.0;
    }
    for ( let i: number = 0; i < arr0.length; i++ )
    {
        console.log( arr0[ i ] );
    }
    console.log( "arr1 共享 arr0 中 CArrayBuffer 的部分区块" );
    let arr1: Float32Array = new Float32Array( arr0.buffer, 4 * Float32Array.
BYTES_PER_ELEMENT, 4 );
    for ( let i: number = 0; i < arr1.length; i++ )
    {
        console.log( arr1[ i ] );
    }
    console.log( "重置 arr1 的各个元素为 10.0 的倍数" );
    for ( let i: number = 0; i < arr0.length; i++ )
    {
        arr1[ i ] = i * 10.0;
    }
    for ( let i: number = 0; i < arr1.length; i++ )
    {
        console.log( arr1[ i ] );
    }
}
```

运行上述测试代码，会达到如图 2.4 和图 2.5 所示的结果，测试结果具有一致性。

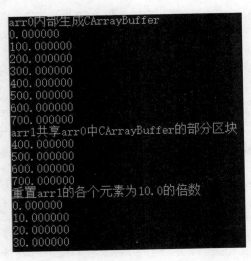

图 2.4　C/C++ CFloat32Array 运行效果

图 2.5　JS/TS Float32Array 运行效果

2.1.6　JS/TS 中的类型数组对象

我们来了解一下 JS/TS 中的类型数组（TypedArray）有哪些，并总结一下这些类型数组的特点，如表 2.1 所示。

表 2.1　类型数组

名　　称	元素取值范围	相 关 说 明	字节长度（byte）	C/C++数据类型
Int8Array	$-128\sim127$	8位有符号整数	1	typedef char int8_t
Uint8Array	$0\sim255$	8位无符号整数	1	typedef unsigned char uint8_t
Uint8ClampedArray	$0\sim255$	8位无符号整数	1	typedef unsigned char uint8_t
Int16Array	$-32768\sim32767$	16位有符号整数	2	typedef short int16_t
Uint16Array	$0\sim65535$	16位无符号整数	2	typedef unsigned short int16_t
Int32Array	$-2147483648\sim$ 2147483647	32位有符号整数	4	typedef int int32_t
Uint32Array	$0\sim4294967295$	32位无符号整数	4	typedef unsigned int uint32_t
Float32Array	$1.2\times10^{-38}\sim3.4\times10^{38}$	32位IEEE浮点数	4	typedef float float32_t
Float64Array	$5.0\times10^{-324}\sim1.8\times10^{308}$	64位IEEE浮点数	8	typedef double float64_t
BigInt64Array	$-2^{63}\sim2^{63}-1$	64位有符号整数	8	Typedef long long int64_t
BigUint64Array	$0\sim2^{64}-1$	64位无符号整数	8	typedef unsigned long long uint64_t

🔔注意：关于 IEEE32/64 位浮点数的概念，有兴趣的读者，可以自行查阅相关资料。

下面来总结一下类型数组的特点。

- JS/TS 中的类型数组的元素只能是数字类型，这意味着 TypedArray 只能存储不同字节长度的整数和浮点数。
- JS/TS 中的类型数组属于定长数组，这意味着在构造函数中已经确定了数组的元素个数，在运行时不能动态修改数组的元素个数（length 只读属性）；而 JS/TS Array 对象则属于动态数组，可以随意扩展数组容量，因此 JS/TS Array 的 length 是读写属性。
- 根据前面的内容，我们可以了解到类型数组是元素类型相同的 DataView 对象，是 DataView 对象的特殊情况，由于只要操作同一种类型，因而可以直接使用下标操作符[ ]直接来读写数据。
- TS 中的类型数组有 3 个构造函数，我们来看一下这 3 个构造函数的原型，具体代码如下（这里以使用 Float32Array 类的构造函数做示范，其他类型数组具有相同的操作方式）：

```
// 下面两个构造函数在 C/C++模拟代码中简易实现过
// 再次强调一下，length 是元素个数而不是字节数
// 1. 创建一个有 length 个元素的 Float32Array 对象
new ( length: number ): Float32Array;
// 2. 创建一个共享 buffer 的，字节偏移量为 byteOffset，并且有 length 个元素的
Float32Array 对象
new ( buffer: ArrayBufferLike, byteOffset: number, length?: number ):
Float32Array;
// 3. 从一个 Array< number >对象或另外一个 TypedArray 对象中生成一个新的 TypedArray
对象
new ( arrayOrArrayBuffer: ArrayLike<number> | ArrayBufferLike ): Float32Array;
```

2.2　封装动态类型数组

在后续的 WebGL 开发中，用到最多的一个容器对象就是类型数组对象。例如，我们要用 Float32Array 对象来存储位置坐标、纹理坐标、颜色、法向量、切向量等顶点属性数据，使用 Uint16Array 对象来存储三角形或线段的索引数据等。

前面也提到过，Float32Array / Uint16Array 等这些类型数组都是定长数组，无法在运行时自动增加元素个数，但是我们可以对类型数组进行二次封装，从而获得类似 Array（数组对象）一样的元素数量动态增长效果。

本节来关注一下如何为类型数组增加动态增长的功能。

2.2.1　TypedArrayList 的成员变量及构造函数

首先看看 TypedArrayList 的成员变量及构造函数，代码如下：

```
export class TypedArrayList<T extends Uint16Array | Float32Array |
Uint8Array> {
    // 内部使用类型数组，类型数组必须是 Uint16Array | Float32Array | Uint8Array
    之一
    private _array: T;
    // 如果需要在 ArrayList<T>的构造函数中 new 一个类型数组，则必须提供该类型数组的
        构造函数签名
    private _typedArrayConstructor: ( new ( length: number ) => T );
    // _length 表示当前已经使用过的元素个数，而_capacity 是指当前已经内存预先分配好
        的元素个数
    private _length: number;
    private _capacity: number;
    // 构造函数
    public constructor ( typedArrayConstructor: new ( capacity: number ) =>
T, capacity: number = 8 )
```

```
    {
        this._typedArrayConstructor = typedArrayConstructor;
        this._capacity = capacity; // 而预先分配内存的个数为 capacity
        // 确保初始化时至少有 8 个元素的容量
        if ( this._capacity === 0 )
        {
            this._capacity = 8; // 默认分配 8 个元素内存
        }
        this._array = new this._typedArrayConstructor( this._capacity ); //
预先分配 capacity 个元素的内存
        this._length = 0;  // 初始化时，其 _length 为 0
    }
}
```

上述源码注释比较详细，这里强调两个要点：

泛型约束，我们会看到 TypedArrayList 的泛型参数 T 必须是 Uint8Array / Uint16Array / Float32Array 这 3 种类型或这 3 种类型的子类才可以使用，否则 TS 编译器自动报错。

当初始化 TypedArrayList 类时，构造函数的参数如下：

```
let float32ArrayList: TypedArrayList<Float32Array> = new TypedArrayList
( Float32Array );
let uint16ArrayList: TypedArrayList<Uint16Array> = new TypedArrayList
( Uint16Array );
```

2.2.2　TypedArrayList 的 push 方法

TypedArrayList 的 push 方法在添加 number 类型数据时，会根据条件决定是否要扩容。其实现代码如下：

```
public push ( num: number ): number
{
    // 如果当前的 length 超过了预先分配的内存容量
    // 那就需要进行内存扩容
    if ( this._length >= this._capacity )
    {
        //如果最大容量数>0
        if ( this._capacity > 0 )
        {
            //增加当前的最大容量数（每次翻倍增加）
            //关于扩容策略，你可以自行定制，为了简单起见，每次扩容在原来的基础上翻倍
            // 例如当前为 10，下一次为 20，再下一次为 40，以此类推
            this._capacity += this._capacity;
            console.log( "curr capacity = " + this._capacity );
        }
        let oldArray: T = this._array;        // 记录原来类型数组的地址
        this._array = new this._typedArrayConstructor( this._capacity );
                                              // 创建一个新的扩容后的类型数组
        // 将 oldArray 中的数据复制到新建的类型数组的头部
        this._array.set( oldArray );
```

```
    }
    this._array[ this._length ++ ] = num;
    return this._length;
}
```

关于扩容算法注释比较清楚了，来看一下类型数组的 set 方法。set 方法会将参数中的类型数组的各个元素复制到新创建的类型数组中。假设原来的类型数组中有 10 个元素，进行扩容后，新的类型数组具有 20 个元素，此时调用 set 方法后，会将原来类型数组中索引编号为 0~9 的 10 个元素按顺序复制到新创建的类型数组中，当我们下次再调用 push 方法时，会继续从第 10 个索引处添加 number 类型数据（注意，JS/TS 中数组索引是从 0 开始标记的）。

2.2.3　TypedArrayList 的 slice 方法和 subarray 方法

JS/TS 的类型数组提供了 subarray 方法和 slice 方法。以 Uint16Array 为例子，我们来看一下这两个方法的原型，代码如下：

```
/**
 * Returns a section of an array.
 * @param start The beginning of the specified portion of the array.
 * @param end The end of the specified portion of the array.
 */
slice(start?: number, end?: number): Uint16Array;
/**
 * Gets a new Uint16Array view of the ArrayBuffer store for this array,
referencing the elements
 * at begin, inclusive, up to end, exclusive.
 * @param begin The index of the beginning of the array.
 * @param end The index of the end of the array.
 */
subarray(begin: number, end?: number): Uint16Array;
```

上述方法原型声明及注释均来自于微软定义的 lib.es5.d.ts 文件，我们会看到这两个方法参数相同，返回类型相同，那么它们之间的本质区别是什么呢？

在回答上面问题之前，先来看一段测试代码：

```
function testSubarray ( subarray: boolean ): void
{
    let f32arr: Uint16Array = new Uint16Array( [ 0, 1, 2, 3, 4 ] );
    let subrange: Uint16Array;
    if ( subarray === true )
    {
        console.log( "使用 TypedArray subarrray方法" );
        // 使用 subarray 方法
        subrange = f32arr.subarray( 1, 3 ); // 前闭后开, 意味着返回 1 <= index
                                            <  3 对应的元素序列

    } else
    {
```

```
            console.log( "使用 TypedArray silce 方法" );
            // 使用 slice 方法
            subrange = f32arr.slice( 1, 3 );        // 前闭后开，意味着返回 1 <= index
                                                       < 3 对应的元素序列
        }
        console.log( subrange );                        // 应该输出 [ 1 , 2 ]
        // 如果参数 subarray = false，则输出为 false
        // 如果参数 subarray = ture，则输出为 true
        // 本测试函数要演示的关键点
        console.log( "共享同一个 ArrayBuffer 数据源 = ", f32arr.buffer ===
subrange.buffer );
}
testSubarray( false );
testSubarray( true );
```

运行上述代码，会得到如图 2.6 所示的结果。

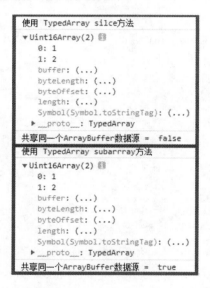

图 2.6　类型数组 slice 方法和 subarray 方法测试结果

通过 testSubarray 源码及运行结果图示可以知道，类型数组的 slice 和 subarray 方法都能从源类型数组中创建一个新的类型数组。但是 slice 方法在创建新类型数组的同时，还会重新创建并复制源类型数组中的 ArrayBuffer 数据。然而 subarray 方法不会重新创建并复制源类型数组中的 ArrayBuffer 数据，它仅仅是共享了源类型数组的 ArrayBuffer 对象。这就是这两个方法之间的本质区别。

下面介绍 TypedArrayList 类提供的上述两个方法的封装，代码如下：

```
public subArray ( start: number = 0, end: number = this.length ): T
{
    return this._array.subarray( start, end ) as T;
}
```

```
public slice ( start: number = 0, end: number = this.length ): T
{
    return this._array.slice( start, end ) as T;
}
```

代码很简单，但是 slice 和 subarry 这两个方法在后续章节中会被大量地使用。至于何时使用 slice 方法、何时使用 subArray 方法，在后续章节中会具体介绍。

2.2.4　TypedArrayList 的其他方法和属性

（1）TypedArrayList 只读属性

```
public get length (): number
{
    return this._length;
}
public get capacity (): number
{
    return this._capacity;
}
public get typeArray (): T
{
    return this._array;
}
```

其中，capacity 属性表示当前动态类型数组预先分配的元素数量；而 length 属性表示当前动态类型数组已使用（或已赋值）的元素数量，这是两个完全不同的概念。至于 typeArray 属性则返回内部持有的、正在操作的的类型数组。

（2）TypedArrayList 的方法

```
// 最简单高效的处理方式，直接设置_length 为 0，重用整个类型数组
public clear (): void
{
    this._length = 0;
}
public at ( idx: number ): number
{
    if ( idx < 0 || idx >= this.length )
    {
        throw new Error( "索引越界！" );
    }
    // 都是number 类型
    let ret: number = this._array[ idx ];
    return ret;
}
```

TypedArrayList 实现的目的是为了减少内存的重新分配，能够被不断重用，而 clear 方法是能够重用 TypedArrayList 的一个重要操作。

不像 C/C++或 C#等语言，TypeScript 并没提供操作符重载功能，为了能够获取

TypedArrayList 中的某个元素，只能提供 at 方法，用于根据索引号来获取该索引处的元素。

至此完成 TypedArrayList 的全部封装，TypedArrayList 是后续章节中最常用的一个容器对象。一般容器都具有增、删、改、查功能，但是 TypedArrayList 删除操作效率极低，并且后续代码中不会用到删除操作，因此这里就没有实现该操作。实现动态类型数组 TypedArrayList 最大的目的是重用一大块内存。

2.2.5　capacityChangedCallback 回调函数

在 TypedArrayList 运行过程中，当发生扩容时，最好能够通知第三方：我扩容了，你想要在扩容时干点啥？

此时最好的技术实现手段就是回调函数，我们在 TypedArrayList 的成员变量中定义一个函数对象，其原型声明如下：

```
// 提供一个回调函数，当_capacity 发生改变时，调用该回调函数
public capacityChangedCallback: ( ( arrayList: TypedArrayList<T> ) => void )
| null = null;
```

在 TypedArrayList 的 push 方法中，如果发生内存重新分配，则调用 capacityChanged Callback 函数，具体代码如下：

```
public push ( num: number ): number
    {
        // 如果当前的 length 超过了预先分配的内存容量
        // 那就需要进行内存扩容
        if ( this._length >= this._capacity )
        {
            // 参看 2.2.2 节 push 实现的源码
            ........................;
            ........................;
            // 如果有回调函数，则调用回调函数
            if ( this.capacityChangedCallback !== null )
            {
                this.capacityChangedCallback( this );
            }
        }
        this._array[ this._length ++ ] = num;
        return this._length;
    }
```

2.3　封装关联数组

对于数组对象而言，我们使用下标（索引）来获取数组里对应的元素值，下标是从 0 开始逐渐递增的。除此之外，JS/TS 中还有一种通过键来获取对应值的数据结构，即关联

数组。

关联数组是一种具有特殊索引方式的数组，它以键值对（key-value）的方式存储数据，我们只要输入待查找的键（key），即可查到对应的值。

2.3.1　JS/TS 中的关联数组

在 JS/TS 中，一切都是对象，函数是对象，数组是对象，object、string 和 number 都是对象，自定义的类型更是对象。

对象具有属性与方法，大多数语言都是通过点操作符来获取对象的属性和方法，JS/TS 亦是如此：

```
let str: string = "In JavaScript or TypeScript, everything is an object!";
let len: number = str.length;
```

在上述代码中，创建一个字符串对象，并且使用点操作符来获取字符串对象的 length 属性，从而可以获得该字符串对象中字符的个数。还可以使用另外一种方式来获取字符串对象中的 length 属性，代码如下：

```
let str: string = "In JavaScript or TypeScript, everything is an object!";
let len: number = str[ "length" ] ;
```

这段代码和前一段代码运行后得到的结果是一样的。它们的区别是，前一段代码使用 str.length 获取字符串对象的字符个数，而这段代码使用的是 str["length"]方式来获取字符串对象的字符个数。

由此可见，JS/TS 中的一切都是对象，而对象都可以通过键值对来存储数据，并且还可以通过键快速地操作到对应的值，因此 JS/TS 中的对象都是关联数组。

2.3.2　TypeScript 索引签名

在 TypeScript 语言中，内置了索引签名的功能，该功能可以看成关联数组的经典应用。我们来看一下如何在 TypeScript 中声明索引签名，代码如下：

```
// TS 中声明一个键为 string 类型，值为 string 类型的索引签名对象
let strStrDictionary: { [ index : string ] : string };
// TS 中声明一个键为 number 类型，值为 string 类型的索引签名对象
let numStrDictionary: { [ index: number ]: string };
// 在使用上述两个索引签名对象前，一定要初始化这两个对象，否则报错
strStrDictionray = { };
numStrDictionary = { };
// 接下来就可以使用键值对了
strStrDictionray[ "a" ] = "a";
strStrDictionray[ 'd' ] = "d";
strStrDictionray[ "c" ] = 'c';
```

```
strStrDictionray[ 'b' ] = "b";
numStrDictionary[ 0 ] = 'a';
numStrDictionary[ 3 ] = 'd';
numStrDictionary[ 2 ] = 'c';
numStrDictionary[ 1 ] = 'b';
// 输出结果: {"a":"a","d":"d","c":"c","b":"b"}
console.log( JSON.stringify( strStrDictionray ) );
// 输出结果: {"0":"a","1":"b","2":"c","3":"d"}
console.log( JSON.stringify( numStrDictionary ) );
```

🔔**注意**：在 TypeScript 中的索引签名中，作为键的数据类型只能是 string 或 number 类型（如上述代码所示），而对应的值可以是任意类型。

2.3.3　ES 6 Map 对象

在 ES 6（ECMAScript 6）规范中新提供了一个关联数组结构，即 Map 对象。关于 Map 对象如何使用，在下一节中介绍，这里我们说明一下 object、索引签名及 ES 6 Map 对象之间的区别。

- 在 JS/TS 中，可以直接用 object 对象，通过字符串的键查找到对应的值（如 2.3.1 节所演示的那样），但是如果使用 object 的话，则键只能使用 string 类型。
- TS 中的索引签名只能使用 string 及 number 类型作为键的数据类型。
- ES 6 规范中的 Map 对象的键的数据类型可以是 JS/TS 中的任意类型，这意味着 Map 的键可以是如 string、number 等基本数据类型，也可以是 object、String、Number，以及各种自定义的引用类型。
- 为了完整性，再来了解一下 ES 6 中的 WeakMap 对象，它和 ES 6 Map 对象的区别是 WeakMap 的键只能使用引用类型。例如，string、number 等基本数据类型不能被作为键的类型。

如果要在 TypeScript 中使用 Map 对象，则需要在 VS Code 项目根目录下找到并打开 tsconfig.json 文件，然后找到 target 项，将其值设置为 ES 2015 及以上，代码如下：

```
{
  "compilerOptions": {
    ...............................
    "target": "ES2015", /* Specify ECMAScript target version: 'ES3'
(default), 'ES5', 'ES2015', 'ES2016', 'ES2017','ES2018' or 'ESNEXT'. */
    ...............................
  }
}
```

如果我们不将 target 设置为 ES 2015 或以上，则 VS Code 编辑器会报错，如图 2.7 所示。

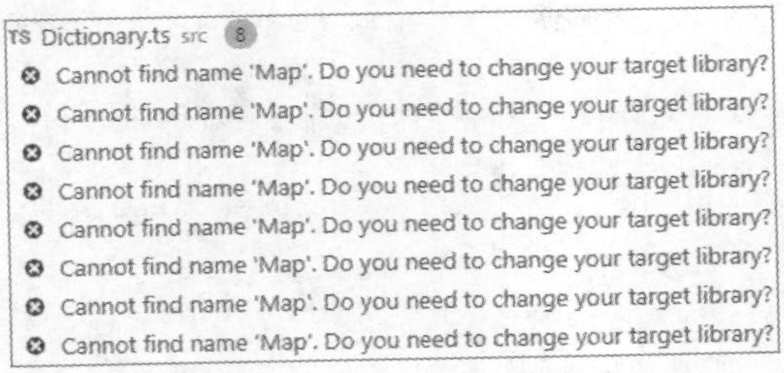

图 2.7　使用 Map 对象时未设置 tareget 为 ES 2015

　　这里需要说明的是，ES 6 等价于 ES 2015，因为 ES 6 是在 2015 年 6 月正式发布的，所以又被称为 ES 2015 标准。

2.3.4　封装成 Dictionary 字典对象

　　接下来封装一个后续经常使用到的对象：Dictionary 字典对象。该对象根据构造函数中的 useES6Map 这个布尔参数，选择是使用索引签名类型还是使用 ES 6 Map 对象来管理相关数据。需要注意的是，我们强制 Dictionary 对象的键（key）类型为 string 对象。接下来看一下 Dictionary 的实现代码如下：

```
export class Dictionary<T> {
    // 内部封装了索引签名或 ES6 Map 对象，其键的数据类型为 string，泛型参数 T 可以是任
       意类型
    private _items: ( { [ k: string ]: T } ) | Map<string, T>;
    // 用来跟踪目前的元素个数，在成功调用 insert 方法后递增，在 remove 方法后递减
    private _count: number = 0;
    // 构造函数，根据参数 useES6Map 决定内部使用哪个关联数组
    public constructor ( useES6Map: boolean = true )
    {
        if ( useES6Map === true )
        {
            this._items = new Map<string, T>();          //初始化 ES6 Map 对象
        } else
        {
            this._items = {};                            // 初始化索引签名
        }
    }
    public get length (): number
    {
        return this._count;
    }
    // 判断某个键是否存在
    public contains ( key: string ): boolean
    {
        if ( this._items instanceof Map )
        {
            return this._items.has( key );
```

```
        } else
        {
            // 注意：在索引签名中，key 对应的值不存在时，返回的是 undefined 而不是 null
            // 切记切记
            return ( this._items[ key ] !== undefined );
        }
    }
    // 给定一个键，返回对应的值对象
    public find ( key: string ): T | undefined
    {
        if ( this._items instanceof Map )
        {
            return this._items.get( key );
        } else
        {
            return this._items[ key ];
        }
    }
    // 插入一个键值对
    public insert ( key: string, value: T ): void
    {
        if ( this._items instanceof Map )
        {
            this._items.set( key, value );
        }
        else
        {
            this._items[ key ] = value;
        }
        this._count++;
    }
    // 删除
    public remove ( key: string ): boolean
    {
        let ret: T | undefined = this.find( key );
        if ( ret === undefined )
        {
            return false;
        }
        if ( this._items instanceof Map )
        {
            this._items.delete( key );
        } else
        {
            delete this._items[ key ];
        }
        this._count--;
        return true;
    }
    public get keys (): string[]
    {
        let keys: string[] = [];
        if ( this._items instanceof Map )
        {
```

```
            let keyArray = this._items.keys();
            for ( let key of keyArray )
            {
                keys.push( key );
            }
        } else
        {
            for ( var prop in this._items )
            {
                if ( this._items.hasOwnProperty( prop ) )
                {
                    keys.push( prop );
                }
            }
        }
        return keys;
    }
    public get values (): T[]
    {
        let values: T[] = [];
        if ( this._items instanceof Map )
        {
            // 一定要用 of, 否则会出错
            let vArray = this._items.values();
            for ( let value of vArray )
            {
                values.push( value )
            }
        } else
        {
            for ( let prop in this._items )
            {
                if ( this._items.hasOwnProperty( prop ) )
                {
                    values.push( this._items[ prop ] );
                }
            }
        }
        return values;
    }
    public toString (): string
    {
        return JSON.stringify( this._items as Map<String, T> );
    }
}
```

上述代码比较简单，并且关键处注释也比较详细，这里需要强调几个 JS/TS 语言点：

- 如果要使用 ES 6 Map 对象，则必须在 tsconfig.json 中将 target 对应的值设置为 ES 2015 或以上，否则会报错。因为 ES 6 Map 只存在于 ES 2015（ES 6 标准于 2015 年通过的，因此也叫 ES 2015 标准）及以上标准中。
- 为了支持同时使用 ES 6 Map 对象和 TS 索引签名，我们在声明 _items 这个成员变量时使用了 TypeScript 中的联合声明操作符|，该操作符用来指示 _items 可以被赋值为

ES 6 Map 对象或 TS 索引签名类型。

- instanceof 操作符可以被用来检测当前的对象是否是某个 JS/TS 类的实例。上述代码中大量使用了 instanceof 操作数来判断_items 是 ES 6 Map 对象还是 TS 索引签名。
- 当使用 TS 索引签名时，remove 方法使用了 delete 操作符，该操作符将删除 Dictionary 对象的键值对，这正是我们所需要的功能。
- ES 6 Map 的 keys 和 values 属性返回的是 IterableIterator<T>类型，该类型能被用于 for…of…语句。由于我们设计 Dictionary 对象的 keys 和 values 属性返回的是数组对象，因而需要再次包装一下。

2.3.5　测试 Dictionary 对象

最后来运行如下测试代码，可以修改构造函数中的参数为 true 或 false，看看分别使用 ES 6 Map 对象或使用 TS 索引签名时输出的结果是否正确：

```
let dict: Dictionary<string> = new Dictionary( false );
dict.insert( "a", "a" );
dict.insert( "d", "d" );
dict.insert( "c", "c" );
dict.insert( "b", "b" );
// 下面代码输出{ "_count": 4, "_items": { "a": "a", "d": "d", "c": "c", "b": "b" } }
console.log( JSON.stringify( dict ) );
// 删除键为"c"的键值对
dict.remove( "c" );
// 下面代码输出{ "_count":3, "_items":{ "a":"a","d":"d","b":"b"}}
console.log( JSON.stringify( dict ) );
// 输出 false
console.log( dict.contains( "c" ) );
// 输出"b"
console.log( dict.find( "b" ) );
// 输出["a","d","b"]
console.log( JSON.stringify( dict.keys ) );
// 输出["a","d","b"]
console.log( JSON.stringify( dict.values ) );
```

2.3.6　红黑树还是哈希表

作为补充知识点，我们来了解一下关联数组底层实现的方法。一般而言，关联数组基本都是使用红黑树（Red-Black Tree）或哈希表（Hash Table）这两个数据结构实现的。关于红黑树或哈希表的相关知识，有兴趣的读者可以自行查阅，这里不再展开介绍。

这里只想分享一个小技巧，即如何快速地判断出你正在使用的关联数组是由红黑树还是由哈希表实现的？

我们回顾一下，在 2.3.2 节及 2.3.5 节中，在测试代码时添加的键值对是按照如下顺序进行的：

```
strStrDictionray[ "a" ] = "a";
strStrDictionray[ 'd' ] = "d";
strStrDictionray[ "c" ] = 'c';
strStrDictionray[ 'b' ] = "b";
```

当通过 console.log 方法将结果输出到浏览器的 Console 窗口时，得到的顺序没发生改变，即：

```
// 输出结果: {"a":"a","d":"d","c":"c","b":"b"}
console.log( JSON.stringify( strStrDictionray ) );
```

因此可以判断出，Chrome 浏览器中 JS 引擎实现的关联数组底层使用了哈希表这个数据结构。为了完整性，来看一下 C++ STL（标准模板库）中基于红黑树和哈希表实现的关联数组之间的区别与联系，代码如下：

```
using namespace std;
typedef map<string, string> StringMap;
typedef StringMap::iterator StringMapIter;
typedef unordered_map<string, string> StringHashMap;
typedef StringHashMap::iterator StringHashMapIter;
int main()
{
    printf("使用红黑树\n");
    StringMap strmap;
    // 乱序插入字母
    strmap["a"] = "a";
    strmap["d"] = "d";
    strmap["c"] = "c";
    strmap["b"] = "b";
    // 使用迭代器遍历所有 key
    StringMapIter mapIter = strmap.begin();
    while (mapIter != strmap.end()) {
        printf("key = %s\n", mapIter->first.c_str());
        ++mapIter;
    }
    printf("使用哈希表\n");
    StringHashMap hashmap;
    hashmap["a"] = "a";
    hashmap["d"] = "d";
    hashmap["c"] = "c";
    hashmap["b"] = "b";
    StringHashMapIter hashIter = hashmap.begin();
    while (hashIter != hashmap.end()) {
        printf("key = %s\n", hashIter->first.c_str());
        ++hashIter;
    }
    getchar();
    return 0;
}
```

运行上述代码后，会得到如图 2.8 所示的结果。

通过上述两个 Demo，我们可以清晰地知道如何区分关联数组底层所使用的数据结构：

- 如果关联数组的键输出顺序自动排序，则肯定是红黑树实现；
- 如果关联数组的键输出与插入时保持一致，则肯定是哈希表实现。

图 2.8　红黑树与哈希表键输出对比

2.4　实现 SGI STL 风格双向循环链表

JS/TS 内置了动态数组 Array 对象，随着元素的加入，它的内部机制会自行扩容空间以容纳新元素。JS/TS 又内置了静态类型数组（如 Float32Array 等），这些静态类型数组一旦在构造函数中设定元素的个数后，就不能改变了。

为了让静态类型数组像 JS/TS 动态数组 Array 一样能够自行扩容，我们在 2.2 节中，对静态类型数组进行二次封装，以获得动态增长的类型数组。它的原理是：如果当前元素个数 length 大于容量 capacity，则重新翻倍地分配一块连续的内存区块，然后将旧元素原封不动地一一搬往新分配的内存区块中，最后回收原来的那块内存。

通过上述描述我们会发现，不管是内置的 Array 对象，还是二次封装的动态类型数组，在使用的过程中，有非常大的可能存在浪费内存的现象。

假设当前有个 float32 的动态类型数组，其容量为 10 个元素，如果插入第 11 个元素时则会发生扩容，复制原来的 10 个元素到新的数组中并且插入添加第 11 个元素，而后续我们不再插入其他元素，则会有 9 个未使用的元素其内存浪费着。

如果要避免上述内存浪费的现象，可以使用另外一种数据结构——链表。

相对于动态数组而言，链表的最大好处是当每次插入或删除一个元素时，就会分配或释放一个元素的内存空间。因此链表这种数据结构对内存的运用非常精准，一点也不浪费。同时与动态数组相比，对于任何位置的插入或删除，链表永远是常数时间。当然，链表最大的缺点是无法快速地随机访问某个索引处的元素。

由于 JS/TS 中并没有内置链表这种数据结构，因而我们接下来就得自行实现链表结构。在此先强调一点，本书的链表源码是基于 SGI（Silicon Graphics Computer Systems,Inc，著名的 OpenGL 就是该公司的杰作，而现在流行的 OpenGL ES 及 WebGL 都是 OpenGL 的分支）公司的 C++ STL（Standard Template Library）库实现的。

2.4.1　泛型的 ListNode 结构

SGI 中 List 实现采用的是双向循环链表，List 本身和 List 中的节点是两个完全不同的概念，需要相互配合才能实现具有实际使用价值的链表数据结构。我们先来看一下 ListNode 这个结构，代码如下：

```
export class ListNode<T>
{
    public next: ListNode<T> | null;      // 自引用，指向当前 ListNode 的后驱
    public prev: ListNode<T> | null;      // 自引用，指向当前 ListNode 的前驱
    public data: T | undefined;           // ListNode 所持有的数据
    public constructor ( data: T | undefined = undefined )
    {
        this.next = this.prev = null;
        this.data = data;
    }
}
```

很明显，这是一个双向链表节点，next 指向当前 ListNode 的后驱，而 prev 指向当前 ListNode 的前驱，初始化时，当前 ListNode 的前驱和后驱都设置为 null。

2.4.2　List 中的头节点

接下来设计 List< T >这个数据结构，该结构表示一个双向循环链表，它包含了一个 ListNode< T >的头节点（哨兵节点），该头节点在链表初始化时，其 next 和 prev 成员变量都指向自身，代码如下：

```
export class List<T>
{
    private _headNode: ListNode<T>;
    private _length: number;
    public constructor ()
    {
        this._headNode = new ListNode<T>();
        this._headNode.next = this._headNode;
        this._headNode.prev = this._headNode;
        this._length = 0;       // 初始化时元素个数为 0，头节点作为哨兵节点不计算在内
    }
}
```

当生成一个 List< T >对象实例后，其头节点的状态如图 2.9 所示。

图 2.9　List 初始化时头节点状态图

2.4.3　双向循环概念

下面来看一下双向循环链表的内存布局示意图，其效果如图 2.10 所示。

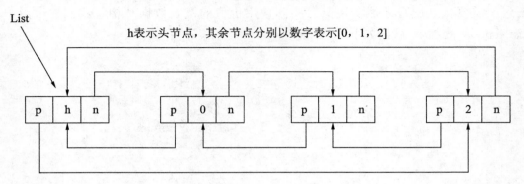

图 2.10　双向与循环示意图

通过图 2.10 可以更加清晰地理解双向与循环的概念。

- 双向：是指每个 ListNode 的后驱指针 next 指向下一个 ListNode，每个 ListNode 的前驱指针 prev 指向前一个 ListNode。我们很容易地通过 next 和 prev 指针进行从前到后或者从后到前的双向遍历操作。
- 循环：我们通过 List 的头节点和最后一个节点（数字为 2 的节点）可以了解到，头节点 h 的前驱指针指向最后一个节点（尾节点），而最后一个节点（尾节点）的后驱指针 next 指向头节点 h，从而首尾相连，形成一个闭环。
- 当初始化时，List 中的头节点 h 的后驱指针 next 和前驱指针 prev 都指向头节点 h 本身，如图 2.9 所示。

2.4.4　List 的查询与遍历操作

（1）判断 List 是否为空链表：

```
public empty (): boolean
{
    // 参考图 2.9
    // 当头节点的后驱 next 指针指向头节点本身时，说明是空链表
    return this._headNode.next === this._headNode;
}
```

（2）获取 List 的元素个数：

```
public get length (): number
{
```

```
   // 如果当前 List 的 length 为 0，则说明是个空链表，和 empty() 一样
   return this._length;
}
```

为了加快查询当前链表的元素个数，增加了 _length 变量来实时对链表的增删进行计数，而在 SGI STL 实现中，使用的是遍历计数方式。

（3）获取 STL 风格的前闭（begin）后开（end）节点：

```
public begin (): ListNode<T>
{
   if ( this._headNode.next === null )
   {
      throw new Error( "头节点的 next 指针必须不为 null" )
   }
   // 若是链表不为空，则返回第一个节点
   // 若是链表为空，next 指向头节点本身，因此返回头节点
   // 绝对不可能返回 null 值
   return this._headNode.next;
}
// 总是返回链表的头节点
public end (): ListNode<T>
{
   return this._headNode;
}
```

这两个方法在 STL 实现中返回的是迭代器对象，而 STL 中对容器的大部分操作都是通过迭代器对象来进行的，进而我们的实现忽略迭代器相关技术，因此进行修改，返回的是 ListNode< T >结构。

（4）查询是否包含某个值：

```
public contains ( data: T ): boolean
{
   for ( let link: ListNode<T> | null = this._headNode.next; link !== null
&& link != this._headNode; link = link.next )
   {
      //if ( link !== null )
      {
         if ( link.data !== undefined )
         {
            if ( data === link.data )
            {
               return true;
            }
         }
      }
   }
   return false
}
```

（5）双向遍历操作等：

```
public forNext ( cb: ( data: T ) => void ): void
{
    for ( let link: ListNode<T> | null = this._headNode.next; link !== null
&& link != this._headNode; link = link.next )
    {
        //if ( link !== null )
        {
            if ( link.data !== undefined )
            {
                cb( link.data );              // 调用回调函数
            }
        }
    }
}
public forPrev ( cb: ( data: T ) => void ): void
{
    for ( let link: ListNode<T> | null = this._headNode.prev; link !== null
&& link != this._headNode; link = link.prev )
    {
        //if ( link !== null )
        {
            if ( link.data !== undefined )
            {
                cb( link.data );              // 调用回调函数
            }
        }
    }
}
```

在 STL 中，遍历都是通过迭代器模式进行，这里为简单起见，直接使用回调函数方式。

2.4.5　List 的插入操作

接下来看看链表的一个核心操作的源码，代码如下：

```
public insertBefore ( node: ListNode<T>, data: T ): ListNode<T>
{
    // 新建一个要插入的新节点
    let ret: ListNode<T> = new ListNode<T>( data );
    // 设置新节点的后驱指针和前驱指针
    ret.next = node;
    ret.prev = node.prev;
    // 设置好新节点的前后驱指针后
    // 我们还要调整参考节点的前后驱指针
    if ( node.prev !== null )
    {
        node.prev.next = ret;
    }
    node.prev = ret;
    // 插入成功后，元素计数器加 1
```

```
    this._length++;
    // 返回新插入的那个节点
    return ret;
}
```

我们可以通过一些图示来更好地了解链表插入这个重要的操作。

（1）假设当前链表的各个节点状态，如图 2.11 所示。

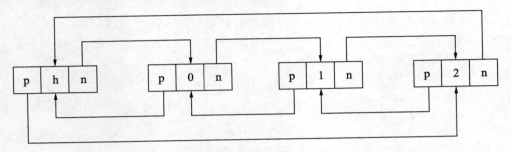

图 2.11　当前的 List 效果图

（2）现在要增加一个新节点 3，让其添加到节点 1 的前面，效果如图 2.12 所示。

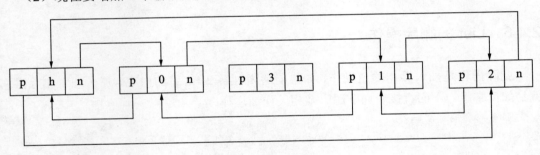

图 2.12　新增节点 3

根据图 2.12 可以看到，虽然增加了一个新的节点 3，但是节点 3 的前后驱指针尚未设置，最后的结果还是要获得如图 2.13 所示的效果。

（3）当调用 insertBefore 方法后，获得的效果如图 2.13 所示。

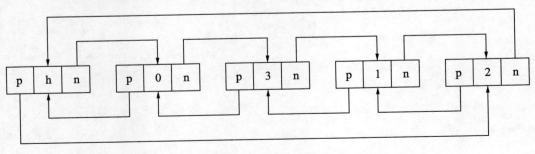

图 2.13　插入节点 3 后的最终效果图

参考图 2.12 和图 2.13，为了将 node3 插入到 node1 之前，我们可以分为 3 个步骤。

（1）调整新创建的 node3 的后驱指针和前驱指针，代码如下：

```
// 设置新节点 node3 的后驱指针和前驱指针
node3.next = node1;          // node3.next 设置为 node1
node3.prev = node1.prev;     // node1.prev 是 node0，因此 node.prev 被设置为
                             //   node0 了
```

（2）调整 node0 的后驱指针 next，让其指向新创建的 node3，代码如下：

```
// 设置好新节点的前后驱指针后
// 还要调整参考节点的前后驱指针
if ( node1.prev !== null )
{
    // node1.prev 在未修正前，是指向 node0 的，再用 node0.next 指针指向新创建的 node3
    node1.prev.next = node3;
}
```

（3）调整 node1 的前驱指针 prev，让其指向新创建的 node3。

```
node1.prev = node3;
```

这样就完成了将整个 node3 插入到 node1 之前的关键操作。

2.4.6　List 的删除操作

删除操作是插入操作的逆操作，如果能清晰理解 2.4.5 节的内容，那么理解删除操作就易如反掌了。下面直接看如下源码及相关详细注释：

```
// 参考图 2.13，将 node3 从 List 中 remove 掉
public remove ( node: ListNode<T> ): void
{
    // 获得要删除的 node3 的后驱指针指向的节点，这里应该是 node1
    let next: ListNode<T> | null = node.next;
    // 获得要删除的 node3 的前驱指针指向的节点，这里应该是 node0
    let prev: ListNode<T> | null = node.prev;
    if ( prev !== null )
    {
        // 设置 node0 后驱指针 next 指向 node1
        prev.next = next;
    }
    if ( next !== null )
    {
        // 设置 node1 的前驱指针 prev 指向 node0
        next.prev = prev;
    }
    // 操作到这里，说明参数 node 已经被成功删除了，此时需要将 List 的数量减 1
    this._length--;
}
```

2.4.7　List 的 push / pop / push_front / pop_front 操作

有了上面实现的 insertBefore 和 remove 方法，结合 begin 和 end 以获得头节点与尾节点的功能，就能很容易实现头尾插入和头尾删除的操作，代码如下：

```
public push ( data: T ): void
{
    this.insertBefore( this.end(), data );
}
public pop (): T | undefined
{
    let prev: ListNode<T> | null = this.end().prev;
    if ( prev !== null )
    {
        let ret: T | undefined = prev.data;
        this.remove( prev );
        return ret;
    }
    return undefined;
}
public push_front ( data: T ): void
{
    this.insertBefore( this.begin(), data );
}
public pop_front (): T | undefined
{
    let ret: T | undefined = this.begin().data;
    this.remove( this.begin() );
    return ret;
}
```

2.5　封装队列与栈

队列（Queue）和栈（Stack）是两种经常使用的数据结构，其中：

- 队列是一种先进先出（First In First Out，FIFO）的数据结构，它允许在尾部添加元素，在头部移除元素；
- 栈则是一种先进后出（First In Last Out，FILO）的数据结构，它允许在尾部添加元素，在尾部移除元素。

实际上，JS/TS 内置的 Array 数组对象已经添加了对队列和栈的支持，而我们在 2.4 节中自行实现的 List 双向循环列表，也能支持队列和栈的相关操作。

更进一步，我们会发现队列和栈的添加元素操作具有一致性行为，仅仅是移除元素时方向的不同而已，队列从头部移除元素，而栈是从尾部移除元素。

　　因此在本节中，我们使用统一的接口，在内部对 JS/TS Array 对象和我们实现的 List 对象进行封装，实现一个适配器模式的队列与栈数据结构。

　　这个统一的接口队列与栈接口将会非常有利于下一节介绍的树数据结构中各种迭代器的算法实现。

2.5.1　声明 IAdapter< T >泛型接口

　　首先声明一个 IAdapter< T >类型的泛型接口，该接口统一了队列和栈的接口方法，代码如下：

```
export interface IAdapter<T>
{
    add ( t: T ): void;                  // 将 t 入队列或堆栈
    remove (): T | undefined;            // 弹出队列或堆栈顶部的元素
    clear (): void;                      // 清空队列或堆栈，用于重用
    //属性
    length: number;                      // 当前队列或堆栈的元素个数
    isEmpty: boolean;                    // 判断当前队列或堆栈是否为空
}
```

2.5.2　实现 AdapterBase< T >抽象基类

　　先看一下 AdapterBase< T > 的实现源码，代码如下：

```
export abstract class AdapterBase<T> implements IAdapter<T> {
    // 内部封装了 JS/TS 内置的 Array 对象或我们自行实现的 List 双向循环链表对象
    protected _arr: Array<T> | List<T>;
    // 构造函数，参数 useList 用来指明我们是用链表还是用 TS/JS Array 来实现底部增删
       操作
    public constructor ( useList: boolean = true )
    {
        if ( useList === true )
        {
            this._arr = new List<T>();         // 使用链表对象
        } else
        {
            this._arr = new Array<T>();        // 使用 JS/TS Array 对象
        }
    }
    // 在容器的尾部添加一个元素
    public add ( t: T ): void
    {
        this._arr.push( t );
    }
```

```
    // 抽象方法，这是因为队列和栈具有不同的操作方法
    // 子类需要自行实现正确的方法
    public abstract remove (): T | undefined;
    // 获取当前队列或栈的元素个数
    public get length (): number
    {
        return this._arr.length;
    }
    // 判断队列或栈是否为空
    public get isEmpty (): boolean
    {
        return this._arr.length <= 0;
    }
    // 清空队列或栈
    public clear (): void
    {
        // 简单起见，我们直接重新创建一个新的底层容器对象
        // 需要使用 instanceof 判断类型
        if ( this._arr instanceof List )
        {
            this._arr = new List<T>();
        } else
        {
            this._arr = new Array<T>();
        }
    }
}
```

则会看到 AdapterBase 抽象基类做了 3 件事：

- 实现了队列和栈共同具有的操作；
- 将不同的操作以抽象方法的方式留给具体实现者；
- 在构造函数中根据布尔变量来决定是使用 List 还是使用 JS/TS Array。

2.5.3　实现 Queue 子类和 Stack 子类

Queue 子类和 Stack 子类只要实现 AdapterBase< T >抽象基类的 remove 方法即可，来看代码实现。Queue 的 remove 方法实现代码如下：

```
export class Queue<T> extends AdapterBase<T> {
    public remove (): T | undefined
    {
        if ( this._arr.length > 0 )
        {
            // List 和 Array 对于顶部删除具有不同名称的方法
            // 因此需要使用 instanceof 来判断到底是 List 还是 Array 对象
```

```
            if ( this._arr instanceof List )
            {
                return this._arr.pop_front();
            } else
            {
                return this._arr.shift();
            }
        }
        else
        {
            return undefined;
        }
    }
}
```

接着是 Stack 的 remove 方法实现代码：

```
export class Stack<T> extends AdapterBase<T> {
    public remove (): T | undefined
    {
        if ( this._arr.length > 0 )
        {
            return this._arr.pop();        // List 和 Array 拥有相同的 pop 方法
        }
        else
        {
            return undefined;
        }
    }
}
```

至此，Queue 和 Stack 的源码介绍完毕。关于 Queue 和 Stack 的应用，将在下一节通用树结构遍历中大量使用，因此这里不再提供测试代码。

2.6 实现通用树结构

对于游戏开发或计算机图形编程来说，树数据结构可能是应用最广泛的数据结构之一。我们可以使用树结构来表示场景图渲染系统、角色动画中的骨骼系统、具有层次性的空间分割系统或者是层次包围体系统等，可以说是无处不在的树结构。

本节我们将实现一个通用的树数据结构及在该数据结构上的一些遍历操作。

2.6.1 树结构的内存表示

先来看一下树结构的表现形式，如图 2.14 所示。

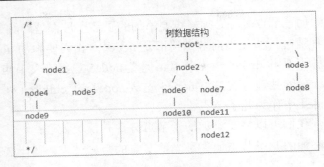

图 2.14　树数据结构

要在计算机中表示出如图 2.12 所描述的树的层次性结构，一般需要使用在内存中方便寻址到父节点和所有儿子节点的存储方式，因此可以使用如下方式存树节点：

```typescript
export class TreeNode < T > {
    // 父子节点的存储方式
    private _parent : TreeNode < T > | undefined ;
                    // 指向当前节点的父节点，如果 this 是根节点，则指向 undefined，因
                    为根节点肯定没有父节点
    private _children : Array< TreeNode < T > > | undefined ;
                    // 数组中保存所有的直接儿子节点，如果是叶子节点，则_children 为
                    undefined 或 _children . length = 0
    public name : string ;
                    // 当前节点的名称，有利于 debug 时信息输出或按名字获取节点（集合）
                    操作
    public data : T | undefined ;
                    // 一个泛型对象，指向一个你需要依附到当前节点的对象
}
```

上述存储结构，可以非常方便、高效地获取当前节点的父节点和所有儿子节点，而且使用泛型方式可以给当前节点附加各种类型的对象，灵活、易用。

2.6.2　树节点添加时的要点

假设要给当前的某个节点添加一个儿子节点，可能第一个反应就是：这是一个很简单的操作，只要将一个儿子节点添加到当前节点的_children 数组中去，然后设置儿子节点的父节点_parent 为当前节点。但是添加儿子节点真的这么简单吗？答案是：未必！

参考图 2.14，假设当前节点为 node4，它的祖先为[node1 , root]，然后我们来看一下添加节点的情况，具体如下。

- 如果 node4 要添加一个新创建的节点，例如名为 node13，则上面描述的算法没有任何问题。
- 如果在 node4 中要添加 node1 或 root 节点作为儿子节点的话，由于 node1 和 root 已经是 node4 的祖先节点了，这会导致循环引用，从而让整个程序崩溃。因此我们在

为某个节点添加子节点时，必须检查要添加的子节点是否是当前节点的祖先节点。

- 考虑另外一种情况，假设当前节点仍旧是 node4，我们要添加 node5 作为子节点。此时 node5 并不是 node4 的祖先节点，但是 node5 已经有父节点 node1。在这种情况下，我们选择的处理方式是将 node5 先从 node1 的_children 列表中移除，然后重新添加到 node4 中作为儿子节点。

通过上述分析，我们可以将要添加的子节点分 3 种情况处理：

- 首先判断要添加的儿子节点如果是当前节点的祖先节点，则什么都不处理，直接退出操作；
- 然后判断要添加的儿子节点是否有父节点，如果有父节点，则需要先将儿子节点从父亲节点中移除，再添加到当前节点中。
- 要添加的子节点是新创建的节点，没有父节点，也不会有循环引用，则使用标准处理方式。

2.6.3　树节点 isDescendantOf 和 remove 方法的实现

要实现上述的子节点添加算法，需要先实现一些必要的辅助方法。首先实现一个名为 isDescendantOf 的方法，该方法判断一个要添加的子节点是否是当前节点的祖先节点，代码如下：

```
public isDescendantOf ( ancestor : TreeNode < T > | undefined ) : boolean {
    //undefined 值检查
    if ( ancestor === undefined ) {
        return false ;
    }
    //从当前节点的父节点开始向上遍历
    let node : TreeNode < T > | undefined = this . _parent ;
    for ( let node : TreeNode < T > | undefined = this . _parent ; node !==
undefined ; node = node . _parent ) {
        //如果当前节点的祖先等于 ancestor，则说明当前节点是 ancestor 的子孙，否则返
        回 true
        if ( node === ancestor ) {
            return true ;
        }
    }
    //否则遍历完成，说明当前节点不是 ancestor 的子孙，返回 false
    return false ;
}
```

然后来看移除某个节点的源码，代码如下：

```
public removeChildAt ( index : number ): TreeNode < T > | undefined {
    //由于使用延迟初始化，必须要进行 undefined 值检查
    if ( this . _children === undefined ) {
        return undefined ;
    }
```

```
    //根据索引从_children 数组中获取节点
    let child : TreeNode<T> | undefined = this . getChildAt ( index ) ;
    //索引可能会越界，这是在 getChildAt 函数中处理的
    //如果索引越界了，getChildAt 函数返回 undefined
    //因此必须要进行 undefined 值检查
    if ( child === undefined ) {
        return undefined;
    }
    this . _children . splice( index , 1 ) ;     // 从子节点列表中移除掉
    child . _parent = undefined ;          // 将子节点的父节点设置为 undefined
    return child ;
}
```

上述 removeChildAt 方法是通过索引来定位要删除的子节点，有时候我们可能已经获得了一个 TreeNode < T >类型的引用，此时需要删除该引用，那么可以实现一个更加方便的方法，代码如下：

```
public removeChild ( child : TreeNode < T > | undefined ) : TreeNode < T > |
undefined {
    // 参数为 undefined 的处理
    if ( child == undefined ) {
        return undefined;
    }

    // 如果当前节点是叶子节点的处理
    if ( this._children === undefined ) {
        return undefined;
    }

    // 由于我们使用数组线性存储方式，从索引查找元素是最快的
    // 但是从元素查找索引，必须遍历整个数组
    let index : number = -1 ;
    for ( let i = 0 ; i < this . _children . length ; i++ ) {
        if ( this . getChildAt ( i ) === child ) {
            index = i;                  // 找到要删除的子节点，记录索引
            break ;
        }
    }
    //没有找到索引
    if ( index === -1 ) {
        return undefined ;
    }

    //找到要移除的子节点的索引，那么就调用 removeChildAt 方法
    return this . removeChildAt ( index ) ;
}
```

remove 的第三个版本，该方法将 this 节点从父节点中删除，代码如下：

```
public remove ( ) : TreeNode<T> | undefined {
    if ( this . _parent !== undefined ) {
        return this . _parent . removeChild ( this ) ;
    }
```

```
    return undefined ;
}
```

2.6.4 实现 addChild 等方法

有了 isDescendantOf 方法和 remove 相关方法,就能实现添加子节点的方法,代码如下:

```
public addChildAt ( child : TreeNode<T> , index : number ) : TreeNode
< T > | undefined {
    // 第一种情况:要添加的子节点是当前节点的祖先的判断
    // 换句话说就是当前节点已经是 child 节点的子孙节点,这样会循环引用,那就直接退出
    方法
    if ( this . isDescendantOf ( child ) ) {
        return undefined ;
    }

    //延迟初始化的处理
    if ( this . _children === undefined ) {
        //有两种方式初始化数组,笔者喜欢[ ]方式,可以少写一些代码
        this . _children = [ ] ;
        // this._children = new Array<TreeNode<T>>();
    }
    //索引越界检查
    if ( index >= 0 && index <= this . _children . length ) {
        if ( child . _parent !== undefined ) {
            //第二种情况:要添加的节点是有父节点的,需要从父节点中移除
            child . _parent . removeChild ( child ) ;
        }
        //第三种情况:要添加的节点不是当前节点的祖先并且也没有父节点(新节点或已从父节
            点移除)
        //设置父节点并添加到_children 中
        child . _parent = this ;
        this . _children . splice ( index , 0 , child ) ;
        return child ;
    }
    else {
        return undefined ;
    }
}
public addChild ( child: TreeNode < T > ) : TreeNode<T> | undefined {
    if ( this . _children === undefined ) {
        this . _children = [ ] ;
    }

    //在列表最后添加一个节点
    return this . addChildAt ( child , this . _children . length ) ;
}
```

到此为止,我们实现了树结构的两个重要的操作,即树节点的添加和移除操作,这样就能使用编程方式生成一颗节点树,也能删除某个节点,甚至整棵节点树。

此时来看树节点的构造函数，代码如下：

```
public constructor ( data: T | undefined = undefined , parent: TreeNode
< T > | undefined = undefined , name : string = "" ) {
    this . _parent = parent ;
    this . _children = undefined ;
    this . name = name ;
    this . data = data ;
    // 如果有父节点，则将 this 节点添加到父节点的子节点列表中
    if ( this . _parent !== undefined ) {
        this . _parent . addChild ( this ) ;
    }
}
```

2.6.5　查询树结构的层次关系

本节将从代码的角度来实现树节点层次查询相关操作。

（1）获取当前节点的父节点和子节点的相关信息和操作，代码如下：

```
public get parent () : TreeNode < T > | undefined {
    return this . _parent ;
}
// 从当前节点中获取索引指向的子节点
public getChildAt ( index: number ): TreeNode < T > | undefined {
    if ( this . _children === undefined ) {
        return undefined ;
    }
    if ( index < 0 || index >= this . _children . length ) {
        return undefined ;
    }
    return this . _children [ index ] ;
}
// 获取当前节点的子节点个数
public get childCount ( ) : number {
    if ( this . _children !== undefined ) {
        return this . _children . length;
    }
    else {
        return 0 ;
    }
}
// 判断当前节点是否有子节点
public hasChild ( ) : boolean {
    return this . _children !== undefined && this . _children . length > 0 ;
}
```

由于实现的树结构本身使用父节点和儿子数组的存储方式，因此获取这些属性的代码
比较简单。

（2）从当前节点获取根节点及获取当前节点的深度，代码如下：

```
public get root ( ) : TreeNode < T > | undefined {
    let curr: TreeNode < T > | undefined = this ;
    // 从 this 开始，一直向上遍历
    while ( curr !== undefined && curr . parent !== undefined ) {
        curr = curr . parent ;
    }
    // 返回 root 节点
    return curr ;
}
public get depth (): number {
    let curr : TreeNode < T > | undefined = this ;
    let level : number = 0 ;
    while ( curr !== undefined && curr . parent !== undefined ) {
        curr = curr . parent ;
        level++ ;
    }
     return level ;
}
```

通过上述这些只读属性或方法，我们就能查询树节点的各种层次关系。而你能唯一改变树节点层次关系的操作则只能是 addChild 和 removeChild 系列方法。

2.6.6　广度/深度优先遍历算法

在上一节中了解了树节点的添加和移除操作，并实现了树节点的一些层次查询操作，本节我们将关注树结构的遍历操作。很多重要的算法都是建立在树节点的遍历操作上，因此会提供递归和非递归的遍历算法。

首先按照是广度优先（层次遍历）还是深度优先、是从上到下还是从下到上，以及是从左到右还是从右到左这 3 种遍历顺序来排列组合成如下 8 种形式的遍历算法，即：

- 广度优先（层次）、从上到下（先根／前序）、从左到右的遍历算法；
- 广度优先（层次）、从上到下（先根／前序）、从右到左的遍历算法；
- 广度优先（层次）、从下到上（后根／后序）、从左到右的遍历算法；
- 广度优先（层次）、从下到上（后根／后序）、从右到左的遍历算法；
- 深度优先、从上到下（先根／前序）、从左到右的遍历算法；
- 深度优先、从上到下（先根／前序）、从右到左的遍历算法；
- 深度优先、从下到上（后根）、从左到右的遍历算法；
- 深度优先、从下到上（后根）、从右到左的遍历算法。

接下来看一下广度优先（Breadth First）的 4 个遍历算法，参考图 2.14 会发现：

（1）广度优先（层次）、从上到下（先根／前序）、从左到右遍历后会得到如下列表：

```
[ root , node1 , node2 , node3 , node4 , node5 , node6 , node7 , node8 ,
node9 , node10 , node11 , node12 ]
```

如果将上面的列表按从右到左的方式来阅读的话，会发现这是广度优先（层次）、从下到上（后根）、从右到左的遍历顺序。

（2）广度优先（层次）、从上到下（先根 / 前序）、从右到左的遍历后得到如下列表：

```
[ root , node3 , node2 , node1 , node8 , node7 , node6 , node5 , node4 ,
node11 , node10 , node9 , node12 ]
```

同样，将上面的列表按从右到左的方式阅读，就是广度优先（层次）、从下到上（后根）、从左到右的遍历顺序。

再来看一下深度优先（Depth First）的 4 个遍历算法，结果如下：

（1）深度优先、从上到下（先根 / 前序）、从左到右遍历后得到如下列表：

```
[ root , node1 , node4 , node9 , node5 , node2 , node6 , node10 , node7 ,
node11 , node12 , node3 , node8 ]
```

以相反的顺序读取上述列表，我们会得到深度优先、从下到上（后根）、从右到左的遍历顺序。

（2）深度优先、从上到下（先根 / 前序）、从右到左遍历后得到如下列表：

```
[ root , node3 , node8 , node2 , node7 , node11 , node12 , node6 , node10 ,
node1 , node5 , node4 , node9 ]
```

同样，以相反的顺序读取上面的列表，你将会得到深度优先、从下到上（后根）、从左到右的遍历顺序。总结结果如图 2.15 所示，排列组合一共有 8 种遍历策略。

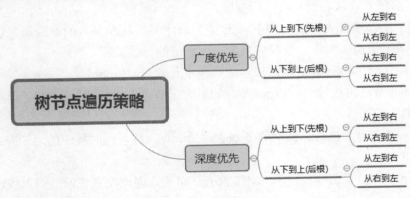

图 2.15　树节点遍历策略

得到的遍历关系如下：

- 广度或深度先根左右遍历的逆为广度或深度后根右左遍历；
- 广度或深度先根右左遍历的逆为广度或深度后根左右遍历。

2.6.7　队列及栈在广度/深度优先遍历中的应用

广度优先（层次）、从上到下（先根 / 前序）、从左到右的非递归遍历算法，该算法需要使用队列数据结构。以图 2.14 所示的树结构为例子，来看看算法的具体流程。

（1）初始化时，将 root 节点入队列，此时队列中的元素有：[root]。

（2）将 root 节点出队列，然后将 root 节点的所有子节点入队列，此时队列中的元素有：[node1，node2，node3]。

（3）将 node1 节点出队列，然后将 node1 的子节点入队列，此时队列中的元素有：[node2，node3，node4，node5]。

（4）将 node2 节点出队列，然后将 node2 的子节点入队列，此时队列中的元素有：[node3，node4，node5，node6，node7]。

（5）不停地重复上述步骤，一直到队列中没有任何元素（也就是队列为空）为止，则表示遍历结束。

节点出队列的顺序就是遍历的顺序，上面的算法遍历顺序是广度优先（层次）、从上到下（先根 / 前序）、从左到右。

如果将所有子节点以相反的方式入队列的话，那么将得到广度优先（层次）、从上到下（先根 / 前序）、从右到左的遍历顺序。

再来看一下深度优先、从上到下（先根 / 前序）、从左到右的非遍历算法，该算法需要使用栈数据结构来实现，让我们来看一下算法的具体流程。

（1）初始化时，将 root 节点入栈，此时栈中元素有：[root]。

（2）将 root 节点出栈，然后将 root 节点的所有子节点入栈，此时栈中的元素有：[node1，node2，node3]。

（3）将 node3 节点出栈，然后将 node3 的子节点入栈，此时栈中的元素有：[node1，node2，node8]。

（4）将 node8 节点出栈，由于 node8 没有子节点，因此没有任何节点入栈，此时栈中的元素有：[node1，node2]。

（5）不停地重复上述步骤，一直到栈中没有任何元素（也就是栈为空）为止，则表示遍历结束。

出栈的顺序就是遍历的顺序，上面的算法遍历顺序是深度优先、从上到下（先根 / 前序）、从右到左。

如果将所有子节点以相反的方式入栈的话，那么将得到深度优先从上到下（先根 / 前序）、从左到右的遍历顺序。

综合一下广度优先和深度优先遍历算法，你会发现这些算法的流程是完全一样的。

2.6.8　广度/深度线性遍历枚举器

树结构的非递归遍历很适合使用枚举器模式，因此我们的树结构枚举器将实现 IEnumerator < T >，从而用统一的迭代模式来进行树结构遍历。先来看一下 IEnumerator< T >是如何定义的，代码如下：

```
export interface IEnumerator<T> {
    // 将迭代器重置为初始位置
    reset(): void;
    // 如果没越界，moveNext 将 current 设置为下一个元素并返回 true
    // 如果已越界，moveNext 返回 false
    moveNext(): boolean;
    // 获取当前的元素
    readonly current: T | undefined;
}
```

如果要实现全部的树结构遍历，则需要实现 8 个枚举器，但是根据上述的描述与 6 个结论，会发现如下几个策略。

（1）广度优先（层次）遍历使用队列数据结构，深度优先使用栈数据结构，它们除了使用容器对象不同外，所有的算法流程没有区别。因此，如果将队列结构和栈接口适配成统一的 IAdapter 接口（在 2.5 节中已声明和实现），以泛型的方式传入到枚举器，那么就可以将 8 个枚举器缩减为 4 个枚举器：

- 从上到下（先根 / 前序）_从左到右_枚举器 < 容器适配器 IAdapter > ；
- 从上到下（先根 / 前序）_从右到左_枚举器 < 容器适配器 IAdapter > ；
- 从下到上（后根）_从左到右_枚举器 < 容器适配器 IAdapter > ；
- 从下到上（后根）_从右到左_枚举器 < 容器适配器 IAdapter > 。

（2）如果将从左到右和从右到左的算法使用一个回调函数 Indexer 来表示，以泛型的方式传入到枚举器，那么又可以将 4 个枚举器减少到 2 个：

- 从上到下（先根 / 前序）_枚举器 < 容器适配器 IAdapter , Indexer > ；
- 从下到上（后根）_枚举器 < 容器适配器 IAdapter , Indexer > 。

（3）根据策略（1）和（2）我们知道从上到下（先根 / 前序）遍历的逆就是后根遍历，那么我们只要实现从上到下（先根 / 前序）枚举器，然后将从上到下（先根 / 前序）枚举器包装一下，就可以成为从下到上（后根）枚举器。因此还是实现两个枚举器，但是后根枚举器依赖于先根 / 前序枚举器。

2.6.9　树结构枚举器的实现

由于已经在第 2.5 节中声明过 IAdapter< T >接口并且在 Queue 和 Stack 类中实现了该

接口，因此我们直接来看看 Indexer 函数的原型定义及两个必要方法，代码如下：

```
//回调函数类型定义
export type Indexer = ( len : number , idx : number ) => number ;
// 实现获取从左到右的索引号
export function IndexerL2R ( len : number , idx : number ) : number {
    return idx ;
}
// 实现获取从右到左的索引号
export function IndexerR2L ( len : number , idx : number ) : number {
    return ( len - idx - 1 ) ;
}
```

有了上面的 **IAdapter** 接口和 **Indexer** 回调函数类型签名后，就可以从泛型枚举器接口继承实现我们的先根 / 前序枚举器，代码如下：

```
export class NodeT2BEnumerator < T , IdxFunc extends Indexer , Adapter
extends IAdapter < TreeNode < T > > > implements IEnumerator < TreeNode
< T > > {
    private _node : TreeNode < T > | undefined ;
                                    // 头节点，指向输入的根节点
    private _adapter ! : IAdapter < TreeNode < T > > ;
                                    // 枚举器内部持有一个队列或堆栈的适配器,用于存储
                                       遍历的元素，指向泛型参数
    private _currNode ! : TreeNode < T > | undefined ;
                                    // 当前正在操作的节点类型
    private _indexer ! : IdxFunc ;
                                    // 当前的 Indexer，用于选择从左到右还是从右到左
                                       遍历，指向泛型参数

    public constructor ( node : TreeNode < T > | undefined , func : IdxFunc ,
adapter : new ( ) => Adapter ) {
        // 必须要有根节点，否则无法遍历
        if ( node === undefined ) {
            return ;
        }
        this . _node = node ;                //头节点，指向输入的根节点
        this . _indexer = func ;             //设置回调函数
        this . _adapter = new adapter ( ) ; //调用 new 回调函数
        this . _adapter . add ( this . _node ) ;
                                    // 初始化时将根节点放入到堆栈或队列中
        this . _currNode = undefined ;       //设定当前 node 为 undefined
    }
    public reset ( ) : void {
        if ( this . _node === undefined ) {
            return ;
        }
        this . _currNode = undefined;
        this . _adapter . clear ( ) ;
        this . _adapter . add ( this . _node ) ;
    }
    public moveNext ( ) : boolean {
        //当队列或者栈中没有任何元素时，说明遍历已经全部完成了，返回 false
```

```
        if ( this . _adapter . isEmpty ) {
            return false ;
        }
        //弹出头或尾部元素, 依赖于 adapter 是 stack 还是 queue
        this . _currNode = this . _adapter . remove ( ) ;

        // 如果当前的节点不为 undefined
        if ( this . _currNode != undefined ) {
            // 获取当前节点的儿子个数
            let len : number = this . _currNode . childCount ;
            // 遍历所有的儿子
            for ( let i = 0 ; i < len ; i++ ) {
                // 儿子是从左到右, 还是从右到左进入队列或堆栈
                // 注意, 我们的_indexer 是在这里调用的
                let childIdx : number = this . _indexer ( len , i ) ;
                let child : TreeNode < T > | undefined = this . _currNode .
getChildAt ( childIdx ) ;
                if ( child !== undefined ) {
                    this . _adapter . add ( child ) ;
                }
            }
        }
        return true ;
    }
    public get current ( ) : TreeNode < T > | undefined {
        return this . _currNode ;
    }
}
```

接下来实现后根枚举器。后根枚举器也实现了 IEnumerator < TreeNode <T>> 泛型接口并在内部使用先根 / 前序枚举器, 代码如下：

```
export class NodeB2TEnumerator < T > implements IEnumerator < TreeNode
< T > > {
    private _iter : IEnumerator < TreeNode < T > > ;
                                        // 持有一个枚举器接口
    private _arr ! : Array < TreeNode < T > | undefined > ;
                                        //声明一个数组对象
    private _arrIdx ! : number ;        // 当前的数组索引
    public constructor ( iter : IEnumerator < TreeNode < T > > ) {
        this . _iter = iter ;           // 指向先根迭代器
        this . reset ( ) ;              // 调用 reset, 填充数组内容及_arrIdx
    }
    public reset ( ) : void {
        this . _arr = [ ] ;             // 清空数组
        // 调用先根枚举器, 将结果全部存入数组
        while ( this . _iter . moveNext ( ) ) {
            this . _arr . push ( this . _iter . current ) ;
        }
        // 设置_arrIdx 为数组的 length
        // 因为后根遍历是先根遍历的逆操作, 所以是从数组尾部向顶部的遍历
        this . _arrIdx = this . _arr . length ;
    }
```

```
        public get current ( ) : TreeNode < T > | undefined {
            // 数组越界检查
            if ( this . _arrIdx >= this . _arr . length ) {
              return undefined ;
            } else {
                // 从数组中获取当前节点
                return this . _arr [ this . _arrIdx ] ;
            }
        }
        public moveNext ( ) : boolean {
            this . _arrIdx --;
            return ( this . _arrIdx >= 0 && this . _arrIdx < this . _arr . length ) ;
        }
    }
```

最后实现一个 NodeEnumeratorFactory 的工厂类，用来使用上面的两个枚举器，生产
出 8 种产品，代码如下：

```
export class NodeEnumeratorFactory {
    // 创建深度优先( stack )、从左到右 ( IndexerR2L )、从上到下的枚举器
    public static create_df_l2r_t2b_iter < T > ( node : TreeNode < T > |
undefined ) : IEnumerator < TreeNode < T > > {
        let iter : IEnumerator < TreeNode < T > > = new NodeT2BEnumerator
( node , IndexerR2L , Stack ) ;
        return iter ;
    }
    // 创建深度优先( stack )、从右到左( IndexerL2R )、从上到下的枚举器
    public static create_df_r2l_t2b_iter < T > ( node : TreeNode < T > |
undefined ) : IEnumerator < TreeNode < T > > {
        let iter : IEnumerator < TreeNode < T > > = new NodeT2BEnumerator
( node , IndexerL2R , Stack ) ;
        return iter ;
    }
    // 创建广度优先( Queue )、从左到右( IndexerL2R )、从上到下的枚举器
    public static create_bf_l2r_t2b_iter < T > ( node : TreeNode < T > |
undefined ) : IEnumerator < TreeNode < T > > {
        let iter : IEnumerator < TreeNode < T > > = new NodeT2BEnumerator
( node , IndexerL2R , Queue ) ;
        return iter ;
    }
    // 创建广度优先( Queue )、从右到左( IndexerR2L )、从上到下的枚举器
    public static create_bf_r2l_t2b_iter < T > ( node : TreeNode < T > |
undefined ) : IEnumerator < TreeNode < T > > {
        let iter: IEnumerator < TreeNode < T > > = new NodeT2BEnumerator
( node , IndexerR2L , Queue ) ;
        return iter ;
    }
    // 上面都是从上到下（先根）遍历
    // 下面都是从下到上（后根）遍历，是对上面的从上到下（先根）枚举器的包装
    // 创建深度优先、从左到右、从下到上的枚举器
    public static create_df_l2r_b2t_iter < T > ( node : TreeNode < T > |
undefined ) : IEnumerator < TreeNode < T > > {
        //向上转型，自动（向下转型，需要 as 或< >手动）
        let iter : IEnumerator < TreeNode < T > > = new NodeB2TEnumerator
```

```
< T > ( NodeEnumeratorFactory . create_df_r2l_t2b_iter ( node ) ) ;
      return iter ;
  }
  // 创建深度优先、从右到左、从下到上的枚举器
  public static create_df_r2l_b2t_iter < T > ( node : TreeNode<T> |
undefined ) : IEnumerator < TreeNode < T > > {
      let iter : IEnumerator < TreeNode < T > > = new NodeB2TEnumerator
< T > ( NodeEnumeratorFactory . create_df_l2r_t2b_iter ( node ) ) ;
      return iter ;
  }
  // 创建广度优先、从左到右、从下到上的枚举器
  public static create_bf_l2r_b2t_iter < T > ( node : TreeNode < T > |
undefined ) : IEnumerator < TreeNode < T > > {
      let iter: IEnumerator < TreeNode < T > > = new NodeB2TEnumerator
< T > ( NodeEnumeratorFactory.create_bf_r2l_t2b_iter( node ) ) ;
      return iter ;
  }
  // 创建广度优先、从右到左、从下到上的枚举器
  public static create_bf_r2l_b2t_iter < T > ( node : TreeNode < T > |
undefined ) : IEnumerator < TreeNode < T > > {
      let iter : IEnumerator < TreeNode < T > > = new NodeB2TEnumerator
< T > ( NodeEnumeratorFactory . create_bf_l2r_t2b_iter ( node ) ) ;
      return iter ;
  }
}
```

需要注意一点的是，NodeEnumeratorFactory 类都是静态工厂模板方法，并且每个静态工厂模板方法返回的是 IEnumerator < TreeNode < T >>类型的接口，而不是具体的两个实现类：NodeT2BEnumerator 和 NodeB2TEnumerator。这种面向接口的编程模型，既能减少类之间的耦合性，又能将复杂的操作留给实现者，将实现细节隐藏起来，对于调用者来说，使用起来很方便。下面就来看看如何使用上面的 8 个枚举器。

2.6.10　测试树结构迭代器

接下来测试一下上面 8 个迭代器的用法和输出结果。在测试前，先来看一下泛型类 TreeNode < T >的两种用法。

（1）直接使用 TreeNode < T >的方式。例如，将泛型参数设置为 number 类型，代码如下：

```
// 生成一个名为 root 的节点，其父节点是 undefined，节点附加的对象类型是 number，其值
   为 0
let root : TreeNode < number > = new TreeNode < number > ( 0 , undefined ,
" root " ) ;
// 生成一个名为 node1 的节点，其父节点是 root 节点，节点附加的对象类型是 number，其值
   为 1
let node1 : TreeNode < number > = new TreeNode < number > ( 1 , root , "
node1 " ) ;
```

```
// 生成一个名为 node2 的节点，其父节点是 root 节点，节点附加的对象类型是 number，其值
   为 2
let node2 : TreeNode < number > = new TreeNode < number > ( 2 , nnode, "
node2 " ) ;
```

（2）可以使用继承的方式来使用树节点类。还是以附加 **number** 类型为例子，代码
如下：

```
// NumberNode 类继承自泛型参数为 number 的 TreeNode 类
// 这样就自动会设置 TreeNode 的 data 成员变量的类型为 number
class NumberNode extends TreeNode < number > { }
export class TreeNodeTest {
    // 创建一颗如图 2.14 所示结构一致的树结构
    public static createTree ( ) : NumberNode {
        let root : NumberNode = new NumberNode ( 0 , undefined , " root " ) ;
        let node1 : NumberNode = new NumberNode ( 1 , root , " node1 " ) ;
        let node2 : NumberNode = new NumberNode ( 2 , root , " node2 " ) ;
        let node3 : NumberNode = new NumberNode ( 3 , root , " node3 " ) ;
        let node4 : NumberNode = new NumberNode ( 4 , node1 , " node4 " ) ;
        let node5 : NumberNode = new NumberNode ( 5 , node1 , " node5 " ) ;
        let node6 : NumberNode = new NumberNode ( 6 , node2 , " node6 " ) ;
        let node7 : NumberNode = new NumberNode ( 7 , node2 , " node7 " ) ;
        let node8 : NumberNode = new NumberNode ( 8 , node3 , " node8 " ) ;
        let node9 : NumberNode = new NumberNode ( 9 , node4 , " node9 " ) ;
        let node10 : NumberNode = new NumberNode ( 10 , node6 , " node10 " ) ;
        let node11 : NumberNode = new NumberNode ( 11 , node7 , " node11 " ) ;
        let node12 : NumberNode = new NumberNode ( 12 , node11 , " node12 " ) ;
        return root ;
    }
}
```

后面将使用 **NumberNode** 类来进行演示。为了能够层次化地输出使用 createTree 方法
创建的树结构，在 TreeNode < T >类中增加一个名为 repeatString 的公开方法，代码如下：

```
public repeatString ( target: string, n: number ): string {
    let total: string = "";
    for ( let i = 0 ; i < n ; i ++) {
        total += target ;
    }
    return total;
}
```

有了上面实现的 createTree 方法及 TreeNode < T >的 repeatString 方法和 depth 属性，
结合各个枚举器，就能格式化输出节点相关的内容。下面来看一下深度优先、从上到下、
从左到右的遍历输出代码和结果，源码如下：

```
let root : NumberNode = TreeNodeTest . createTree ( ) ;
let iter : IEnumerator < TreeNode < number > > ;   // IEnumerator 枚举器
```

```
let current : TreeNode < number > | undefined = undefined ;
                                        //枚举器持有的当前节点

console . log ( " 1、depthFirst_left2rihgt_top2bottom_enumerator " ) ;
// 下面代码应该输出的结果为: [ root , node1 , node4 , node9 , node5 , node2 ,
node6 , node10 , node7 , node11 , node12 , node3 , node8 ]
iter = NodeEnumeratorFactory . create_df_l2r_t2b_iter < number > ( root ) ;
while ( iter . moveNext ( ) ) {
    current = iter . current ;
    if ( current !== undefined ) {
        // 根据当前的 depth 获得缩进字符串(下面使用空格字符),然后和节点名合成当前节
            点输出路径
        console . log ( current . repeatString ( " " , current . depth * 4 )
+ current . name ) ;
    }
}
```

运行上述代码,会获得如图 2.16 所示的结果。

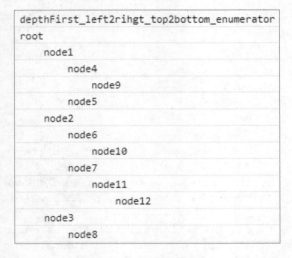

图 2.16　枚举器输出结果

从上到下阅读输出图 2.16 所示的结果会发现,的确就是深度优先、从上到下、从左到右的节点遍历顺序。接下来调用其他 7 个枚举器,代码如下:

```
// 辅助方法,根据输入的枚举器,线性输出节点内容
public static outputNodesInfo ( iter : IEnumerator < TreeNode < number > > ) :
string {
    let output : string [ ] = [ ] ;
    let current : TreeNode < number > | undefined = undefined ;
    while ( iter . moveNext ( ) ) {
        current = iter . current ;
```

```
            if ( current !== undefined ) {
                output . push ( current . name ) ;
            }
        }
        return ( " 实际输出: [" + output . join ( ",") + " ] " ) ;
}

// 下面的代码线性输出所有遍历结果, 验证迭代的正确性
console . log ( " 2、depthFirst_right2left_top2bottom_enumerator " ) ;
console . log ( " 应该输出: [ root , node3 , node8 , node2 , node7 , node11 ,
node12 , node6 , node10 , node1 , node5 , node4 , node9 ] " ) ;
iter = NodeEnumeratorFactory . create_df_r2l_t2b_iter < number > ( root ) ;
console . log ( TreeNodeTest . outputNodesInfo ( iter ) ) ;

console . log( " 3、depthFirst_left2right_bottom2top_enumerator " ) ;
iter = NodeEnumeratorFactory . create_df_l2r_b2t_iter < number > ( root ) ;
console . log ( " 应该输出: [ node9 , node4 , node5 , node1 , node10 , node6 ,
node12 , node11 , node7 , node2 , node8 , node3 , root ] " ) ;
console . log ( TreeNodeTest . outputNodesInfo ( iter ) ) ;

console . log ( " 4、depthFirst_right2left_bottom2top_enumerator " ) ;
iter = NodeEnumeratorFactory . create_df_r2l_b2t_iter < number > ( root ) ;
console . log ( " 应该输出: [ node8 , node3 , node12 , node11 , node7 , node10 ,
node6 , node2 , node5 , node9 , node4 , node1 , root ] " ) ;
console . log ( TreeNodeTest . outputNodesInfo ( iter ) ) ;

console . log ( " 5、breadthFirst_left2right_top2bottom_enumerator " ) ;
iter = NodeEnumeratorFactory . create_bf_l2r_t2b_iter < number > ( root ) ;
console . log ( " 应该输出: [ root , node1 , node2 , node3 , node4 , node5 ,
node6 , node7 , node8 , node9 , node10 , node11 , node12 ] " ) ;
console . log ( TreeNodeTest . outputNodesInfo ( iter ) ) ;

console . log ( " 6、breadthFirst_rihgt2left_top2bottom_enumerator " ) ;
iter = NodeEnumeratorFactory . create_bf_r2l_t2b_iter < number > ( root ) ;
console . log ( " 应该输出: [ root , node3 , node2 , node1 , node8 , node7 ,
node6 , node5 , node4 , node11 , node10 , node9 , node12 ] " ) ;
console . log ( TreeNodeTest . outputNodesInfo ( iter ) ) ;

console . log ( " 7、breadthFirst_left2right_bottom2top_enumerator " ) ;
iter = NodeEnumeratorFactory . create_bf_l2r_b2t_iter < number > ( root ) ;
console . log ( " 应该输出: [ node12 , node9 , node10 , node11 , node4 , node5 ,
node6 , node7 , node8 , node1 , node2 , node3 , root ] " ) ;
console . log ( TreeNodeTest . outputNodesInfo ( iter ) ) ;

console . log ( " 8、breadthFirst_right2left_bottom2top_enumerator " ) ;
iter = NodeEnumeratorFactory . create_bf_r2l_b2t_iter < number > ( root ) ;
console . log ( " 应该输出: [ node12 , node11 , node10 , node9 , node8 , node7 ,
```

```
node6 , node5 , node4 , node3 , node2 , node1 , root ] " ) ;
console . log ( TreeNodeTest . outputNodesInfo ( iter ) ) ;
```

调用上述代码后，获得如图 2.17 所示的遍历结果。

```
2、depthFirst_right2left_top2bottom_enumerator
应该输出: [ root , node3 , node8 , node2 , node7 , node11 , node12 , node6 , node10 , node1 , node5 , node4 , node9 ]
实际输出: [ root , node3 , node8 , node2 , node7 , node11 , node12 , node6 , node10 , node1 , node5 , node4 , node9 ]
3、depthFirst_left2right_bottom2top_enumerator
应该输出: [ node9 , node4 , node5 , node1 , node10 , node6 , node12 , node11 , node7 , node2 , node8 , node3 , root ]
实际输出: [ node9 , node4 , node5 , node1 , node10 , node6 , node12 , node11 , node7 , node2 , node8 , node3 , root ]
4、depthFirst_right2left_bottom2top_enumerator
应该输出: [ node8 , node3 , node12 , node11 , node7 , node10 , node6 , node2 , node5 , node9 , node4 , node1 , root ]
实际输出: [ node8 , node3 , node12 , node11 , node7 , node10 , node6 , node2 , node5 , node9 , node4 , node1 , root ]
5、breadthFirst_left2right_top2bottom_enumerator
应该输出: [ root , node1 , node2 , node3 , node4 , node5 , node6 , node7 , node8 , node9 , node10 , node11 , node12 ]
实际输出: [ root , node1 , node2 , node3 , node4 , node5 , node6 , node7 , node8 , node9 , node10 , node11 , node12 ]
6、breadthFirst_rihgt2left_top2bottom_enumerator
应该输出: [ root , node3 , node2 , node1 , node8 , node7 , node6 , node5 , node4 , node11 , node10 , node9 , node12 ]
实际输出: [ root , node3 , node2 , node1 , node8 , node7 , node6 , node5 , node4 , node11 , node10 , node9 , node12 ]
7、breadthFirst_left2right_bottom2top_enumerator
应该输出: [ node12 , node9 , node10 , node11 , node4 , node5 , node6 , node7 , node8 , node1 , node2 , node3 , root ]
实际输出: [ node12 , node9 , node10 , node11 , node4 , node5 , node6 , node7 , node8 , node1 , node2 , node3 , root ]
8、breadthFirst_right2left_bottom2top_enumerator
应该输出: [ node12 , node11 , node10 , node9 , node8 , node7 , node6 , node5 , node4 , node3 , node2 , node1 , root ]
实际输出: [ node12 , node11 , node10 , node9 , node8 , node7 , node6 , node5 , node4 , node3 , node2 , node1 , root ]
```

图 2.17　枚举器遍历结果

🔔 **注意**：在上述代码中，Queue 和 Stack 两个容器默认是使用第 2.4 节实现的双向循环链表作为底层的存储容器，也可以将构造函数中的 useList 设置为 false，这样就会切换为 Array 作为底层的存储容器。

2.6.11　深度优先的递归遍历

接下来看一下树结构深度优先的递归遍历算法。在 TreeNode < T > 中增加一个名为 visit 的方法，该方法以深度优先的方式递归遍历其子孙节点。首先来看一下 visit 方法的原型或签名，代码如下：

```
public visit ( preOrderFunc : NodeCallback < T > | null = null ,
postOrderFunc : NodeCallback < T > | null = null , indexFunc : Indexer =
IndexerL2R ) : void
```

会看到 preOrederFunc 和 postOrderFunc 这两个参数，表示在递归遍历的过程中，在先根访问和后根访问的时机点时需要调用的回调函数，该回调函数的签名如下：

```
//回调函数类型名，需要加 < T >          参数类型              返回类型
export type NodeCallback < T > = ( node : TreeNode < T > ) => void ;
```

至于 indexFunc 回调的类型，在上一节中已详细讲过，默认为 IndexerL2R 方法。接下来看一下 visit 方法的实现代码：

```
public visit ( preOrderFunc : NodeCallback < T > | null = null ,
postOrderFunc : NodeCallback < T > | null = null , indexFunc : Indexer =
IndexerL2R ) : void {
    // 在子节点递归调用 visit 之前，触发先根（前序）回调
    // 注意前序回调的时间点是在此处
    if ( preOrderFunc !== null ) {
        preOrderFunc ( this ) ;
    }
    // 遍历所有子节点
    let arr : Array < TreeNode < T > > | undefined = this . _children ;
    if ( arr !== undefined ) {
        for ( let i : number = 0 ; i < arr . length ; i++ ) {
            // 根据 indexFunc 选取左右遍历还是右左遍历
            let child : TreeNode < T > | undefined = this . getChildAt
( indexFunc ( arr . length , i ) ) ;
            if ( child !== undefined ) {
                // 递归调用 visit
                child . visit ( preOrderFunc , postOrderFunc , indexFunc ) ;
            }
        }
    }

    // 在这个时机点触发 postOrderFunc 回调
    // 注意后根（后序）回调的时间点是在此处
    if ( postOrderFunc !== null ) {
        postOrderFunc ( this ) ;
    }
}
```

下面来看一下调用上述方法的测试代码：

```
function printNodeInfo ( node : NumberNode ) : void {
    console . log ( node . name ) ;
}
let root : NumberNode = TreeNodeTest . createTree ( ) ;
root . visit ( printNodeInfo , null , IndexerL2R ) ;
                        // 深度优先、从上到下（先根）、从左到右遍历
root . visit ( printNodeInfo , null , IndexerR2L ) ;
                        // 深度优先、从上到下（先根）、从右到左遍历
root . visit ( null , printNodeInfo , IndexerL2R ) ;
                        // 深度优先、从下到上（后根）、从左到右遍历
root . visit ( null , printNodeInfo , IndexerR2L ) ;
                        // 深度优先、从下到上（后根）、从右到左遍历
root . visit ( printNodeInfo , printNodeInfo , IndexerL2R ) ;
                        // 先根和后根回调同时触发
```

```
root . visit ( printNodeInfo , printNodeInfo , IndexerR2L ) ;
                                   // 先根和后根回调同时触发
```

调用上述测试代码，就能获得正确的结果。

2.7　本 章 总 结

本章重点关注容器的相关知识。常用的容器不外乎数组、链表、队列、栈、哈希表、红黑树、二叉树、通用树及图等数据结构。

在本章中，首先介绍了 JS/TS 中新增加的 ArrayBuffer、DataView 及类型数组的相关知识点，并且通过 C/C++代码模拟了上述这些对象的底层实现机制。之所以这么做，是因为 ArrayBuffer、DataView 及类型数组在 WebGL 3D 开发中是最常用的一些数据结构，值得我们花精力来了解并掌握这些知识点。在后面的 Quake3 Bsp 二进制格式的图读取和渲染中（见 8.2 节）会深入地分析 ArrayBuffer 和 DataView 的强大作用。

接着对类型数组进行了二次封装，实现了类似于 JS/TS 中 Array 对象动态扩容的机制。之所以这么做，目的是为了重用当前已经分配的内存缓存区。关于这个机制，我们会在与 WebGLMesh（对 WebGL 进行二次封装）相关的部分进行深入讲解。

然后介绍了 JS/TS 中 3 种关联容器实现的典范，即 object 对象（仅支持 string 类型作为键，值可以任意类型）、TS 中的索引签名（支持 number 和 string 类型作为键，值可以任意类型）及 ES 6 Map 对象（支持任意类型作为键和值），并且实现了 Dictionary 字典对象。内部实际上是封装了索引签名和 ES 6 Map 对象，我们可以根据构造函数中的布尔参数来表明是使用索引签名还是 ES 6 Map 对象。作为知识衍生，介绍了如何判断关联容器底层是红黑树实现还是哈希表实现。

接下来介绍链表的相关知识点。实际链表按照遍历的方向可以分为单链表和双向链表，由于双向链表蕴含单链表的所有操作，因而我们选择实现了 SGI STL 风格的双向量表容器，该双向链表是双向循环链表。与动态数组相比，链表的最大好处是当每次插入或删除一个元素时就分配或释放一个元素的内存空间。因此链表这种数据结构对内存的运用十分精准，一点也不浪费。与动态数组相比，对于任何位置的插入或删除，链表永远是常数时间。当然，链表最大的缺点是无法快速地随机访问某个索引处的元素。

然后继续封装先进先出的队列和先进后出的栈这两个容器，以面向接口方式，统一了队列和栈的所有操作，并且在底层分别使用了 JS/TS Array 对象及前面实现的双向循环列表作为操作容器。和 Dictionary 字典对象一样，我们可以使用构造函数中的布尔参数来决定使用哪个数据结构来作为底层操作容器。

　　最后介绍了通用树结构的实现，使用父亲及儿子数组的方式表示内存中的树结构，并且实现了树结构的增、删、改、查功能；重点关注了如何深度优先和广度优先各种遍历算法，包括线性遍历和递归遍历这两种方式。在线性遍历中，使用了自行封装的队列和栈容器，而队列和栈容器本身又是基于 JS/TS Array 对象及自行实现的双向循环链表实现的。

　　以上就是本章的主要内容，希望读者能理解并掌握。

第 2 篇
WebGL 图形编程基础

第 3 章　WebGLApplication 框架

对于一个 HTML 5 图形应用程序来说，不管是 Canvas2D 或是 WebGL，都需要一个 Application 框架体系结构。在该体系结构中，最重要的功能是进行动画更新（动画更新包含基于时间的状态更新，以及更新状态后的重绘显示）。除此之外，还需要一些其他功能。为了更好地说明，先提供 Application 的功能体系结构图，如图 3.1 所示，以及用于代码实现的类结构图，如图 3.2 所示。

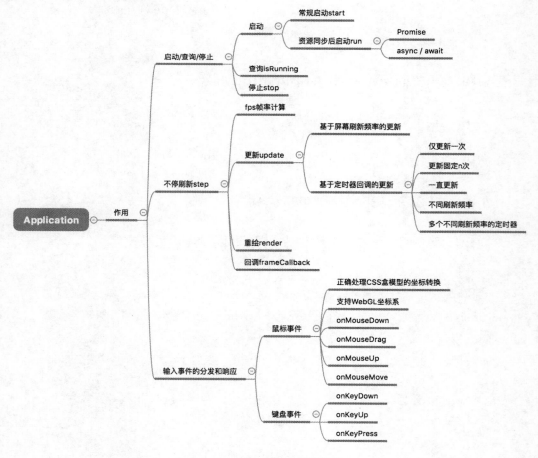

图 3.1　Application 体系结构

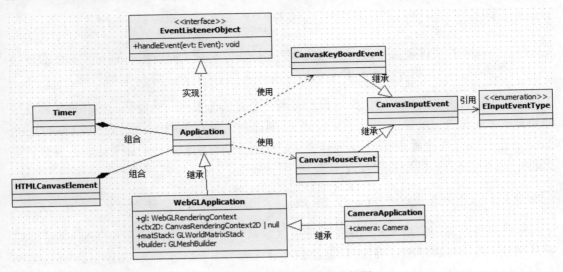

图 3.2　Application 体系类结构图

3.1　Application 体系结构概述

参考图 3.1，对于 WebGL 图形渲染来说，需要一个可控的、不断更新的动画运行机制。在该运行机制中可以：

- 控制动画系统的启动，查询动画是否运行，以及可以停止运行中的动画。
- 在动画系统运行期间，可以进行例如帧率计算（Frame Per Second，FPS）、基于时间差的更新、重绘及每帧触发一次 frameCallback 回调事件（让第三方实现者有机会做一些他想做的事情）。
- 将系统输入事件（鼠标事件和键盘事件）转换成自己定义的事件系统，并进行分发和响应。

将上述功能全部封装到一个名为 Application 的类中。接下来从程序实现的角度来看一下 Application 的类体系结构。如图 3.2 所示，Application 是一个抽象基类，封装了上面所述的 3 个功能。

这 3 个功能是通用的，不管是 Canvas2DApplication（由于本书关注 WebGL，因此并没将 Canvas2DApplication 类在图 3.2 中绘制出来）还是 WebGLApplication 应用程序，都需要用到。

WebGLApplication 类在 Application 类的基础上增加了用于渲染 3D 图形的 WebGLRenderContext 的成员变量（gl），以及同时可以用于 2D 渲染的 CanvasRenderingContext2D（ctx2D）成员变量。在本书中，ctx2D 存在的主要价值是进行 2D 文字绘制，将会在后续章节中详解。

🔔**注意**：WebGL 中渲染文字是一个比较艰巨的任务，感谢 CanvasRenderingContext2D 的存在，让我们可以用一种方便的方式解决 WebGL 中文字绘制的问题。

在 OpenGL 1.1 固定管线渲染时代，有两个笔者认为很棒的功能，即矩阵堆栈和立即渲染模式（经典的 glBegin/glEnd 渲染模式）。然而进入到 OpenGL 2.0 时代（或 OpenGLES 2.0），由于固定管线被 GPU 可编程管线（后面会介绍可编程管线的相关内容）替代，所以将矩阵堆栈及立即渲染模式都取消了。

🔔**注意**：WebGL 规范是基于 OpenGLES 规范的，因此也取消了矩阵堆栈和立即渲染模式。

矩阵堆栈和立即渲染模式这两个功能可以非常快速地进行原型开发、Debug 显示，以及从视觉方面验证程序的正确性，因此我们在后续章节中会自行实现 GLWorldMatrixStack 类和 GLMeshBuilder 类来分别模拟 OpenGL 1.1 中的矩阵堆栈和立即渲染模式，并将这两个类作为 WebGLApplication 的成员变量，这样能在 WebGLApplication 中直接进行相关操作。

最后一个类是 CameraApplication。该类继承自 WebGLApplication，因此获得了基类的所有功能，并且增加了摄像机漫游的功能。在 CameraApplication 中，覆写了基类的 onKeyPress 事件，可以使用键盘控制摄像机的各种移动及朝向。本书的大部分 Demo 都是继承自 CameraApplication 这个类。

3.2　第一个 WebGL Demo

在实现 Application 体系结构之前，我们先通过一个简单的 Demo 来体验一下 Application 及其子类的一些关键的功能，从而有一个感性的认识。

3.2.1　技术要点描述

结合如图 3.1、图 3.2 和图 3.3 所示的内容，来描述一下第一个 WebGL Demo 要演示的与 Application 框架系统相关的技术点。

（1）我们的 Demo 继承自 CameraApplication，CameraApplication 则继承自 WebGLApplication，而 WebGLApplication 又继承自 Application。

（2）参考图 3.3 中的立方体（Cube），该立方体贴着纹理贴图（Texture）。而纹理贴图中的像素（Pixel）数据来自于服务器端存储的图像（PNG 或 JPG 格式）。在 HTML 中，图像从服务器加载是一个异步过程，而我们的 WebGL 渲染器需要在图像（Image）文件加载完成后才能进行绘制，因此会在源码中使用 TS/JS 的 Promise/async/await 相关技术来进行异步资源加载及同步操作。

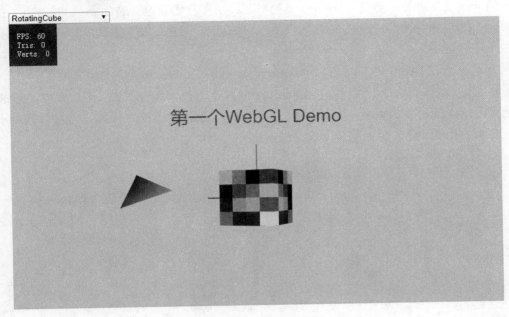

图 3.3　第一个 WebGL Demo 效果图

（3）图 3.3 左上角显示了 FPS：60 的字样，目的是为了演示图 3.1 不停刷新 step->fps 帧率计算/不停刷新 step->回调 frameCallback 这两个功能。

（4）图 3.3 中不停刷新 step->更新 update 中分为两种不同的刷新方式，其中：

第一种是基于屏幕刷新频率的更新，我们在 Demo 中主要通过覆写 Application 的 update 虚方法，让图 3.3 中的立方体不停地绕绿色的 Y 轴旋转。

第二种是基于自行实现的定时器的回调更新，在 Demo 中通过两处进行演示：

- 图 3.3 右侧旋转的立方体具有三套纹理，每隔 2 秒钟进行周而复始的换肤操作，其效果如图 3.4 所示。
- 图 3.3 左侧显示的三角形，当我们按 Q 键时，会新增加一个定时器，每隔 0.25 秒让三角形绕着 Z 轴旋转 1°。当我们按 E 键时，将删除掉定时器，此时三角形不再继续绕着 Z 轴进行旋转。

通过上述内容，可以了解基于屏幕刷新频率的固定更新操作与基于多个定时器，以不同时间间隔进行更新的操作。

（5）显然，所有的可显示对象（文字，立方体，X、Y、Z 坐标轴及三角形）的绘制都是在 render 方法中，该方法覆写（override）了 Application 中的同名虚方法（不停刷新

step->重绘 render）。

（6）图 3.3 中文字的显示，使用了基类 WebGLApplication 中提供的 ctx2D 成员变量来进行文字的显示。

（7）图 3.3 中的三角形（Triangle）的显示使用了我们自己封装的类似 OpenGL1.1 中 glBegin/glEnd 那种立即绘制模式的类 GLMeshBuilder。三角形及立方体的平移和旋转操作使用了矩阵堆栈。

（8）我们的 Demo 的基类是 CameraApplication。在 CameraApplication 中封装了一个摄像机类 Camera，并且重载了基类的 onKeyPress 虚方法，按 W、S、A、D、Z、X 键可以前后左右上下移动摄像机；按 Y、P、R 键则分别进行摄像机的 Yaw（绕 Y 轴）/Pitch（绕 X 轴）/Roll（绕 Z 轴）旋转，这是键盘事件的应用。

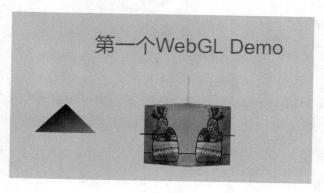

图 3.4　立方体换肤效果

3.2.2　Demo 的成员变量与构造函数

Demo 名为 RotatingCubeApplication，该 Demo 继承自 CameraApplication。关于该 Demo 的成员变量以及构造函数参考代码如下：

```
export class RotatingCubeApplication extends CameraApplication
{
    // GPU 可编程管线对象，后面章节详解，本书中带 GL 开头的类都是自行对 WebGL 进行的二
      次封装
    colorProgram: GLProgram;      // 使用纹理 GPU Program 对象
    textureProgram: GLProgram;    // 使用颜色 GPU Program 对象
    // 纹理对象
    currTexIdx: number;           // 由于 cube 会进行周而复始的换纹理操作，因此需要
                                     记录当前纹理的索引号
    textures: GLTexture2D[];      // 需要一个数组保存多个纹理
    cube: Cube;                   // 几何体的数据表达式
    cubeVAO: GLStaticMesh;        // 几何体的渲染数据源
```

```
        // 立方体的角运动相关变量
    cubeAngle: number;                    // cube 的角位移
    cubeSpeed: number;                    // cube 的角速度
    cubeMatrix: mat4;                     // 合成的 cube 的世界矩阵
    // 三角形
    triAngle: number;                     // 三角形的角位移
    triSpeed: number;                     // 三角形的角速度
    triTimerId: number;                   // 由于三角形使用键盘来控制更新方式，需要添
                                          //   加和删除操作，需要定时器 id
    triMatrix: mat4;                      // 合成的三角形的世界矩阵
    private _hitAxis: EAxisType;          // 为了支持鼠标点选，记录选中的坐标轴的
                                          //   enum 值

    public constructor ( canvas: HTMLCanvasElement )
    {
        // 调用基类构造函数，最后一个参数为 true，意味着我们要创建一个 Canvas2D 上下
        //   文渲染对象
        // 这样我们才能使用该上下文对象进行 2D 文字渲染
        super( canvas, { premultipliedAlpha: false }, true );
        // 初始化角位移和角速度
        this.cubeAngle = 0;
        this.triAngle = 0;
        this.cubeSpeed = 100;
        this.triSpeed = 1;
        this.triTimerId = -1;
        this.currTexIdx = 0;
        this.textures = [ ];
        // 我们在 WebGLApplication 基类中内置了 default 的纹理贴图
        this.textures.push( GLTextureCache.instance.getMust( "default" ) );
        // 创建封装后的 GLProgram 类
        // 我们在 WebGLApplication 基类中内置 texture/color 的 GLProgram 对象
        this.textureProgram = GLProgramCache.instance.getMust( "texture" );
        this.colorProgram = GLProgramCache.instance.getMust( "color" );
        // 创建 cube 的渲染数据
        // 对于三角形的渲染数据，我们使用 GLMeshBuilder 中立即模式绘制方式
        this.cube = new Cube( 0.5, 0.5, 0.5 );
        let data: GeometryData = this.cube.makeGeometryData();
        this.cubeVAO = data.makeStaticVAO( this.gl );
        this._hitAxis = EAxisType.NONE;        // 初始化时没选中任何一条坐标轴
        // 初始化时，世界矩阵都为归一化矩阵
        this.cubeMatrix = new mat4();
        this.triMatrix = new mat4();
        // 调整摄像机的位置
        this.camera.z = 8;
    }
}
```

注释比较详细，请读者自行阅读理解。

3.2.3　资源同步加载

接下来看在 Application 框架体系中如何从服务器同步加载图像数据。

在 Application 基类中，我们声明了一个带 async 关键字的方法，该方法的内容代码如下：

```
// 虚函数，子类覆写（override），用于同步各种资源后启动 Application
public async run (): Promise<void>
{
    // 调用 start 方法，该方法会启动 requestAnimationFrame
    // 然后不停地进行回调
    this.start();
}
```

该方法是使用 async 关键字来声明的，因此它肯定是个异步方法，会返回一个 Promise 对象（这里返回 Promise<void>）。设计该方法的目的是为了让子类进行覆写（override），然后在函数体内进行各种异步资源的同步操作，在全部异步资源加载完成后，才启动 Apllication 进行更新与渲染。下面来看一下 RotatingCubeApplication 是如何使用该方法来同步的，代码如下：

```
// 覆写（override）基类同名方法，进行资源同步
public async run (): Promise<void>
{
    // await 必须要用于 async 声明的函数中
    let img: HTMLImageElement = await HttpRequest.loadImageAsync
( "./data/blocks15.jpg" );
    let tex: GLTexture2D = new GLTexture2D( this.gl );
    tex.upload( img );
    this.textures.push( tex );
    console.log( "1、第一个纹理载入成功！" );
    // await 必须要用于 async 声明的函数中
    img = await HttpRequest.loadImageAsync( "./data/p1.jpg" );
    tex = new GLTexture2D( this.gl );
    tex.upload( img );
    this.textures.push( tex );
    console.log( "2、第二个纹理载入成功！" );
    // 在资源同步加载完成后，直接启动换肤的定时器，每隔 2 秒，将立方体的皮肤进行周而复
        始的替换
    this.addTimer( this.cubeTimeCallback.bind( this ), 2, false );
    console.log( "3、启动 Application 程序" );
    super.run();              // 调用基类的 run 方法，基类 run 方法内部调用了 start 方法
}
```

运行上述方法，就能获得如图 3.5 所示的结果，并且整个 WebGL 的渲染都是在纹理加载后进行的，这符合我们的需求。

```
1、第一个纹理载入成功!
the texture width is PowerOfTwo = true
the texture height is PowerOfTwo = false
2、第二个纹理载入成功!
3、启动Application程序
```

图 3.5　资源同步加载输出结果

在 3.5 节中将会更加深入地介绍 Promise、async 和 await 的相关知识点。

3.2.4　立方体、坐标系、三角形及文字渲染

当启动 Application 的 run 方法后，就会进入不停地更新和渲染流程。先来看一下如何显示本节 Demo 中的 4 个形体。

（1）立方体和坐标轴的显示源码如下：

```
private _renderCube (): void
{
    // 绑定要绘制的 texutre 和 program
    this.textures[ this.currTexIdx ].bind();
    this.textureProgram.bind();
    this.textureProgram.loadSampler();
    // 绘制立方体
    this.matStack.loadIdentity();
    // 第一个渲染堆栈操作
    {
        this.matStack.pushMatrix();        // 矩阵进栈
        this.matStack.rotate( this.cubeAngle, vec3.up, false );
                                          // 以角度(非弧度)为单位，每帧旋转
        // 合成 modelViewProjection 矩阵
        mat4.product( this.camera.viewProjectionMatrix, this.matStack.
worldMatrix, this.cubeMatrix );
        // 将合成的矩阵给 GLProgram 对象
        this.textureProgram.setMatrix4( GLProgram.MVPMatrix, this.cubeMatrix );
        this.cubeVAO.draw();               // 使用当前绑定的 texture 和 program
                                          绘制 cubeVao 对象
        // 使用辅助方法绘制坐标系
        DrawHelper.drawCoordSystem( this.builder, this.cubeMatrix, this._
hitAxis, 1 );
        this.matStack.popMatrix();         // 矩阵出栈
    }
    // 解除绑定的 texture 和 program
    this.textureProgram.unbind();
    this.textures[ this.currTexIdx ].unbind();
}
```

上述代码中，使用基类 WebGLApplication 内置的 matStack 矩阵堆栈对象进行局部坐

标系的变换操作，从而最终合成要显示物体的世界坐标系，然后将世界坐标系与摄像机坐标系及投影坐标系合成为 MVPMatrix（模型视图投影矩阵，关于这些知识点，后面会详解），然后将合成的 MVPMatrix 及当前使用的纹理对象投入到 GPU 可编程管线对象中进行渲染。

对立方体的渲染是通过二次封装的 VAO（Vertex Array Object）对象进行的，关于这些二次封装过的 WebGL 对象，会在后续章节中详解。

当渲染好立方体后，调用 DrawHelper.drawCoordSystem（后续章节详解）这个自行实现的绘图辅助方法进行坐标轴的绘制显示。

（2）使用 GLMeshBuilder 进行三角形绘制，代码如下：

```
private _renderTriangle (): void
    {
        // 禁止渲染三角形时启用背面剔除功能
        this.gl.disable( this.gl.CULL_FACE );
        // 由于三角形使用颜色+位置信息进行绘制，因此要绑定当前的 GPU Program 为
        colorProgram
        this.colorProgram.bind();
        {
            this.matStack.pushMatrix();  // 新产生一个矩阵
            // 立方体绘制在 Canvas 的中心
            // 而三角形则绘制在向左（负号）平移两个单位处的位置
            this.matStack.translate( new vec3( [ -2, 0, 0 ] ) );
            // 使用弧度，绕 Z 轴进行 Roll 旋转
            this.matStack.rotate( this.triAngle, vec3.forward, true );
            // 使用类似 OpenGL1.1 的立即绘制模式
            this.builder.begin();            // 开始绘制,defatul 使用 gl.TRIANGLES
                                             方式绘制
            this.builder.color( 1, 0, 0 ).vertex( -0.5, 0, 0 );
                                             // 三角形第一个点的颜色与坐标
            this.builder.color( 0, 1, 0 ).vertex( 0.5, 0, 0 );
                                             // 三角形第二个点的颜色与坐标
            this.builder.color( 0, 0, 1 ).vertex( 0, 0.5, 0 );
                                             // 三角形第三个点的颜色与坐标
            // 合成 model-view-projection matrix
            mat4.product( this.camera.viewProjectionMatrix, this.matStack.
worldMatrix, this.triMatrix );
            // 将 mvpMatrix 传递给 GLMeshBuilder 的 end 方法，该方法会正确地显示图形
            this.builder.end( this.triMatrix );
            this.matStack.popMatrix();   // 删除一个矩阵
        }
        this.colorProgram.unbind();
        // 恢复背面剔除功能
        this.gl.enable( this.gl.CULL_FACE );
    }
```

注释比较详细，请读者自行理解。

（3）使用 Canvas2D 绘制文字，代码如下：

```
// 关于 Canvas2D 的详细应用，可以参考本书的姐妹篇
//  TypeScript 图形渲染实战：2D 架构设计与实现
   private _renderText ( text: string, x: number = this.canvas.width * 0.5,
y: number = 150 ): void
   {
       if ( this.ctx2D !== null )
       {
           this.ctx2D.clearRect( 0, 0, this.canvas.width, this.canvas.
height );
           this.ctx2D.save();                       // 渲染状态进栈
           this.ctx2D.fillStyle = "red";            // 红色
           this.ctx2D.textAlign = "center";         // X 轴居中对齐
           this.ctx2D.textBaseline = 'top';         // Y 轴为 top 对齐
           this.ctx2D.font = "30px Arial";          // 使用大一点的 Arial 字体对象
           this.ctx2D.fillText( text, x, y );       // 进行文字绘制
           this.ctx2D.restore();                    // 恢复原来的渲染状态
       }
   }
```

（4）覆写（override）render 方法，并调用上述实现的 3 个方法进行显示，具体代码如下：

```
public render (): void
{
    // 切记，一定要先清屏（清除掉颜色缓冲区和深度缓冲区）
    this.gl.clear( this.gl.COLOR_BUFFER_BIT | this.gl.DEPTH_BUFFER_BIT );
    this._renderCube();
    this._renderTriangle();
    this._renderText( "第一个 WebGL Demo" );
}
```

至此完成了整个渲染操作流程。运行上述代码，就能显示静态的立方体、坐标系、三角形及文字，接下来我们让整个程序按需求运动起来。

3.2.5　更新操作

动画就是基于时间的状态更新，以及使用更新后的状态进行重回的过程，前面完成了渲染重绘的操作，现在来实现更新相关的操作。

在 3.2.1 节技术要点描述的第 4 点中，Demo 需要进行两种类型的更新操作，其中第一种类型的更新是基于固定的屏幕刷新频率的更新。对于这种刷新方式，可以直接覆写（override）基类的 update 方法就可以，代码如下：

```
public update ( elapsedMsec: number, intervalSec: number ): void
{
    // s = v * t，根据两帧间隔更新角速度和角位移
    this.cubeAngle += this.cubeSpeed * intervalSec;
    // 我们在 CameraApplication 中也覆写（override）的 update 方法
    // CameraApplication 的 update 方法用来计算摄像机的投影矩阵及视图矩阵
    // 所以我们必须要调用基类方法，用于控制摄像机更新
```

```
      // 否则你将什么都看不到，切记
      super.update( elapsedMsec, intervalSec );
}
```

第二种更新是基于不同帧率的多个定时器回调更新，用来定时置换纹理贴图及键盘控制启动或禁止三角形旋转，代码如下：

```
// cubeTimeCallback 回调函数的调用是在 3.2.3 节的 run 函数中，请参考该部分代码
public cubeTimeCallback ( id: number, data: any ): void
{
    this.currTexIdx++;              // 定时让计数器+1
    // 取模操作，让 currTexIdx 的取值范围为[ 0, 2 ]之间（当前有 3 个纹理）
    this.currTexIdx %= this.textures.length;
}
// 接下来看一下使用键盘启动或禁止三角形旋转的源码
public triTimeCallback ( id: number, data: any ): void
{
    this.triAngle += this.triSpeed;
}
```

当运行上面的代码时，会发现立方体自转的同时，每 2 秒钟会换一张纹理贴图，但是三角形仍旧处于静止状态，这是因为我们还没有实现键盘事件处理函数，接下来就来处理键盘和鼠标输入事件。

3.2.6　键盘输入事件处理

先来看一下键盘事件的处理。根据 3.2.1 节技术要点描述中第 4 条的需求描述，我们需要按 Q 键时启动三角形的旋转，而按 E 键时停止三角形的旋转。下面来看一下如何实现该效果，代码如下：

```
// 覆写（override）基类的同名方法
// 我们在 onKeyDown 方法中处理 Q/E 键盘事件
public onKeyDown ( evt: CanvasKeyBoardEvent ): void
{
    if ( evt.key === "q" )
    {
        // 为防止多次重复增删
        if ( this.triTimerId === -1 )
        {
            // 添加定时器，以每 0.25 秒的速度回调一次 triTimeCallback 函数
            this.triTimerId = this.addTimer( this.triTimeCallback.bind
( this ), 0.25, false );
        }
    } else if ( evt.key === "e" )
    {
        // 为防止多次重复增删
        if ( this.triTimerId !== -1 )
        {
            if ( this.removeTimer( this.triTimerId ) )
```

```
            {
                // 为防止多次重复增删
                this.triTimerId = -1;
            }
        }
    }
}
```

运行上述代码后，就能按照需求运行。这里需要强调一点的是，之所以使用定时器，是因为三角形的旋转并不是按照每秒 60 帧（基于屏幕刷新频率的更新速度）速度进行的，而是自定义的每秒 4 帧（每 0.25 秒回调一次，因此为每秒 4 帧）。当然你可以自行在 update 方法中处理，但是由于该功能足够通用，就直接将其封装成定时器对象。

3.2.7　总结 Application 框架的使用流程

前面的代码演示了 Application 框架的使用流程，再来总结一下：

（1）自己实现的 Demo 或项目必须要继承自 Application 或其子类（Canvas2DApplication / WebGLApplicaiton / CameraApplication）。

（2）如果你不需要资源同步载入后启动 Application 的不间断动画刷新功能，则可以直接使用 start 方法，否则就请覆写（override）基类的异步 run 虚方法，在 run 方法体内的最后一句代码请使用 super.run()进行调用，这样就能启动 Application。

（3）可以使用 isRunning 方法查询 Application 处于不间断刷新过程中，也可以使用 stop 方法停止刷新过程。

（4）可以覆写（override）基类的 update 虚方法，实现基于屏幕刷新频率的更新。如果要以不同的刷新频率进行更新，则请使用定时器回调。

（5）你需要覆写（override）基类的 render 虚方法，将所有的绘制代码实现在 render 虚方法中。

（6）输入事件（包括键盘和鼠标事件）处理与分发，请覆写（override）基类以 on 开头的键盘和鼠标事件虚方法。

综上所述，Application 框架系统主要做三件事情：更新、重绘及事件的分发或处理。

3.3　Application 框架实现

上一节中，通过一个精心设计的 Demo，演示了 Application 框架系统的具体用法，本节我们将解析 Application 框架系统的源码。

3.3.1　成员变量与构造函数

声明一个 Application 类，具有如下成员变量：

```
export class Application
{
    public timers: Timer[] = [];
    private _timeId: number = -1;
    private _fps: number = 0;
    public isFlipYCoord: boolean = false;
    // 我们的 Application 主要是 canvas2D 和 webGL 应用
    // 而 canvas2D 和 webGL context 都是从 HTMLCanvasElement 元素获取的
    public canvas: HTMLCanvasElement;
    // 本书中的 Demo 以浏览器为主
    // 我们对于 mousemove 事件提供一个开关变量
    // 如果下面变量设置为 true，则每次鼠标移动都会触发 mousemove 事件
    // 否则我们就不会触发该事件
    public isSupportMouseMove: boolean;
    // 我们使用下面变量来标记当前鼠标是否按下状态
    // 目的是提供 mousedrag 事件
    protected _isMouseDown: boolean;
    // _start 成员变量用于标记当前 Application 是否进入不间断的循环状态
    protected _start: boolean = false;
    // 由 Window 对象的 requestAnimationFrame 返回的大于 0 的 id 号
    // 我们可以使用 cancelAnimationFrame ( this ._requestId )来取消动画循环
    protected _requestId: number = -1;
    // 用于计算当前更新与上一次更新之间的时间差
    // 用于基于时间的物理更新
    protected _lastTime !: number;
    protected _startTime !: number;
    // 声明每帧回调函数
    public frameCallback: ( ( app: Application ) => void ) | null;
}
```

接下来使用构造函数初始化成员变量，代码如下：

```
public constructor ( canvas: HTMLCanvasElement )
{
    // Application 基类拥有一个 HTMLCanvasElement 对象
    // 这样子类可以分别从该 HTMLCanvasElement 中获取 Canvas2D 或 WebGL 上下文对象
    this.canvas = canvas;
    // 初始化时，mouseDown 为 false
    this._isMouseDown = false;
    // 默认状态下不支持 mousemove 事件
    this.isSupportMouseMove = false;
    this.frameCallback = null;
    document.oncontextmenu = function () { return false; }
                                            // 禁止右键上下文菜单
}
```

代码注释比较详细，但需要进一步解释如下 5 点：

- mouseDown 这个布尔变量在代码中用来实现鼠标拖动（onMouseDrag 事件对鼠标拖动进行响应和处理）的功能。
- 初始化时，Application 并不支持 onMouseMove 事件。如果想使用 onMouseMove 进行事件处理，请将 isSupportMouseMove 设置为 true。
- 我们取消右键弹出上下文菜单的功能，这样就可以使用鼠标右键来处理相关的事务。
- Application 大部分成员变量都是使用了 protected 访问修饰符，意味着 Application 本类及继承自 Application 的子类都能访问这些成员变量。作为一个经验，如果你设计的类能够被继承、被扩展的话，并且只需子类来访问这些成员变量，那么最好将成员变量声明为 protected。如果你的变量需要让其他类来访问，那么就声明为 public（例如 canvas 和 isSupportMouseMove 这两个成员变量）。
- 最后需要说明的是 isFlipYCoord 这个布尔类型的变量，该变量用来指示如何计算 Y 轴的坐标。关于如何计算，请参考后面的 3.3.6 节的相关内容。这里只想强调：当我们移动鼠标时，获得的坐标(x, y)的值是相对于浏览器**左上角**的偏移量，而 WebGL 中需要的是相对于**左下角**的偏移量。

3.3.2　启动/查询/停止 Application

Application 框架系统主要做 3 件事情：更新、重绘、事件的分发或处理。其中，更新和重绘需要不间断地重复。此时最好的方式当然是使用 HTML DOM（文档对象模型）中的 requestAnimationFrame 方法（关于该方法的使用细节，请自行查阅相关资料）。

由于图形程序在渲染时需要加载资源（例如从服务器加载图像或文件）并且需要在加载后才能进行更新和渲染，因此我们将这个流程分解为 Application 的启动（start/run）、查询（isRunning）、不间断的刷新（step，包含更新与重绘）及停止（stop）这 4 个操作。

接下来看一下除了不间断刷新之外的那些操作，代码如下：

```
// 启动动画循环
public start (): void
{
    if ( this._start === false )
    {
        this._start = true;
        //this._requestId = -1 ;         // 将_requestId 设置为-1
        // 在 start 和 stop 函数中，_lastTime 和_startTime 都设置为-1
        this._lastTime = -1;
        this._startTime = -1;
        // 启动更新渲染循环
        this._requestId = requestAnimationFrame( ( msec: number ): void =>
        {
            // 启动 step 方法
```

```
                this.step( msec );
        } );
        //注释掉上述代码，使用下面的代码来启动 step 方法
        //this . _requestId = requestAnimationFrame ( this . step . bind
( this ) ) ;
    }
}
// 判断当前的 Application 是否一直在调用 requestAnimationFrame
public isRunning (): boolean
{
    return this._start;
}
// 停止动画循环
public stop (): void
{
    if ( this._start )
    {
        // cancelAnimationFrame 函数用于
        //取消一个先前通过调用 window.requestAnimationFrame()方法添加到计划中的
        动画帧请求
        //alert(this._requestId);
        cancelAnimationFrame( this._requestId );
        //this . _requestId = -1 ;            // 将 _requestId 设置为-1
        // 在 start 和 stop 函数中，_lastTime 和 _startTime 都设置为-1
        this._lastTime = -1;
        this._startTime = -1;
        this._start = false;
    }
}
```

3.3.3　不间断地更新操作

接下来进入 Application 最核心的流程：不间断地刷新（step）。参考图 3.1，将不间断地刷新分解为 4 个流程：计算帧率（FPS）、更新（update）、render（重绘）及按需逐帧回调（frameCallback）。下面来看实现代码：

```
// 不停地周而复始运动
protected step ( timeStamp: number ): void
{
    //第一次调用本函数时，设置 start 和 lastTime 为 timestamp
    if ( this._startTime === -1 ) this._startTime = timeStamp;
    if ( this._lastTime === -1 ) this._lastTime = timeStamp;
    //计算当前时间点与第一次调用 step 时间点的差
    let elapsedMsec = timeStamp - this._startTime;
    //计算当前时间点与上一次调用 step 时间点的差(可以理解为两帧之间的时间差)
    // 此时 intervalSec 实际是毫秒表示
    let intervalSec = ( timeStamp - this._lastTime );
    // 第一帧的时候 intervalSec 为 0，防止 0 作分母
    if ( intervalSec !== 0 )
    {
```

```
    // 计算 fps
    this._fps = 1000.0 / intervalSec;
  }
  // 我们 update 使用的是秒为单位，因此转换为秒表示
  intervalSec /= 1000.0;
  //记录上一次的时间戳
  this._lastTime = timeStamp;
  this._handleTimers( intervalSec );
  // console.log (" elapsedTime = " + elapsedMsec + " diffTime = " +
intervalSec);
  // 先更新
  this.update( elapsedMsec, intervalSec );
  // 后渲染
  this.render();
  // 如果 frameCallback 回调函数不为 null，则进行回调
  if ( this.frameCallback !== null )
  {
    this.frameCallback( this );
  }
  // 递归调用，形成周而复始的前进
  requestAnimationFrame( ( elapsedMsec: number ): void =>
  {
    this.step( elapsedMsec );
  } );
}
```

注释比较详细，代码也没什么难度，请读者自行研究。

这里需要强调一点的是，update 和 render 方法都是虚方法，Application 类中实现为一个空方法，代码如下：

```
//虚方法，子类能覆写（override），用于更新
//注意：第二个参数是秒为单位，第一参数是毫秒为单位
public update ( elapsedMsec: number, intervalSec: number ): void { }

//虚方法，子类能覆写（override），用于渲染
public render (): void { }
```

由于 update 和 render 都是虚方法，需要继承自 Application 的子类根据实际的需求来覆写（override）这两个方法，这是面向对象三要素的经典体现：

- 封装：将不变的部分（更新，渲染的流程）封装起来放在基类中，也就是基类固定了整个行为规范。
- 多态：将可变部分以虚函数的方式公开给具体实现者，基类并不知道每个子类要如何更新，也不知道每个子类如何渲染（例如我们的 Canvas2DApplication 子类使用 CanvasRenderingContext2D 来进行各种二维图形的绘制，而 WebGLApplication 子类则使用 WebGLRenderingContext 进行二维或三维图形的绘制），让具体的子类来实现具体的行为，运行时动态绑定到实际调用的类的成员方法上。
- 继承：很明显，虚函数多态机制依赖于继承，没有继承，就没有多态。

3.3.4 CanvasInputEvent 及其子类

参考图 3.2，Application 类除了不间断地基于时间的更新与重绘封装外，还有一个很重要的功能就是对输入事件的分发和响应机制。输入事件包括鼠标事件和键盘事件，将这两种事件的共有部分抽象成 CanvasInputEvent 基类，该类的源码如下：

```
// CanvasKeyboardEvent 和 CanvasMouseEvent 都继承自本类
// 基类定义了共同的属性，keyboard 或 mouse 事件都能使用组合键
// 例如，可以按 Ctrl 键的同时点击鼠标左键做某些事情
// 当然也可以按着 Alt +A 键做另外一些事情
export class CanvasInputEvent {
    // 3 个 boolean 变量，用来指示 alt / ctrl / shift 是否被按下
    public altKey : boolean ;
    public ctrlKey : boolean ;
    public shiftKey : boolean ;

    // type 是一个枚举对象，用来表示当前的事件类型，枚举类型定义在下面代码中
    public type : EInputEventType ;
    // 构造函数，使用了 default 参数，初始化时 3 个组合键都是 false 状态
    public constructor ( altKey : boolean = false , ctrlKey : boolean = false ,
shiftKey : boolean = false , type : EInputEventType = EInputEventType .
MOUSEEVENT ) {
        this . altKey = altKey ;
        this . ctrlKey = ctrlKey ;
        this . shiftKey = shiftKey ;
        this . type = type ;
    }
}
```

再来看一下 EInputEventType 枚举，该枚举罗列出目前支持的各个输入事件，包括鼠标和键盘事件，代码如下：

```
export enum EInputEventType {
    MOUSEEVENT ,              //总类，表示鼠标事件
    MOUSEDOWN ,               //鼠标按下事件
    MOUSEUP ,                 //鼠标弹起事件
    MOUSEMOVE ,               //鼠标移动事件
    MOUSEDRAG ,               //鼠标拖动事件
    KEYBOARDEVENT ,           //总类，表示键盘事件
    KEYUP ,                   //键按下事件
    KEYDOWN ,                 //键弹起事件
    KEYPRESS                  //按键事件
} ;
```

子类 CanvasMouseEvent 和 CanvasKeyBoardEvent 的代码如下：

```
export class CanvasMouseEvent extends CanvasInputEvent
{
    // button 表示当前按下鼠标哪个键
```

```
    // [ 0 : 鼠标左键 , 1 :  鼠标中键，2 :  鼠标右键]
    public button: number;
    // 基于 canvas 坐标系的表示
    public canvasPosition: vec2;
    public constructor ( type: EInputEventType, canvasPos: vec2, button:
number, altKey: boolean = false, ctrlKey: boolean = false, shiftKey: boolean
= false )
    {
        super( type, altKey, ctrlKey, shiftKey );
        this.canvasPosition = canvasPos;
        this.button = button;
        console.log( this.button );
    }
}
export class CanvasKeyBoardEvent extends CanvasInputEvent
{
    // 当前按下的键的 ascii 字符
    public key: string;
    // 当前按下的键的 ascii 码（数字）
    public keyCode: number;
    // 当前按下的键是否不停的触发事件
    public repeat: boolean;
    public constructor ( type: EInputEventType, key: string, keyCode:
number, repeat: boolean, altKey: boolean = false, ctrlKey: boolean = false,
shiftKey: boolean = false )
    {
        super( type, altKey, ctrlKey, shiftKey );
        this.key = key;
        this.keyCode = keyCode;
        this.repeat = repeat;
    }
}
```

这些代码比较简单，相对有点难度的是 CanvasMouseEvent 类中的 canvasPosition 这个成员变量，这涉及坐标系相关的一些概念，在下一节中会介绍。

3.3.5 DOM 中的 getBoundingRect 方法

上一节中我们提到了 CanvasMouseEvent 中的 canvasPosition 这个成员变量，它表示的是鼠标指针位置相对于 HTMLCanvasElement 原点的偏移矢量。如何理解这句话呢？最好的方式是画张图，如图 3.6 所示。

根据图 3.6 所示，整个 HTML 结构分为三部分：Document 区域、Viewport 可视区及 Canvas 元素区。其中：

• a 点为浏览器的 Viewport 原点。
• b 点为 HTMLCanvasElement 元素的原点。
• c 点为当前的鼠标指针的位置点。

如果能够知道 b 点相对于 a 点的偏移坐标，c 点相当于 a 点的偏移坐标，则 b 点和 c

点处于同一个坐标系（也就是浏览器的 Viewport 坐标系），那么我们很容易就能计算出 c 点相对于 b 点的偏移坐标（c - b），这个坐标就是 CanvasMouseEvent 中成员变量 canvasPosition（相对于 canvas 坐标系的偏移矢量）。

可以使用现成的类和方法来获取 b 点处的坐标和 c 点处的坐标，具体的类和方法如下：

- 可以使用 Element 类的 getBoundingRect 方法获取当前元素的大小及相对于浏览器 viewport 的偏移量，也就是 b 点处的矢量。在这里，当前元素是 HTMLCanvasElement，该元素是 Element 的子类。

- 可以使用 MouseEvent 的 clientX / clientY 只读属性获取鼠标事件发生时相对客户区左上角原点处的偏移量，也就是相对于浏览器 viewport 可视区左上角 a 点处的偏移量，即 c 点坐标。

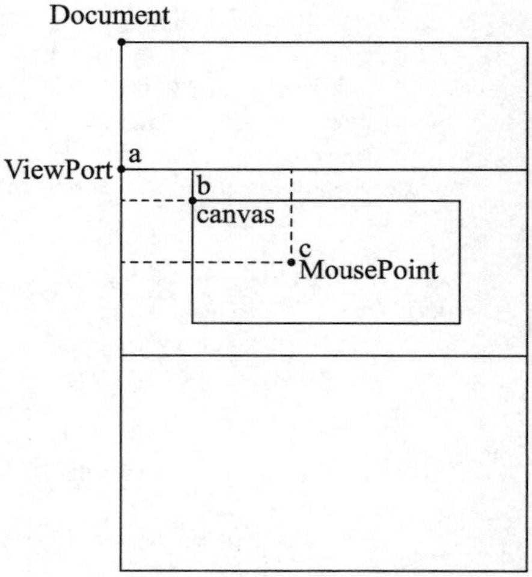

图 3.6　getBoundingRect 方法示例图

3.3.6　实现 viewportToCanvasCoordinate 方法

了解了 getBoundingRect 方法后，就可以为 Application 类实现一个重要的坐标转换方法，代码如下：

```
// 将鼠标事件发生时鼠标指针的位置变换为相对当前 canvas 元素的偏移表示
// 这是一个受保护方法，意味着只能在本类或其子类才能使用，其他类都无法调用本方法
// 之所以设计为受保护的方法，是为了让子类能够覆写（override）本方法
// 因为本方法实现时不考虑 CSS 盒模型对鼠标坐标系变换的影响，如果你要支持更完善的变换
// 则可以让子类覆写（override）本方法
// 只要是鼠标事件（down / up / move / drag .....）都需要调用本方法
// 将相对于浏览器 viewport 表示的点变换到相对于 canvas 表示的点
protected viewportToCanvasCoordinate ( evt: MouseEvent ): vec2
{
    // 切记，很重要一点：
    // getBoundingClientRect 方法返回的 ClientRect
    let rect: ClientRect = this.getMouseCanvas().getBoundingClientRect();
    // 获取触发鼠标事件的 target 元素，这里总是 HTMLCanvasElement
    if ( evt.target )
    {
        let x: number = evt.clientX - rect.left;
        let y: number = 0;
        y = evt.clientY - rect.top;          // 相对于 canvas 左上的偏移
        if ( this.isFlipYCoord )
        {
            y = this.getMouseCanvas().height - y;
```

```
        }
        // 变成矢量表示
        let pos: vec2 = new vec2( [ x, y ] );
        return pos;
    }
alert( "evt . target 为 null" );
    throw new Error( "evt . target 为 null" );
}
```

3.3.7　将 DOM Event 事件转换为 CanvasInputEvent 事件

使用了自己定义的 CanvasInputEvent 事件体系，因此需要将 DOM Event 事件转换为 CanvasInputEvent 对应的子类，代码如下：

```
// 将 DOM Event 对象信息转换为我们自己定义的 CanvasMouseEvent 事件
private _toCanvasMouseEvent ( evt: Event, type: EInputEventType ):
CanvasMouseEvent
{
    // 向下转型，将 Event 转换为 MouseEvent
    let event: MouseEvent = evt as MouseEvent;
    if ( type === EInputEventType.MOUSEDOWN && event.button === 2 )
    {
        this._isRightMouseDown = true;
    } else if ( type === EInputEventType.MOUSEUP && event.button === 2 )
    {
        this._isRightMouseDown = false;
    }
    let buttonNum: number = event.button;
    if ( this._isRightMouseDown && type === EInputEventType.MOUSEDRAG )
    {
        buttonNum = 2;
    }
    // 将客户区的鼠标 pos 变换到 Canvas 坐标系中表示
    let mousePosition: vec2 = this.viewportToCanvasCoordinate( event );
    // 将 Event 一些要用到的信息传递给 CanvasMouseEvent 并返回
    let canvasMouseEvent: CanvasMouseEvent = new CanvasMouseEvent( type,
mousePosition, buttonNum, event.altKey, event.ctrlKey, event.shiftKey );
    return canvasMouseEvent;
}
// 将 DOM Event 对象信息转换为我们自己定义的 Keyboard 事件
private _toCanvasKeyBoardEvent ( evt: Event, type: EInputEventType ):
CanvasKeyBoardEvent
{
    let event: KeyboardEvent = evt as KeyboardEvent;
    // 将 Event 一些要用到的信息传递给 CanvasKeyBoardEvent 并返回
    let canvasKeyboardEvent: CanvasKeyBoardEvent = new CanvasKeyBoardEvent
( type, event.key, event.keyCode, event.repeat, event.altKey, event.
ctrlKey, event.shiftKey );
    return canvasKeyboardEvent;
}
```

3.3.8　实现 EventListenerObject 接口进行事件分发

EventListenerObject 是 lib.dom.d.ts 库中预先定义的一个接口，该接口具有如下声明：

```
interface EventListenerObject {
    handleEvent ( evt : Event ) : void ;
}
```

EventListenerObject 接口作为回调接口，只要实现签名方法 handleEvent，系统会自动调用该接口方法并将相关信息从参数 evt 中传递给我们，因此需要在 Application 类中接口继承 EventListenerObject 并实现 handleEvent 方法，代码如下：

```
// 接口继承 EventListenerObject 并实现 handleEvent 签名方法
export class Application implements EventListenerObject {
    // 本书中的 Demo 以浏览器为主
    // 我们对于 mousemove 事件提供一个开关变量
    // 如果下面变量设置为 true，则每次鼠标移动都会触发 mousemove 事件
    // 否则我们就不会触发
    public isSupportMouseMove : boolean ;
    // 我们使用下面变量来标记当前鼠标是否按下状态
    // 目的是提供 mousedrag 事件
    protected _isMouseDown : boolean ;
    // 调用 dispatchXXXX 虚方法进行事件分发
    // handleEvent 是接口 EventListenerObject 定义的协议分发，必须要实现
    public handleEvent ( evt : Event ) : void {
        // 根据事件的类型，调用对应的 dispatchXXX 虚方法
        switch ( evt . type ) {
            case "mousedown" :
                this . _isMouseDown = true ;
                this . dispatchMouseDown ( this . _toCanvasMouseEvent ( evt ) ) ;
                break ;
            case "mouseup" :
                this . _isMouseDown = false ;
                this . dispatchMouseUp ( this . _toCanvasMouseEvent ( evt ) ) ;
                break ;
            case "mousemove" :
                // 如果 isSupportMouseMove 为 true,才会每次鼠标移动触发 mouseMove
                事件
                if ( this . isSupportMouseMove ) {
                    this . dispatchMouseMove ( this . _toCanvasMouseEvent ( evt ) ) ;
                }
                // 同时，如果当前鼠标的任意一个键处于按下状态并拖动时，触发 drag 事件
                if ( this . _isMouseDown ) {
                    this . dispatchMouseDrag ( this . _toCanvasMouseEvent ( evt ) ) ;
                }
                break ;
            case "keypress" :
                this . dispatchKeyPress ( this . _toCanvasKeyBoardEvent ( evt ) ) ;
                break ;
            case "keydown" :
```

```
                    this . dispatchKeyDown ( this . _toCanvasKeyBoardEvent ( evt ) ) ;
                    break ;
            case "keyup" :
                    this . dispatchKeyUp ( this . _toCanvasKeyBoardEvent ( evt ) ) ;
                    break ;
        }
    }
}
```

对于鼠标事件，在 handleEvent 中先调用_toCanvasXXXEvent 方法将类型为 Event 的参数转换为我们自己定义的事件，然后调用对应的 dispatchXXX 虚方法，这些方法需要由子类覆写（override）。dispatchXXX 虚方法有多个，在 Application 基类中都是空实现，因此我们只要知道名字即可，具体实现在子类中将会详细讲解。

3.3.9　让事件起作用

当目前为止，整个事件分发处理流程都"打通"了，只缺添加监听器监听感兴趣的事件了。我们将事件监听的操作放在 Application 类的构造函数中，这样就能在内存分配初始化后监听相关事件，代码如下：

```
public constructor ( canvas : HTMLCanvasElement ) {
    ...................................
    // canvas 元素能够监听鼠标事件
    this . canvas . addEventListener ( "mousedown" , this , false ) ;
    this . canvas . addEventListener ( "mouseup" , this , false ) ;
    this . canvas . addEventListener ( "mousemove" , this , false ) ;
    // 很重要的一点，键盘事件不能在 canvas 中触发，但是能在全局的 window 对象中触发
    // 因此我们能在 window 对象中监听键盘事件
    window .. addEventListener ( "keydown" , this , false ) ;
    window . addEventListener ( "keyup" , this , false ) ;
    window . addEventListener ( "keypress" , this , false ) ;
    ......
}
```

上述代码要强调的一点是：HTMLCanvasElement 元素无法监听键盘事件，幸运的是可以在全局的 window 对象中监听键盘事件，然后对相应事件进行分发或处理。至此，Application 的基本功能都实现了。

3.3.10　定时器 Timer 系统

在 Application 中使用 requestAnimationFrame 来驱动动画不停更新和重绘，该函数与屏幕刷新频率一致（例如 16..66 毫秒，每秒 60 帧）的速度不停重复循环。但有时候，可能还要执行其他任务（例如在 3.2 一节的 Demo 中，三角形的旋转及立方体定时替换纹理操作），或者想在某个时间点仅仅执行一次任务。像这些任务，并不需要以每秒 60 帧的速度执行，

也就是说我们需要既可以不同帧率来执行同一个任务，也可以倒计时方式执行一次任务。

先来总结一下定时器的设计目标，主要有如下 4 条：

- Application 能够同时触发多个定时器；
- 每个定时器可以以不同帧率来重复执行任务；
- 每个定时器可以倒计时方式执行一次任务；
- 尽量地让内存使用与运行效率达到相对平衡。

要实现上述 4 个目标，需要 Timer 类和 Application 类相互配合。下面先来看一下 Timer 的相关代码：

```
// 回调函数类型别名
// 回调函数需要第三方实现和设置，所以导出该回调函数
export type TimerCallback = ( id : number , data : any ) => void ;
// 纯数据类
// 我们不需要导出 Timer 类，因为只是作为内部类使用
class Timer {
    public id : number = -1 ;                    // 定时器的 id 号
    // 标记当前定时器是否有效，很重要的一个变量，具体看后续代码
    public enabled : boolean = false ;
    public callback : TimerCallback;             // 回调函数，到时间会自动调用
    public callbackData: any = undefined;        // 用作回调函数的参数
    public countdown : number = 0 ;              // 倒定时器，每次 update 时会倒计时
    public timeout : number = 0;  //
    public onlyOnce : boolean = false ;
    constructor ( callback : TimerCallback ) {
        this . callback = callback ;
    }
}
```

这里要注意的一点是：TimerCallback 是 export（被导出）给外部使用的，而 Timer 类没有。这是因为在 Application 提供的公开方法都是以 Timer 的 id 号来操作 Timer，因此不需要导出 Timer 类。

Timer 类是纯数据类，所有的对 Timer 的操作都封装在 Application 类中，接下来需要为 Apllication 增加对 Timer 的支持。

3.3.11　增删定时器对象

接下来看一下如何在 Application 中使用 Timer，实现上一节所设定的目标。其中有一条是 Application 能够同时触发多个 Timer（定时器），这意味着 Application 是 Timer 的容器。并且要用 id 号来操作定时器，因此需要 Application 能够自动生成 id 号，需要为 Application 增加如下两个成员变量，代码如下：

```
public timers : Timer[ ] = [ ] ;
private _timeId : number = -1 ;       // id 从 0 开始是有效 id，负数是无效 id 值
```

　　既然 Application 是 Timer 的容器，需要提供在容器中添加和删除某个 timer 的方法，先来看一下删除某个 Timer 的源码，代码如下：

```
// 根据 id 在 timers 列表中查找
// 如果找到，则设置 timer 的 enabled 为 false，并返回 true
// 如没找到，返回 false
public removeTimer ( id : number ) : boolean {
    let found : boolean = false ;
    for ( let i = 0 ; i < this . timers . length ; i ++ ) {
        if ( this . timers [ i ] . id === id ) {
            let timer : Timer = this . timers [ i ] ;
            timer . enabled = false ;
                                    // 只是 enabled 设置为 false，并没有从数组中删除
            found = true ;
            break ;
        }
    }
    return found ;
}
```

　　需要注意，上述代码并没有真正删除 Timer，而是将要删除的 Timer 的 enabled 标记为 false，这样避免了析构 TImer 的内存，并且不会调整个数组的内容，可以称之为逻辑删除。如果下次要增加一个新的 Timer，会先查找 enabled 为 false 的 Timer，如果存在，可以重用该 Timer，这样又避免了创建一个新的 Timer 对象。addTimer 的代码如下：

```
// 初始化时，timers 是空列表
// 为了减少内存析构，我们在 removeTimer 时并不从 timers 中删除 Timer，而是设置 enabled
   为 false
// 这样让内存使用量和析构达到相对平衡状态
// 每次添加一个定时器时，先查看 timers 列表中是否有没有使用的 Timer，如有的话，返回该
   Timer 的 id 号
// 如果没有可用的 timer，就重新创建一个 Timer，并设置其 id 号及其他属性
public addTimer ( callback : TimerCallback , timeout : number = 1.0 ,
onlyOnce : boolean = false ,data : any = undefined ) : number {
    let timer : Timer
    let found : boolean = false ;
    for ( let i = 0 ; i < this . timers . length ; i ++ ) {
        let timer : Timer = this . timers [ i ] ;
        if ( timer . enabled === false ) {
            timer . callback = callback ;
            timer . callbackData = data ;
            timer . timeout = timeout ;
            timer . countdown = timeout ;
            timer . enabled = true ;
            timer . onlyOnce = onlyOnce ;
            return timer . id ;
        }
    }
    // 如不存在，就创建一个新的 Timer，并设置所有的相关属性
    timer = new Timer ( callback ) ;
    timer . callbackData = data ;
```

```
            timer . timeout = timeout ;
            timer . countdown = timeout ;
            timer . enabled = true ;
            timer . id = ++ this . _timeId ;        // 由于初始化时 id 为-1,所以前++
            timer . onlyOnce = onlyOnce ;            //设置是否是一次回调还是重复回调
            // 添加到 timers 列表中
            this . timers . push ( timer ) ;
            // 返回新添加的 timer 的 id 号
            return timer . id ;
    }
```

addTimer 的代码注释比较详细，可以看到我们的 Timer 容器管理使用的策略是初始化
容器为空，按需增加新的 Timer，重用原来的 Timer，做到只增不减，重复使用，以达到
设计目标的第 4 条要求：尽量让内存使用与运行效率达到相对平衡。

3.3.12　触发多个定时任务的操作

定时器处理的关键源码封装在 Application 的私有方法_handleTimers 中,_handleTimers
方法的实现细节已经注释得很详细了，代码如下：

```
// _handleTimers 私有方法被 Application 的 update 函数调用
// update 函数第二个参数是以秒表示的前后帧时间差
// 正符合_handleTimers 参数要求
// 我们的定时器依赖于 requestAnimationFrame 回调
// 如果当前 Application 没有调用 start 的话
// 则定时器不会生效
private _handleTimers ( intervalSec : number ) : void {
    // 遍历整个 timers 列表
    for ( let i = 0 ; i < this . timers . length ; i ++ ) {
        let timer : Timer = this . timers [ i ] ;
        // 如果当前 timer enabled 为 false,那么继续循环
        // 这句也是重用 Timer 对象的一个关键实现
        if ( timer . enabled === false ) {
            continue ;
        }
        // countdown 初始化时 = timeout
        // 每次调用本函数，会减少上下帧的时间间隔，也就是 update 第二个参数传来的值
        // 从而形成倒计时的效果
        timer . countdown -= intervalSec ;
        // 如果 countdown 小于 0.0,那么说明时间到了
        // 要触发回调了
        // 从这里看到，实际上 timer 并不是很精确的
        // 举个例子，假设我们 update 每次 0.16 秒
        // 我们的 timer 设置 0.3 秒回调一次
        // 那么实际上是 ( 0.3 - 0.32 ) < 0 ,触发回调
        if ( timer . countdown < 0.0 ) {
            // 调用回调函数
            timer . callback ( timer . id , timer . callbackData ) ;
```

```
            // 下面代码两个分支分别处理触发一次和重复触发的操作
            // 如果该定时器需要重复触发
        if ( timer . onlyOnce === false ) {
            // 我们重新将 countdown 设置为 timeout
            // 由此可见，timeout 不会更改，它规定了触发的时间间隔
            // 每次更新的是 countdown 这个变量的值
            timer . countdown = timer . timeout ;       //很精妙的一个技巧
        } else { // 如果该定时器只需要触发一次，那么我们就删除掉该定时器
            this . removeTimer ( timer . id ) ;
        }
    }
    }
}
```

以上代码实现了我们设定的 3 个目标：

- Application 能够同时触发多个定时器；
- 每个定时器可以以不同帧率来重复执行任务；
- 每个定时器可以倒计时方式执行一次任务。

关于_handleTimers 方法的调用是在 step 方法中，请大家参考 3.3.3 节的源码。

3.3.13　WebGLApplication 子类

Application 作为基类，提供了通用的一些功能。本书主要是关注 WebGL 相关的知识点，因此需要提供一个 WebGLApplication 的类，该类在继承 Application 的所有功能后，增加了 WebGL 相关的功能。先来看一下其成员变量，代码如下：

```
export class WebGLApplication extends Application
{
    // 可以直接操作 WebGL 相关内容
    public gl: WebGLRenderingContext;
    // 模拟 OpenGL1.1 中的矩阵堆栈
    // 封装在 GLWorldMatrixStack 类中
    public matStack: GLWorldMatrixStack;
    // 模拟 OpenGL1.1 中的立即绘制模式
    // 封装在 GLMeshBuilder 类中
    public builder: GLMeshBuilder;
    // 为了在 3D 环境中同时支持 Canvas2D 绘制，特别是为了实现文字绘制
    protected canvas2D: HTMLCanvasElement | null = null;
    protected ctx2D: CanvasRenderingContext2D | null = null;
}
```

你会看到 WebGLApplication 类中引用了多个 GL 开头的类，这些类在后续章节会重点介绍。这些 GL 开头的类的大致用法在 3.2 节中有所演示，大家可以自行查阅。

这里需要说明的一点是：在 WebGLApplication 中提供了 ctx2D 这个成员变量，用来在 WebGL 渲染的同时支持使用 Canvas2D 来绘制二维物体或文字，由于需要一些比较特别的处理，因此将这方面相关内容延迟到后续章节中介绍（由于 2D 和 3D 具有不同的坐

标系统，因此将 2D 屏幕坐标转换为 3D 坐标系或者相反的操作，需要进行一些必要的数学操作，因此放在后面空间变换相关的章节更适合）。

3.3.14　CameraApplication 子类

CameraApplication 类继承自 WebGLApplication 类，并且在内部引用了一个摄像机 Camera 对象，用来控制摄像机的旋转和移动操作，本节并不深入了解 Camera 的实现细节，只提供 CameraApplicaiton 对其的调用代码，代码如下：

```
export class CameraApplication extends WebGLApplication
{
    public camera: Camera;          // 在 WebGLApplication 的基础上增加了对摄像机
                                    系统的支持
    public constructor ( canvas: HTMLCanvasElement, contextAttributes:
WebGLContextAttributes = { premultipliedAlpha: false }, need2d: boolean = false )
    {
        super( canvas, contextAttributes, need2d );
        this.camera = new Camera( canvas.width, canvas.height, 45, 1, 2000 );
    }
    //子类 override update 函数时必须要调用基类本方法
    public update ( elapsedMsec: number, intervalSec: number ): void
    {
        // 调用 Camera 对象的 update，这样就能实时地计算 camera 的投影和视图矩阵
        // 这样才能保证摄像机正确运行
        // 如果 CameraApplication 的子类覆写（override）本函数
        // 那么必须在函数的最后一句代码调用: super.update(elapsedMsec,intervalSec)
        this.camera.update( intervalSec );
    }
    // 内置一个通用的摄像机按键事件响应操作
    // 覆写（）
    public onKeyPress ( evt: CanvasKeyBoardEvent ): void
    {
        if ( evt.key === "w" )
        {
            this.camera.moveForward( -1 );          // 摄像机向前运行
        } else if ( evt.key === "s" )
        {
            this.camera.moveForward( 1 );           // 摄像机向后运行
        } else if ( evt.key === "a" )
        {
            this.camera.moveRightward( 1 );         // 摄像机向右运行
        } else if ( evt.key === "d" )
        {
            this.camera.moveRightward( -1 );        // 摄像机向左运行
        } else if ( evt.key === "z" )
        {
            this.camera.moveUpward( 1 );            // 摄像机向上运行
        } else if ( evt.key === "x" )
        {
```

```
            this.camera.moveUpward( -1 );           // 摄像机向下运行
        } else if ( evt.key === "y" )
        {
            this.camera.yaw( 1 );                    // 摄像机绕本身的 Y 轴旋转
        } else if ( evt.key === "r" )
        {
            this.camera.roll( 1 );                   // 摄像机绕本身的 Z 轴旋转
        } else if ( evt.key == "p" )
        {
            this.camera.pitch( 1 );                  // 摄像机绕本身的 X 轴旋转
        }
    }
}
```

大家可以尝试运行一下 3.2 节实现的第一个 WebGL Demo，然后按 A、S、D、F、Z、X 键及 Y、P、R 键试试看，你会发现我们的摄像机会运动，从而让整个场景发生改变。

至此完成了整个 Application 框架系统的源码解析，本书后续章节的 Demo 都是建立在这个框架系统上的，因此需要先把该框架的实现意图和细节了解清楚。

3.4 HTML 页面系统

有了 Application 框架系统后，还需要一个 HTML 页面系统来显示和调用 Application 系统，本节就来关注这方面的内容。

3.4.1 HTML 页面系统简介

参考图 3.3，在左上角是一个 HTML select 元素，当我们单击下拉箭头，可以弹出当前所有要显示的 Demo 列表，如图 3.7 所示。

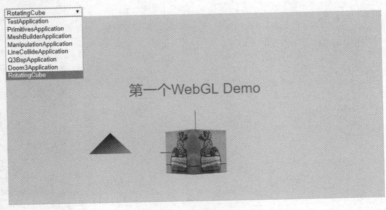

图 3.7 HTML select 元素下拉列表

当选择某个 Demo，例如 Doom3Application 时，则会载入 Doom3Application 程序，如图 3.8 所示。

图 3.8 切换到其他 Application

参考图 3.8，3D 图形内容显示区是一个 HTML canvas 元素，其左上角有一个半透明的 Overlay UI 系统，显示当前的帧率及其他一些数据（目前仅显示了当前帧率 FPS）。

3.4.2 HTML 页面源码

上一节介绍了列 HTML 页面系统的主要内容，现在来看一下其对应的 HTML 源码：

```html
<!DOCTYPE html>
<html lang="en">
<head>
    <meta charset="UTF-8">
    <meta name="viewport" content="width=device-width, initial-scale=1.0">
    <meta http-equiv="X-UA-Compatible" content="ie=edge">
    <style>
        .container {
            position: relative;
        }
        #overlay {
            position: absolute;
            /*相对左上角*/
            left: 0px;
            top: 0px;
            background-color: rgba(0, 0, 0, 0.7);
            color: white;
            font-family: monospace;
            padding: 1em;
        }
    </style>
    <title>WebGLApplication</title>
```

```
</head>
<body>
    <select id='select'>
    </select>
    <div class="container">
        <canvas id="webgl" width="800" height="600" style="background:
lightgray;"> </canvas>
        <div id="overlay">
            <div>FPS: <span id="fps"></span></div>
            <div>Tris: <span id="tris"></span></div>
            <div>Verts: <span id="verts"></span></div>
        </div>
    </div>
    <script src="./dist/bundle.js"></script>
</body>
</html>
```

文件结构很简单，HTML body 元素下面有两个块状元素：HTML select 元素和 HTML div 元素。

HTML select 仅设置了 id 属性，意味着我们肯定在后面使用 TypeScript 语言来动态增加各个子项。

而 HTML div 元素则作为 HTML canvas 元素和 Overlay 系统的容器，这个层级关系很重要，我们的 HTML 页面实现是建立在此固定的层级关系上的。

3.4.3　入口文件 main.ts

有了 HTML 页面文件，以及我们的 Application 框架系统，现在需要一个入口文件，将 HTML 页面与 Application 及其子类关联起来，因此提供 main.ts 做这件重要的事情，该文件中的源码就是为了实现 3.4.1 节中的各个需求。来看一下其实现源码：

```
// 获得 HTMLSelectElement 对象，用来切换要运行的 Application
let select: HTMLSelectElement = document.getElementById( 'select' ) as
HTMLSelectElement;
// 获取用于获得 webgl 上下文对象的 HTMLCanvasElement 元素
let canvas: HTMLCanvasElement | null = document.getElementById( 'webgl' )
as HTMLCanvasElement;
// 动态地在 HTML select 元素中增加一个 option
function addItem ( select: HTMLSelectElement, value: string ): void
{
    select.options.add( new Option( value, value ) );
}
// 将 appNames 数组中所有的 Application 名称加入到 HTML select 元素中
function addItemes ( select: HTMLSelectElement ): void
{
    if ( canvas === null )
    {
        return;
    }
```

```
    for ( let i: number = 0; i < appNames.length; i++ )
    {
        addItem( select, appNames[ i ] );
    }
    select.selectedIndex = 7; // 初始化选中最后一个
    let app: RotatingCubeApplication = new RotatingCubeApplication( canvas );
    app.frameCallback = frameCallback;
    app.run();
}
// 在 HTML span 元素中创建 Text 类型节点
function createText ( id: string ): Text
{
    // 根据 id 获取对应的 span 元素
    let elem: HTMLSpanElement = document.getElementById( id ) as HTMLSpanElement;
    // 在 span 中创建 Text 类型的子节点，其文字初始化为空字符串
    let text: Text = document.createTextNode( "" );
    // 将 Text 节点作为 span 元素的儿子节点
    elem.appendChild( text );
    return text;
}
// 调用 createText 函数创建 Overlay 中各文字项文本节点
let fps: Text = createText( "fps" );
let tris: Text = createText( "tris" );
let verts: Text = createText( "verts" );
// 实现 Application 中的 frameCallback 回调函数
// 在回调函数中或去 Application 的 FPS 数据
// 然后将其值设置到对应的 Overlay 的 FPS 文本节点上
function frameCallback ( app: Application ): void
{
    // 目前暂时只显示 FPS
    fps.nodeValue = String( app.fps.toFixed( 0 ) );
    tris.nodeValue = "0";
    verts.nodeValue = "0";
}
// 实现 select.onchange 事件处理函数
// 每次选取 option 选项时，触发该事件
select.onchange = (): void =>
{
    if ( canvas === null )
    {
        return;
    }
    if ( select.selectedIndex === 0 )
    {
        let app: TestApplication = new TestApplication( canvas );
        app.loadImages();
        app.loadImages2();
        app.loadTextFile();
    } else if ( select.selectedIndex === 1 )
    {
        let app: PrimitivesApplication = new PrimitivesApplication( canvas );
        app.frameCallback = frameCallback;
        app.run();
```

```
  } else if ( select.selectedIndex === 2 )
  {
    let app: Application = new MeshBuilderApplicaton( canvas );
    app.start();
  } else if ( select.selectedIndex === 3 )
  {
    let app: Application = new ManipulationApplication( canvas );
    app.run();
  } else if ( select.selectedIndex === 4 )
  {
    let app: Application = new LineCollideApplication( canvas );
    app.run();
  } else if ( select.selectedIndex === 5 )
  {
    let app: Application = new Q3BspApplication( canvas );
    app.frameCallback = frameCallback;
    app.run();
  } else if ( select.selectedIndex === 6 )
  {
    let app: Doom3Application = new Doom3Application( canvas );
    app.run();
  } else if ( select.selectedIndex === 7 )
  {
    let app: RotatingCubeApplication = new RotatingCubeApplication( canvas );
    app.run();
  }
}
// 运行程序
addItemes( select );
```

- 如果你想增加要演示的 Demo，那么需要修改 appNames 数组中的内容，并且修改一下 HTML select 的 onchange 事件。
- 如果你想在 Overlay 中显示 FPS 之外的其他相关信息，则需要修改一下 frameCallback 回调函数。

3.5　异步资源加载及同步操作

本节将实现一个异步请求类（HttpRequest 类），并且提供一个名为 AsyncLoadTest Application 的测试程序来调用 HttpRequest 中的各个方法来了解 Promise、async 和 await 的相关用法。

3.5.1　使用 Promise 封装 HTTP 异步请求

Promise 对象用于表示一个异步操作的最终状态（要么成功、要么失败）及其返回的值。关于 Promise 的具体用法，请读者自行查阅相关资料，本节中讲解如何使用 Promise

来封装 HTTP 相关的请求函数。

```typescript
// 若要使用 Promise, 必须要在 tsconfig.json 中将 default 的 es5 改成 ES 2015
export class HttpRequest
{
    // 所有的 load 方法都是返回 Promise 对象, 说明都是异步加载方式

    public static loadImageAsync ( url: string ): Promise<HTMLImageElement>
    {
        // Promise 具有两种状态, 即 resolve 和 reject, 这两种状态以回调函数的方式体
        //   现在 Promise 类中
        return new Promise( ( resolve, reject ): void =>
        {
            const image = new Image();

            // 当 image 从 url 加载成功时
            image.onload = function ()
            {
                // 调用成功状态的 resolve 回调函数
                resolve( image );
            };
            // 当 image 加载不成功时
            image.onerror = function ()
            {
                // 则调用失败状态的 reject 回调函数
                reject( new Error( 'Could not load image at ' + url ) );
            };
            // 用 url 向服务器请求要加载的 image
            image.src = url;
        } );
    }
    // 通过 http get 方式从服务器请求文本文件, 返回的是 Promise<string>
    public static loadTextFileAsync ( url: string ): Promise<string>
    {
        return new Promise( ( resolve, reject ): void =>
        {
            let xhr: XMLHttpRequest = new XMLHttpRequest();
            xhr.onreadystatechange = ( ev: Event ): any =>
            {
                if ( xhr.readyState === 4 && xhr.status === 200 )
                {
                    resolve( xhr.responseText );
                }
            }
            xhr.open( "get", url, true, null, null );
            xhr.send();
        } );
    }
    // 通过 http get 方式从服务器请求二进制文件, 返回的是 Promise<ArrayBuffer>
    public static loadArrayBufferAsync ( url: string ): Promise<ArrayBuffer>
    {
        return new Promise( ( resolve, reject ): void =>
        {
```

```
        let xhr: XMLHttpRequest = new XMLHttpRequest();
        xhr.responseType = "arraybuffer";
        xhr.onreadystatechange = ( ev: Event ): any =>
        {
            if ( xhr.readyState === 4 && xhr.status === 200 )
            {
                resolve( xhr.response as ArrayBuffer );
            }
        }
        xhr.open( "get", url, true, null, null );
        xhr.send();
    } );
    }
}
```

3.5.2　实现 AsyncLoadTestApplication 类

接下来实现一个名为 AsyncLoadTestApplication 的类。由于仅仅需要测试 HttpRequest 异步加载及同步相关的操作，因此并不需要显示或更新操作，所以直接继承自 Application 就可以了。代码实现如下：

```
import { HttpRequest } from "../common/utils/HttpRequest";
import { Application } from "../common/Application";
export class AsyncLoadTestApplication extends Application
{
    // 需要从服务器加载的图像 url 列表
    private _urls: string[] = [ "data/uv.jpg", "data/test.jpg", "data/p1.jpg" ];
// 必须要使用 async 关键字，一个一个载入图像文件
// 因为方法体内使用了 await 关键字
    public async loadImagesSequence (): Promise<void>
    {
        for ( let i: number = 0; i < this._urls.length; i++ )
        {
            let image: HTMLImageElement = await HttpRequest.loadImageAsync
( this._urls[ i ] );
            console.log( "loadImagesSequence : ", i, image );
        }
    }
// 并行载入所有图像文件
// 不需要使用 async，因为方法体内没有使用 await
    public loadImagesParallel (): void
    {
        // 使用 Promise.all 方法，以并发方式加载所有 image 文件
        let _promises: Promise<HTMLImageElement>[] = [];
        for ( let i: number = 0; i < this._urls.length; i++ )
        {
            _promises.push( HttpRequest.loadImageAsync( this._urls[ i ] ) );
        }
        Promise.all( _promises ).then( ( images: HTMLImageElement[] ) =>
        {
            for ( let i: number = 0; i < images.length; i++ )
```

```
            console.log( "loadImagesParallel : ", images[ i ] );
        } );
    }
    public asyncloadTextFile (): Promise<void>
    {
        let str: string = await HttpRequest.loadTextFileAsync( "data/
test.txt" );
        console.log( str );
    }
}
```

3.5.3　异步 run 函数的覆写（override）与测试

上一节中实现了 loadImagesSequence 、loadImagesParallel 及 asyncloadTextFile 这 3 个方法。本节覆写 Application 基类的异步 run 方法，代码如下：

```
// 覆写（override）基类方法
    public async run (): Promise<void>
    {
        // 重点关注代码调用顺序与运行后的显示顺序之间的关系
        this.loadImagesSequence();        // 先调用 Sequence 版加载 Image
        this.loadTextFile();              // 然后调用文本文件加载方法
        this.loadImagesParallel();        // 最后调用 Parallel 版加载 image
}

// 在 main.ts 中使用如下代码进行测试
let app: AsyncLoadTestApplication = new AsyncLoadTestApplication( canvas );
app.run();
```

当运行上述代码后，刷新两次（调用 2 次 run 方法）后，得到如图 3.9 所示的效果。

```
1、loadImagesSequence :  0    <img src="data/uv.jpg">
2、文本文件内容：  test.txt测试文件
1、loadImagesSequence :  1    <img src="data/test.jpg">
3、loadImagesParallel :       <img src="data/uv.jpg">
3、loadImagesParallel :       <img src="data/test.jpg">
3、loadImagesParallel :       <img src="data/p1.jpg">
1、loadImagesSequence :  2    <img src="data/p1.jpg">

2、文本文件内容：  test.txt测试文件
3、loadImagesParallel :       <img src="data/uv.jpg">
3、loadImagesParallel :       <img src="data/test.jpg">
3、loadImagesParallel :       <img src="data/p1.jpg">
1、loadImagesSequence :  0    <img src="data/uv.jpg">
1、loadImagesSequence :  1    <img src="data/test.jpg">
1、loadImagesSequence :  2    <img src="data/p1.jpg">
```

图 3.9　非 await 调用后的结果

通过图 3.9 会发现，资源的加载顺序具有随机性，通过两次调用 run 方法，返回不同的加载顺序。

接下来，在上面的 run 方法中使用 await 的方式来调用 loadImageSequence 方法和 loadTextFile 方法，看看会发生什么。代码如下：

```
// 覆写（override）基类方法
public async run (): Promise<void>
{
    // 重点关注代码调用顺序与运行后的显示顺序之间的关系
    await this.loadImagesSequence();      // 先通过await调用Sequence版加载Image
    await this.loadTextFile();            // 然后通过 await 调用文本文件加载方法
    this.loadImagesParallel();            // 最后调用 Parallel 版加载 image
}
```

运行上述代码，会得到如图 3.10 所示的效果，即使刷新页面（每次刷新页面会调用一次 run 方法）无数次，都是按照 run 方法中各个 loadXXX 方法调用的顺序载入资源，从而实现了资源的同步操作。

```
1、loadImagesSequence :   0   <img src="data/uv.jpg">
1、loadImagesSequence :   1   <img src="data/test.jpg">
1、loadImagesSequence :   2   <img src="data/p1.jpg">
2、文本文件内容:   test.txt测试文件
3、loadImagesParallel :       <img src="data/uv.jpg">
3、loadImagesParallel :       <img src="data/test.jpg">
3、loadImagesParallel :       <img src="data/p1.jpg">
```

图 3.10　await 调用后的结果

3.5.4　Promise.all 异步并发加载及同步操作

先来看一段代码：

```
// 覆写（override）基类方法
public async run (): Promise<void>
{
    // 重点关注代码调用顺序与运行后的显示顺序之间的关系
    await this.loadImagesSequence();      // 先通过await调用Sequence版加载Image
    await this.loadTextFile();            // 然后通过 await 调用文本文件加载方法
    this.loadImagesParallel();            // 最后调用 Parallel 版加载 image
    console.log( "4、完成 run 方法的调用" ); // 完成输出
}
```

这段代码与上一段代码的唯一区别是在 run 方法体内增加了 console.log("4、完成 run 方法的调用");这句代码，运行上述代码，你会发现得到的结局并非我们想要的结果，具体如图 3.11 所示。

```
1、loadImagesSequence :  0    <img src="data/uv.jpg">
1、loadImagesSequence :  1    <img src="data/test.jpg">
1、loadImagesSequence :  2    <img src="data/p1.jpg">
2、文本文件内容：  test.txt测试文件
4、完成run方法的调用              先运行
3、loadImagesParallel :       <img src="data/uv.jpg">
3、loadImagesParallel :       <img src="data/test.jpg">
3、loadImagesParallel :       <img src="data/p1.jpg">
```

图 3.11　Promise.all.then 方法运行效果

　　之所以出现上述问题，是因为 loadImagesParallel 内部实现使用了 Promise.all.then 方法，该方法以并发的方式执行多个 Promise 任务（来自 HttpRequest.loadImageAsync），然后当所有 Promise 任务完成（异步加载完成所有 HTMLImageElement 对象）后调用 then 方法，进行相关事务处理。

　　如果要按照先异步并发加载所有的 HTMLImageElement 对象，然后在所有 HTMLImageElement 对象全部加载成功后再调用 console.log("4、完成 run 方法的调用") 的话，有两种解决方法：

　　（1）使用 Promise.all.then 的完成回调函数来同步操作流程，代码如下：

```
// 不需要用使用 async，并行载入所有图像文件
public loadImagesParallel (): void
{
    // 使用 Promise.all 方法，以并发方式加载所有 image 文件
    // 第 1 步：调用 loadImageAsync，将返回的所有 Promise<HTMLImageElement>
        存储到一个 Promise 数组中
    let _promises: Promise<HTMLImageElement>[] = [];
    for ( let i: number = 0; i < this._urls.length; i++ )
    {
        _promises.push( HttpRequest.loadImageAsync( this._urls[ i ] ) );
    }
    // 第 2 步：调用 Promise.all.then 方法进行异步并发加载
    Promise.all( _promises ).then( ( images: HTMLImageElement[] ) =>
    {
        // 第 3 步：当全部的 HTMLImageElement 加载完毕后，依次输出所有的元素信息
        for ( let i: number = 0; i < images.length; i++ )
        {
            console.log( "3、loadImagesParallel : ", images[ i ] );
        }
        // 第 4 步：在输出所有元素信息后再显示 run 方法调用完成
        console.log( "4、完成 run 方法的调用" );
    } );
}
// 覆写（override）基类方法
public async run (): Promise<void>
{
    // 重点关注代码调用顺序与运行后的显示顺序之间的关系
```

```
      await this.loadImagesSequence();// 先通过await调用Sequence版加载Image
      await this.loadTextFile();      // 然后通过 await 调用文本文件加载方法
      this.loadImagesParallel();      // 最后调用 Parallel 版加载 image
   }
```

（2）在 Promise.all.then 外面再加封装一个 Promise 对象来使用 await 进行同步，将其命名为 loadImagesParallelWithPromise ，具体代码如下：

```
public loadImagesParallelWithPromise (): Promise<void>
{
    // 使用 Promise.all 方法，以并发方式加载所有 image 文件
    // 第1步：封装并实现 Promise 对象
    return new Promise( ( resolve, reject ): void =>
    {
        // 第2步：调用 loadImageAsync，将返回的所有 Promise<HTMLImageElement>
            存储到一个 Promise 数组中
        let _promises: Promise<HTMLImageElement>[] = [];
        for ( let i: number = 0; i < this._urls.length; i++ )
        {
        _promises.push( HttpRequest.loadImageAsync( this._urls[ i ] ) );
        }
        // 第3步：调用 Promise.all.then 方法进行异步并发加载
        Promise.all( _promises ).then( ( images: HTMLImageElement[] ) =>
        {
        // 第4步：当全部 HTMLImageElement 加载完毕后，依次输出所有的元素信息
            for ( let i: number = 0; i < images.length; i++ )
            {
                console.log( "3、loadImagesParallelWithPromise ", images[ i ] );
            }
            // 第5步：全部成功后，调用最外层的 Promise 对象的 resolve 回调函数，触发
                成功回调
            resolve();
        } );
    } );
}
// 覆写（override）基类方法
public async run (): Promise<void>
{
    // 重点关注代码调用顺序与运行后的显示顺序之间的关系
    await this.loadImagesSequence();        // 先通过 await 调用 Sequence 版加
                                               载 Image
    await this.loadTextFile(); // 然后通过 await 调用文本文件加载方法
    await this.loadImagesParallelWithPromise();
                               // 最后通过 await 调用 Parallel 版加载 image
    console.log( "4、完成 run 方法的调用" );    // 完成输出
}
```

通过以上两种方式运行代码，会得到符合我们需求的效果，效果如图 3.12 所示。

```
1、loadImagesSequence :  0   <img src="data/uv.jpg">
1、loadImagesSequence :  1   <img src="data/test.jpg">
1、loadImagesSequence :  2   <img src="data/p1.jpg">
2、文本文件内容:  test.txt测试文件
3、loadImagesParallelWithPromise :     <img src="data/uv.jpg">
3、loadImagesParallelWithPromise :     <img src="data/test.jpg">
3、loadImagesParallelWithPromise :     <img src="data/p1.jpg">
4、完成run方法的调用
```

图 3.12　Promise.all.then 方法的同步效果

3.5.5　本书后续的资源加载及同步策略

至此，我们已经解决了使用 Promise.all 时并发加载资源后的同步问题，之所以花了些时间来了解其来龙去脉及各种解决方案，是因为在异步编程中这是一项非常重要的技术，在后续章节中，我们将在 Quake3 二进制 BSP 关卡文件加载、Doom3 关卡及骨骼动画解析中会经常使用的本节中的技术，其遵循的流程为：

（1）从服务器异步加载文件（文本 / 二进制关卡或动画文件，然后在完成（同步）异步文件加载后，进行文件解析。

（2）遇到图像文件（用于 WebGL 贴图）的 URL，预先存储到一个字符串数组中，当所有图像 URL 解析完成后，使用本节使用的技术进行异步并发加载所有图像文件，生成 WebGL 纹理贴图对象。

（3）当生成所有 WebGL 纹理贴图对象，以及其他渲染资源加载完毕后，再启动整个 Application 的更新和渲染流程。

3.6　本 章 总 结

本章首先给出了 WebGLApplication 框架系统的作用图及 UML 静态类结构图，目的是以图解的方式，使读者能快速、宏观地了解 WebGLApplication 框架系统的要点。

然后介绍了异步资源加载与同步操作的相关内容。由于 WebGLApplication 会贯穿本书后续的全部章节，因此在此强调一下其具体的使用流程：

- 你需要实现一个继承自 WebGLApplication 或 CameraApplication 的类。
- 你需要覆写（override）基类的 run 虚方法用于预先异步加载渲染用的资源。
- 如果要按屏幕刷新频率（例如 60 帧/秒）刷新整个程序的话，请覆写（override）基类的 update 方法。

- 如果要按照自定义的频率刷新整个程序的话，请实现定时器 Timer 的 TimeCallback 回调函数并自行管理定时器的数量及生命周期。
- 需要覆写（override）基类的 render 方法，按需实现需要渲染的场景效果。
- 如果需要处理鼠标或键盘等事件，请覆写（override）基类的 onXXX 事件处理虚方法。
- 其他一些操作。

接着重点介绍了整个 WebGLApplication 框架系统的源码实现及与之配套的 HTML 页面显示系统，通过这两部分的衔接，获得了本书使用的具有一致性操作流程的 Demo 演示系统。

最后介绍了异步资源加载与同步操作相关的内容。由于 TS/JS 中所有的资源加载都是异步操作，与我们平时接触的同步编程模式有比较大的区别，因此值得我们花点时间来了解和掌握这方面的知识点（ES 6 中的 Promise、async 和 await 相关知识点）。

以上就是本章的主要内容，希望读者能理解并掌握。

第 4 章　WebGL 基础

WebGL 图形库是 3D 底层渲染的 API 集合，用于在任何兼容的 Web 浏览器中呈现交互式 3D 和 2D 图形，无须使用插件。WebGL 通过引入一个与 OpenGL ES 2.0 相符合的 API，可以在 HTML5<canvas>元素中使用。

在前面几章中，我们实现了一个基于 HTML Canvas 元素的 Application 框架、数学库及必须使用的一些容器数据结构，接下来就进入 WebGL 相关内容。

4.1　WebGL 中的类

先从宏观角度来了解 WebGL 1.0（后面简称 WebGL）中的类体系结构。如图 4.1 所示，列出了在 TypeScript 的 lib.dom.d.ts 文件中预先定义的总计 14 个 WebGL 相关类。其中，WebGLObject 类是各种渲染资源的基类，因此 WebGL 中真正可以用的是 13 个类。

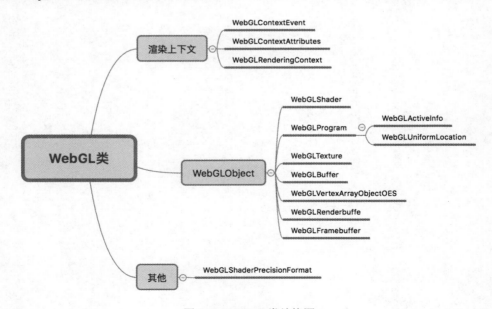

图 4.1　WebGL 类结构图

本章将会通过一个基本几何图元绘制的 Demo 来了解如下 9 个 WebGL 类的用法。

- WebGLContextEvent；
- WebGLContextAttributes；
- WebGLRenderingContext；
- WebGLShader；
- WebGLProgram；
- WebGLShaderPrecisionFormat；
- WebGLActiveInfo；
- WebGLUniformLocation；
- WebGLBuffer。

最终你会意识到，不管是绘制简单的三角形，还是绘制复杂的各种场景，都是这些类的灵活应用。

4.2　准 备 工 作

本章将使用 WebGL（实际是指 WebGLRenderingContext 对象，简称 WebGL）绘制一些基本几何图元，从而学习整个 WebGL 的绘制流程。一旦掌握该流程及一些细节方法，我们就能毫无压力地推广到各种复杂场景或骨骼动画等绘制中。

为了更好地演示 WebGL 的绘制流程和 WebGL 常用类的用法，决定从 Application 类而不是 WebGLApplication 或 CameraApplication 进行继承，这样更利于了解 WebGLRendering Context 创建和使用流程。

4.2.1　创建 WebGLRenderingContext 对象

来看一下如何创建 WenGLRenderingContext 对象。我们实现一个名为 BasicWebGL Application 的类，代码如下：

```
export class BasicWebGLApplication extends Application
{
    public gl: WebGLRenderingContext;
    public constructor ( canvas: HTMLCanvasElement )
    {
        // 创建 WebGLRenderingContext 上下文渲染对象
        super( canvas );        // 调用基类构造函数
        let contextAttribs: WebGLContextAttributes = {
            // WebGL 上下文渲染对象需要创建深度和模版缓冲区
            depth: true,        // 创建深度缓冲区, default 为 true
            stencil: true,      // 创建模版缓冲区, default 为 false, 我们这里设置为 true
```

```
                    // WebGL 上下文自动会创建一个颜色缓冲区,
        alpha: true,        // 颜色缓冲区的格式为 rgba,如果设置为 false,则颜色
                            缓冲区使用 rgb 格式,default 为 true
        premultipliedAlpha: true,
                            // 不使用预乘 alpha,default 为 true。预乘 alpha 超
                            出本书范围,暂时就用默认值
        // 帧缓冲区抗锯齿及是否保留上一帧的内容
        antialias: true,    //设置抗锯齿为 true,如果硬件支持,会使用抗锯齿功能,
                            default 为 true
        preserveDrawingBuffer: false
                            // 参看第 4 章 4.2.2 节说明,default 为 false
    };
    let ctx: WebGLRenderingContext | null = this.canvas.getContext
( "webgl", contextAttribs );
    if ( ctx === null )
    {
        alert( " 无法创建 WebGLRenderingContext 上下文对象 " );
        throw new Error( " 无法创建 WebGLRenderingContext 上下文对象 " );
    }
    // 从 canvas 元素中获得 webgl 上下文渲染对象,WebGL API 都通过该上下文渲染对
        象进行调用
    this.gl = ctx;
  }
}
```

运行上述代码,就能创建一个 WebGLRenderingContext 对象,后续就能使用该对象进行绘制了。

关于 WebGLContextAtrributes,在 TypeScript 的 lib.dom.d.ts 文件中被声明为纯接口,因此你不能使用 new 操作符来进行对象创建,所以我们的代码中使用了 JS 花括号{ }方式直接创建了该对象。

WebGLContextAttributes 接口用来指明要创建的 WebGLRenderingContext 上下文渲染对象需要哪些帧缓冲区(颜色缓冲区、深度缓冲区、模板缓冲区,缓冲区又可称为缓存)以及一些全局的渲染选项(例如是否需要 alpha 值、是否需要抗锯齿操作、是否需要预乘 alpha 等)。一旦使用设定好的 WebGLContextAtrributes 接口创建出 WebGLContextAttributes 后,若要修改全局渲染属性,只能重新创建一个 WebGLRenderingContext。

我们可以在运行时调用 WebGLRenderingContext 对象的如下方法获取当前使用的 WebGLContextAttributes 对象:

```
getContextAttributes(): WebGLContextAttributes | null;
```

4.2.2 WebGLContextAttributes 对象与帧缓冲区

我们知道,WebGL 渲染后的结果会呈现在 canvas 元素所指定的矩形区域中,你可以将该矩形区域看成一幅由像素数组组成的图像。像素具有两个属性,即坐标值及颜色值。

我们可以通过例如[x , y]这种方式来获取图像中的某个像素，从而读写其颜色值。

WebGL 最关键的一个功能是将 3D 顶点（Vertex）表示的几何图形光栅化（Rasterization）成片段（Fragment），每个片段都具有与像素对应的坐标值、颜色值、深度值、模板值等属性。接下来这些片段要经历一系列片段测试和操作，如果测试成功，才能将片段中的各种数据写入对应的帧缓冲区。例如片段的颜色值就写入到颜色缓冲区去，深度值就写入深度缓冲区（如果存在深度缓冲区），而模板值就写入模板缓冲区（如果存在模板缓冲区）。

关于帧缓冲区的各种操作，依赖于需求，在后续 Demo 中会用到，到时再提示。这里我们来看一下 WebGLContextAttributes 中 preserveDrawingBuffer 对帧缓冲区的影响。

（1）如果将 preserveDrawingBuffer 设置为 false（默认），那么 WebGL 渲染完一帧后，会在下一帧渲染之前自动清屏（在覆写基类 render 方式时，不需要调用 WebGLRendering Context 的 clear 方法来清理各个帧缓存的数据），效果如图 4.2 所示。

（2）如果将 preserveDrawingBuffer 设置为 true，那么 WebGL 会保留上一帧的渲染内容，如果你要渲染新一帧，需要手动调用 clear 方法进行清屏操作。如果你不调用 clear 方法，则会得到如 4.3 所示的效果，这是因为没有 clear 掉前面渲染的帧的数据，从而产生叠加效果。

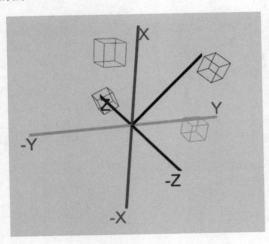

图 4.2　WebGL 自动清屏效果

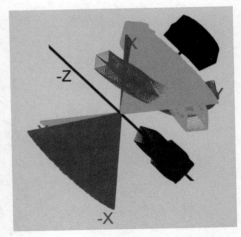

图 4.3　不调用 clear 方法后的结果

如果将 preserveDrawingBuffer 设置为 true 的话，会消耗更多的内存或显存。但是在某些情况下是值得的，一个典型的应用领域就是 UI 引擎的局部脏区刷新机制。在 UI 引擎中，如果我们要实现局部脏区刷新的话，必须要保留上一帧的内容，并且在当前帧中只重新绘制脏区部分的内容。

4.2.3　渲染状态

当使用 WebGLContextAtrributes 对象创建了 WebGLRenderingContext 上下文渲染对象后，该上下文渲染对象会自动初始化一系列重要的渲染状态值，我们必须要清楚地了解一些关键的渲染状态值，才能避免一些不必要的错误。

WebGLRenderingContext 类提供了 3 个方法来查询或设置一些布尔类型的渲染状态，这 3 个方法的原型如下：

```
enable(cap: GLenum): void;              // 开启某个渲染状态
isEnabled(cap: GLenum): GLboolean;      // 查询某个渲染状态是否开启
disable(cap: GLenum): void;             // 关闭某个渲染状态
```

我们可以查询或设置 9 种渲染状态。为了方便起见，可以通过编写一个名为 GLHelper 的类将一些常用的 WebGL 功能实现为静态方法。先来看一下该类的第一个静态方法，代码如下：

```
export class GLHelper
{
    public static printStates(gl: WebGLRenderingContext | null): void {
        if (gl === null) {
            return;
        }
        // 所有的 boolean 状态变量，共 9 个
        console.log("1. isBlendEnable = " + gl.isEnabled(gl.BLEND));
        console.log("2. isCullFaceEnable = " + gl.isEnabled(gl.CULL_FACE));
        console.log("3. isDepthTestEnable = " + gl.isEnabled(gl.DEPTH_TEST));
        console.log("4. isDitherEnable = " + gl.isEnabled(gl.DITHER));
        console.log("5. isPolygonOffsetFillEnable = " + gl.isEnabled(gl.
POLYGON_OFFSET_FILL));
        console.log("6. isSampleAlphtToCoverageEnable = " + gl.isEnabled
(gl.SAMPLE_ALPHA_TO_COVERAGE));
        console.log("7. isSampleCoverageEnable = " + gl.isEnabled
(gl.SAMPLE_COVERAGE));
        console.log("8. isScissorTestEnable = " + gl.isEnabled
(gl.SCISSOR_TEST));
        console.log("9. isStencilTestEnable = " + gl.isEnabled
(gl.STENCIL_TEST));
    }
}
```

当调用上述方法后，会得到如图 4.4 所示的效果。

除了上述 3 个渲染状态查询和设置方法之外，WebGLRenderingContext 提供了一个更加通用的查询渲染状态的方法，该方法是 isEnabled 方法的超集，不但能查询 isEnabled 中的 9

个布尔类型渲染状态，还可以查询整个 WebGL 状
态机中所有状态（除了 WebGLObject 各个子类相
关的状态值）的当前值。我们来看一下其函数原型：

```
getParameter(pname: GLenum): any;
```

```
1.  isBlendEnable = false
2.  isCullFaceEnable = false
3.  isDepthTestEnable = false
4.  isDitherEnable = true
5.  isPolygonOffsetFillEnable = false
6.  isSampleAlphtToCoverageEnable = false
7.  isSampleCoverageEnable = false
8.  isScissorTestEnable = false
9.  isStencilTestEnable = false
```

图 4.4　WebGL 默认布尔渲染状态值

getParameter 方法返回类型为 any，意味着可
以返回任何类型，包括上面提到的布尔类型。由
于该方法的参数 pname 众多，大家可以自行查阅
相关资料。通过该方法的 pname 参数，我们能够
确切地知道 WebGL 渲染状态机中有哪些渲染状态。你会发现，使用 WebGL 编程实际就
是根据各种不同的显示需求，设置不同的渲染状态。

4.2.4　WebGLContextEvent 事件

当 WebGLRenderingContext 上下文渲染对象丢失时，会触发 WebGLContextEvent 事
件，可以直接在 canvas 元素中监听该事件。在 BasicWebGLApplication 类的构造函数中监
听 WebGLContextEvent 事件，将事件触发时的相关信息打印出来。

由于 WebGLContextEvent 触发具有不确定性，大部分情况下不会发生该事件，因此使
用一个 WebGL 扩展来模拟触发 WebGLContextEvent。实现代码如下：

```
canvas.addEventListener( 'webglcontextlost', function ( e ) {
    console.log( JSON.stringify( e ) );
                // 当触发 webglcontextlost 事件时，将该事件相关信息打印到控制台
}, false );
GLHelper.triggerContextLostEvent( this.gl );
```

将触发 WebGLContextEvent 事件的功能封装在 WebGLHelper 对象中，代码如下：

```
public static triggerContextLostEvent(gl:WebGLRenderingContext):void{
    let ret : WEBGL_lose_context | null = gl.getExtension('WEBGL_lose
_context');
    if(ret !== null){
        ret.loseContext();
    }
}
```

上述函数中调用了 WenGLRenderingContext 对象中的 getExtension 方法，该方法根据
一个扩展名获得一个接口对象。由于 WebGL 中存在大量扩展接口对象，大家可以在 VS
Code 中打开 lib.dom.d.ts 找到 getExtension 方法处，在其中列出了所有潜在可用的 WebGL
扩展对象。

当 WebGL 设备丢失事件触发时，可以在其事件处理函数中重新创建一个新的 WebGL
RenderingContext，这样就能避免因为上下文丢失而导致渲染失败的问题。

4.3　基本几何图元绘制 Demo

上一节创建了 WebGLRenderingContext 对象，并且简要地了解了帧缓冲区及渲染状态的相关知识。本节就直接进入应用阶段，实现一个使用颜色绘制基本几何图元的 Demo。

4.3.1　视矩阵、投影矩阵、裁剪和视口

WebGL 的核心是将一个三维顶点表示的场景或物体光栅化成二维像素图像，然后显示在输出设备上，例如屏幕等。在整个过程中，需要将整个场景或物体从三维坐标系变换成屏幕坐标系的表示，要完成这个过程，需要经历 3 个步骤：

（1）坐标系变换：将局部坐标系表示的点变换到世界坐标系中，然后再变换到视图坐标系，接着继续变换到投影坐标系（又叫裁剪坐标系）。一般情况下，在绘制场景或物体时需要组合多种变换。我们可以使用矩阵来变换各种坐标系。

（2）裁剪操作：由于最后总是显示在例如 canvas 元素指定的矩形区块中，因此位于该矩形区块之外的物体都会被裁剪掉，在 WebGL 中可以用 scissor 方法设置裁剪区域。

（3）视口变换：经过变换后的坐标和 canvas 元素指定的矩形区块中的像素必须要建立对应关系，这个过程被称为视口变换。在 WebGL 中可以用 viewport 方法设置视口区域。

上面提到了 scissor 方法和 viewport 方法，先来看一下它们的方法原型：

```
scissor(x: GLint, y: GLint, width: GLsizei, height: GLsizei): void;
viewport(x: GLint, y: GLint, width: GLsizei, height: GLsizei): void;
```

可以看到，scissor 方法的参数和 viewport 方法的参数是一样的。在大部分情况下，它们的取值也是一样的，但在一些特殊情况下，取值可能不同。

接下来在 BasicWebGLApplication 中增加坐标系变换相关的成员变量，代码如下：

```
// 增加视矩阵和投影矩阵
public projectMatrix: mat4;
public viewMatrix: mat4;
public viewProjectMatrix: mat4;                      // 投影矩阵 * 视矩阵
```

然后在 BasicWebGLApplication 构造函数中初始化投影矩阵和视矩阵，代码如下：

```
// 构造投影矩阵
this.projectMatrix = mat4.perspective( MathHelper.toRadian( 45 ), this.
canvas.width / this.canvas.height, 0.1, 100 );
// 构造视矩阵，摄像机沿着世界坐标系 z 轴移动 5 个单位，并且看着世界坐标系的原点
this.viewMatrix = mat4.lookAt( new vec3( [ 0, 0, 5 ] ), new vec3() );
// 构造 viewprojectMatrix
this.viewProjectMatrix = mat4.product( this.projectMatrix, this.viewMatrix );
```

关于投影矩阵和视矩阵的原理和用法，将在后续的第 6 章中详解，因此在此处忽略。接下来继续在构造函数中设置裁剪区域和视口区域，代码如下：

```
// 设置视口区域
this.gl.viewport( 0, 0, this.canvas.width, this.canvas.height );
// 设置裁剪区域
this.gl.scissor( 0, 0, this.canvas.width, this.canvas.height );
// 需要开启裁剪测试
this.gl.enable( this.gl.SCISSOR_TEST );
```

代码很简单，需要强调一点的是，如果要使用 scissor 裁剪功能，必须要开启 SCISSOR_TEST 功能。在 4.2.3 节中，初始化时，SCISSOR_TEST 是关闭状态的。这样就完成坐标系变换、裁剪及视口变换所需的所有设置，接下来需要做一些 GPU 编程工作。

🔔注意：如果不主动开启 SCISSOR_TEST，WebGL 默认会根据 Canvas 的尺寸进行裁剪操作。

4.3.2　GLSL ES 着色语言

WebGL 中取消了固定功能的管线，取而代之的是可编程着色管线。可编程着色管线使用 GLSL ES 来编写能运行在 GPU（Graphics Processing Unit，通常被称为显卡）上的代码。

GLSL 是 OpenGL Shading Language（OpenGL 着色语言）的缩写，它是一种和 C 语言非常相似的编程语言，用于创建可编程的、在 GPU 上运行的着色器（Shader）。

在 WebGL 中，我们需要使用 GLSL ES 语言来编写顶点着色器（Vertex Shader）和片段着色器（Fragment Shader），我们通过一个颜色着色器来看一下其结构流程。先来看一下 VertexShader 的源码，代码如下：

```
public colorShader_vs: string = `
    // 1. attribute 顶点属性声明
    attribute vec3 aPosition;
    attribute vec4 aColor;
    // 2. uniform 变量声明
    uniform mat4 uMVPMatrix;
    // 3. varying 变量声明
    varying vec4 vColor;
    // 4. 顶点处理入口 main 函数
    void main(void){
        // 5. gl_Position 为 Vertex Shader 内置 varying 变量，varying 变量会被传递
           到 Fragment Shader 中
        gl_Position = uMVPMatrix * vec4(aPosition,1.0);
                                      // 6. 将坐标值从局部坐标系变换到裁剪坐标系

        vColor = aColor;              // 7. 将颜色属性传递到 Fragment Shader 中
    }
`;
```

上述 Vertex Shader 很有典型性，来看一下一些关键点：

（1）使用 attribute 关键字来标明当前的变量属于顶点属性，常用的顶点属性包括位置坐标值、纹理坐标值、颜色值、切向量、法向量和骨骼权重值等。

attribute 声明的变量不需要赋值，WebGL 驱动会自动将存储在顶点缓存（Vertex Buffer）中的顶点数据传输到 Vertex Shader 中。在 Vertex Shader 中，attribute 变量具有只读属性，不能进行写操作。attribute 变量只能用于 Vertex Shader 中。

（2）使用 uniform 关键字声明全局变量，在每次绘制时，我们要通过 WebGL 中 uniform 的相关函数将对应的变量传递给 Vertex Shader，因此 uniform 需要外部手动传入到 Vertex Shader 中。在 Vertex Shader 中，uniform 变量具有只读属性，不能进行写操作。uniform 变量也可以用于 Fragment Shader 中。

（3）使用 varying 关键字声明可以从 Vertex Shader 传递到 Fragment Shader 中的变量，varying 变量是不需要外部输入的，直接在 Vertex Shader 中赋值。因此 varying 变量是唯一可读写的变量。varying 也能用于 Fragment Shader 中。

（4）当声明好所有必要的变量后，需要在一个名为 main 的函数中进行顶点相关操作，这和 C 语言是一样的，表示代码运行的入口函数。你会发现，GLSL ES 就是不带指针的 C 语言。

（5）Vertex Shader 中内置两个预先保留的特殊变量：gl_Position 和 gl_PointSize。其中，gl_Position 变量表示的是变换到裁剪坐标系后的坐标值，一定要设置 gl_Position 变量的值。gl_PointSize 用于设置要绘制的点的像素大小，可以不设置该值，默认情况下为 1.0。我们在基本几何图元绘制 Demo 中会看到如何使用 gl_PointSize。

（6）在 WebGL 中，Vertex Shader 的一个主要作用就是将一个顶点的位置坐标值从局部坐标系变换到裁剪坐标系，就是 gl_Position = uMVPMatrix * vec4 (aPosition , 1.0)这代码运行后的结果。

其中，uMVPMatrix 这个 uniform 变量保存的是局部坐标系->世界坐标系->摄像机坐标->投影坐标系的变换矩阵。关于 uMVPMatrix 矩阵的合成，我们是在 TypeScript 代码中进行的，然后通过 WebGL 的 uniformMatrix4fv 方法将其传递到 VertexShader 的 uMVPMatrix 变量中。

（7）作为本书的 GLSL ES 编码规范，使用前缀 a 表示 attribute 变量，使用 u 表示 uniform 变量，使用 v 表示 varying 变量。

（8）可以使用 WebGL 中如下几个状态常量来了解 WebGL 的一些关键信息，例如当前使用的 GLSL ES 版本之类的信息。

```
// GLHelper 类中实现 printWebGLInfo 静态方法
public static printWebGLInfo ( gl: WebGLRenderingContext ): void {
    console.log( "renderer = " + gl.getParameter( gl.RENDERER ) );
    console.log( "version = " + gl.getParameter( gl.VERSION ) );
```

```
    console.log( "vendor = " + gl.getParameter( gl.VENDOR ) );
    console.log( "glsl version = " + gl.getParameter( gl.SHADING_LANGUAGE_
VERSION ) );
}
```

在几个常用的浏览器中运行上述代码，得到如图 4.5 至图 4.8 所示的结果。

```
renderer = Microsoft Edge

version = WebGL 1.0

vendor = Microsoft

glsl version = WebGL GLSL ES 1.0
```

图 4.5　Edge 浏览器的 WebGL 信息

```
renderer = Mozilla

version = WebGL 1.0

vendor = Mozilla

glsl version = WebGL GLSL ES 1.0
```

图 4.6　Firefox 浏览器的 WebGL 信息

```
renderer = WebKit WebGL
version = WebGL 1.0 (OpenGL ES 2.0 Chromium)
vendor = WebKit
glsl version = WebGL GLSL ES 1.0 (OpenGL ES GLSL ES 1.0 Chromium)
```

图 4.7　Chrome 和 Opera 浏览器的 WebGL 信息

```
renderer = WebKit WebGL
version = WebGL 1.0 (2.1 ATI-1.60.24)
vendo = WebKit
glsl version = WebGL GLSL ES 1.0 (1.20)
```

图 4.8　Safari 浏览器的 WebGL 信息

完成了 Vertex Shader，将 varying 类型的变量传递到 Fragment Shader 中，要继续在 Fragment Shader 中进行相关处理，颜色着色器中的 Fragment Shader 相关代码如下：

```
public colorShader_fs: string = `
    //1.声明 varying 类型的变量 vColor，该变量的数据类型和名称必须要和 Vertex Shader
       中的数据类型和名称一致
    varying vec4 vColor;
    // 2. 同样需要一个 main 函数作为入口函数
    void main(void){
        // 3. 内置了特殊变量：gl_FragColor，其数据类型为 float
        // 4. 直接将 vColor 写入 gl_FragColor 变量中
        gl_FragColor = vColor;
    }
`
```

颜色着色器的 Fragment Shader 代码比较简单，大家看一下注释即可。Fragment Shader 和 Vertex Shader 非常类似，只是 Vertex Shader 中处理的是顶点数据，例如一个 10×10 像素大小的正四边形具有 4 个顶点，因此在 Vertex Shader 中会调用 4 次 main 函数。顶点着色器处理好的顶点会被光栅化成例如 100 个像素片段，然后会运行 100 次写的 Fragment Shader，在 Fragment Shader 中，会将每个片段的最终颜色写入 gl_FragColor 这个特殊变量中。

Fragment Shader 中能够使用 varying 和 uniform 变量，并且 Fragment Shader 中内置了两个特殊的变量：gl_FragColor 和 gl_FragData。

gl_FragColor 的数据类型为 vec4，表示片段的最终 rgba 颜色值，该值会在后续中进行各种帧缓存的测试，如果测试通过，会自动写入颜色缓冲区。

　　gl_FragData 的数据类型为 vec4 数组，用于输出到多个颜色缓冲区，本书只使用 gl_FragColor。接下来给出一个 GLSL ES 中所有数据类型的表供大家参考，如表 4.1 所示。

表 4.1　GLSL ES基本数据类型及对应的向量和矩阵表

基 本 类 型	二 维 向 量	三 维 向 量	四 维 向 量	矩　　阵
float	vec2	vec3	vec4	mar2、mat3、mat4
int	ivec2	ivec3	ivec4	
bool	bvec2	bvec3	bvec4	

　　GLSL ES 中除了上述这些数据类型外，还有两个与纹理采样相关的数据类型：sampler2D 和 samplerCube。后续章节会看到如何使用 sampler2D 这个数据类型。

　　除了上述提到的这些内容外，GLSL ES 语言本身还内置了众多函数，由于本书旨在向读者演示如何使用 WebGL 将想要的图形绘制出来，所以并不准备详细介绍 GLSL ES 语言的细节信息，请读者自行查阅 GLSL ES 相关资料。

4.3.3　WebGLShader 对象

　　上一节中编写了一个颜色着色器的代码，这些代码仅仅是字符串表示。如果要运行颜色着色器的代码，需要经历两个步骤。

　　（1）使用 GLSL ES 编译器来分析颜色着色器的 Vertext Shader 和 Fragment Shader 源码，检查它们存在的语法错误，若没有语法错误，则将这些代码转换成目标代码（如 GPU 能运行的指令）。

　　（2）编译好 Vertex Shader 和 Fragment Shader 后，需要使用 GLSL 的链接器将一组目标代码组合在一起，形成一个可执行程序。

　　上述过程和 C 语言是一样的，只是 WebGL 已将 GLSL ES 的编译器和链接器作为驱动的组成部分，因此可以直接使用。

　　WebGL 中提供了 WebGLShader 对象来表示 GLSL ES 的编译器，使用 WebGLProgram 对象表示 GLSL ES 的链接器，我们可以使用这两个类来编译和链接 GLSL ES 源码。

　　先来看一下如何使用 WebGLShader 对象来编译 GLSL ES 源码的流程：

　　（1）使用 WebGLRenderingContext 对象的 createShader 方法创建一个着色器对象。其方法原型如下：

```
createShader(type: GLenum): WebGLShader | null;
```

　　（2）使用 WebGLRenderContext 对象的 shaderSource 指定要编译的源码，其方法原型如下：

```
shaderSource(shader: WebGLShader, source: string): void;
```

（3）使用 WebGLRenderingContext 对象的 compile 方法将着色器源码编译为目标代码。其方法原型如下：

```
compileShader(shader: WebGLShader): void;
```

（4）使用 WebGLRenderingContext 对象的 getShaderParameter 方法检查编译是否成功。其方法原型如下：

```
getShaderParameter(shader: WebGLShader, pname: GLenum): any;
```

（5）若编译出错，可以通过 WebGLRenderingContext 对象的 **getShaderInfoLog** 方法了解错误原因。其方法原型如下：

```
getShaderInfoLog(shader: WebGLShader): string | null;
```

（6）由于存在 Vertex Shader 及 Fragmen Shader 两个着色器源码，因此要运行两次上述流程。

将 WebGLShader 的编译流程封装在 GLHelper 类中，形成 createShader 和 compileShader 这两个静态辅助方法，具体代码如下：

```
// 枚举类
export enum EShaderType {
    VS_SHADER,
    FS_SHADER
}
public static createShader ( gl: WebGLRenderingContext, type: EShaderType ):
 WebGLShader {
        let shader: WebGLShader | null = null;
        if ( type === EShaderType.VS_SHADER ) {
            shader = gl.createShader( gl.VERTEX_SHADER );
        } else {
            shader = gl.createShader( gl.FRAGMENT_SHADER );
        }
        if ( shader === null ) {
            // 如果创建 WebGLShader 对象失败，我们采取抛错错误的处理方式
            throw new Error( "WebGLShader 创建失败！" );
        }
        return shader;
    }
public static compileShader ( gl: WebGLRenderingContext, code: string,
shader: WebGLShader ): boolean {
        gl.shaderSource( shader, code );      // 载入 shader 源码
        gl.compileShader( shader );           // 编译 shader 源码
        // 检查编译错误
        if ( gl.getShaderParameter( shader, gl.COMPILE_STATUS ) === false ) {
            // 如果编译出现错误，则弹出对话框，了解错误的原因
            alert( gl.getShaderInfoLog( shader ) );
            // 然后将 shader 删除，防止内存泄漏
            gl.deleteShader( shader );
            // 编译错误返回 false
```

```
            return false;
      }
      // 编译成功返回 true
      return true;
   }
```

有了 createShader 和 compileShader 这两个方法，下面来编译颜色着色器的 Verex Shader 和 Fragment Shader 源码，代码如下：

```
// 在 BasicWebGLApplication 中声明两个 WebGLShader 成员变量
public vsShader: WebGLShader;
public fsShader: WebGLShader;
// 在构造函数中增加如下几行代码
// 编译 Vertex Shader
this.vsShader = GLHelper.createShader( this.gl, EShaderType.VS_SHADER );
GLHelper.compileShader( this.gl, this.colorShader_vs, this.vsShader );
// 编译 Fragment Shader
this.fsShader = GLHelper.createShader( this.gl, EShaderType.FS_SHADER );
GLHelper.compileShader( this.gl, this.colorShader_fs, this.fsShader );
```

当运行上述代码后，会弹出 ERROR: 0:3: " : No precision specified for (float)的错误。

4.3.4　GLSL ES 精度限定符与 WebGLShaderPrecisionFormat 对象

之所以出现 GLSL ES Shader 编译错误，是因为 GLSL ES 在声明变量时需要使用精度限定符。

在 GLSL ES 语言中，有 highp、mediump 和 lowp 3 个精度限定符，相关说明如下：

（1）highp、mdeiump 和 lowp 精度限定符可用于整数（int）或浮点数（float）类型的变量，以及基于这些类型的向量或矩阵变量。

（2）highp、mediump 和 lowp 精度限定符的取值范围如表 4.2 所示。

表 4.2　精度限定符取值范围表

精　　度	浮点数取值范围	整数取值范围
highp	$-2^{62}\sim2^{62}$	$-2^{16}\sim2^{16}$
mdeiump	$-2^{14}\sim2^{14}$	$-2^{10}\sim2^{10}$
lowp	$-2.0\sim2.0$	$-2^{8}\sim2^{8}$

除了表 4.2 中的这 3 个精度限定符外，GLSL ES 中还可以使用 precision 关键字一次性指定 Vertex Shader 或 Fragment Shader 的默认浮点数、整数或基于这两个类型的向量及矩阵的精度。

接下来修改颜色着色器相关代码来看一下如何使用精度修饰符。首先使用 precision 关键字来全局指定 Fragmen Shader 的浮点数默认精度值，具体代码如下：

```
public colorShader_fs: string = `
    #ifdef GL_ES
        precision highp float;
    #endif
    // 下面代码同 4.3.2 节对应的源码
    ......
`
```

上述代码中，使用 GLSL ES 中的#ifdef / #endif 宏判断当前的 GLSL 是不是 GLSL ES 语言，如果是的话，就将当前的 Fragment Shader 的浮点数精度设置为最高精度，这个设置是全局设置，后续代码中的变量都会默认使用 highp 精度来表示浮点数。

然后重新编译 Vertex Shader 和 Fragmen Shader，会发现编译错误弹框消失了，能够正确地运行 GLSL ES 相关代码了。此外，也可以使用 precision mediump float 方式设置全局浮点精度为 mdeiump。

☐注意：你会看到 Vertex Shader 没有使用全局浮点精度设置的代码，这是因为 Vertex Shader 默认使用 highp 来表示浮点数和整数的精度，而 Fragment Shader 则没有默认设定。

接着来看一下不使用全局精度设定方式，而是直接在每个变量上声明精度操作符的方式来编写相关 Shader。为了不干扰前面的代码，我们提供另外一个版本的实现代码，具体代码如下：

```
public colorShader_vs_2: string = `
    attribute mediump vec3 aPosition;
    attribute mediump vec4 aColor;
    uniform mediump mat4 uMVPMatrix;
    varying lowp vec4 vColor;
    void main(void){
        gl_Position = uMVPMatrix * vec4(aPosition,1.0);
        gl_PointSize = 5.0;
        vColor = aColor;
} ` ;
public colorShader_fs_2: string = `
    varying  lowp vec4 vColor;
    void main(void){
        gl_FragColor = vColor;
    }
} ` ;
```

上述代码中的每个变量，不管是在 Vertex Shader 还是在 Fragment Shader 中，不管是使用 attribute、uniform 还是 varying 来声明变量时，都在变量前添加了精度说明符，这样能更好地控制每个变量的精度取值范围，从而提升 GLSL ES 着色器的运行速度，减少内存及显存的使用量。你可以成功地编译上述着色器源码。

🔔**注意**：作为惯例，一般情况下，mediump 精度就足够了，对于颜色值（Color）、法向量值（Normal）、切向量值（Tangent）和负法向量值（Binormal）等，由于其各个分量取值范围在[0 , 1] 之间，因此我们可以使用 lowp 精度限定符。

WebGLRenderingContext 对象提供了 getShaderPrecisionFormat 方法来查询 Shader 精度值相关的信息，其方法原型如下：

```
getShaderPrecisionFormat(shadertype:GLenum,precisiontype:GLenum):WebGLShaderPrecisionFormat | null ;
```

其中，shadertype 的取值范围为 gl.FRAGMENT_SHADER 或 gl.VERTEXT_SHADER 两个常量之一，而 recisiontype 的取值范围为 gl.LOW_FLOAT、gl.MEDIUM_FLOAT、gl.HIGH_FLOAT、gl.LOW_INT、gl.MEDIUM_INT 及 gl.HIGH_INT 之一。

调用 getShaderPrecisionFormat 方法后返回的是 WebGLShaderPrecisionFormat 对象，是 WebGL 内置的 14 个对象之一。关于该对象的相关说明，请自行查阅资料。

4.3.5　WebGLProgram 对象

到目前为止，我们已经解决了 GLSL ES 着色器（Shader）源码的编译问题，但还需要使用 WebGLProgram 将编译后的 Vertex Shader 和 Fragment Shader 链接成一个 GPU 可执行文件。

由于 WebGLProgram 对象的链接操作代码具有很强的流程性和固定性，因此需将整个链接流程编写为 GLHepler 的两个静态方法，具体代码如下：

（1）在 GLHelper 中实现 createProgram 静态方法。

```
public static createProgram ( gl: WebGLRenderingContext ): WebGLProgram {
    let program: WebGLProgram | null = gl.createProgram();
    if ( program === null ) {
        // 直接抛出错误
        throw new Error( "WebGLProgram 创建失败！" );
    }
    return program;
}
```

（2）在 GLHelper 中实现 linkProgram 静态方法。

```
public static linkProgram (
    gl: WebGLRenderingContext,              // 渲染上下文对象
    program: WebGLProgram,                  // 链接器对象
    vsShader: WebGLShader,                  // 要链接的顶点着色器
    fsShader: WebGLShader,                  // 要链接的片段着色器
    beforeProgramLink: ( ( gl: WebGLRenderingContext, program: WebGLProgram )
=> void ) | null = null,
    afterProgramLink: ( ( gl: WebGLRenderingContext, program: WebGLProgram )
=> void ) | null = null ): boolean {
```

```
// 1. 使用 attachShader 方法将顶点和片段着色器与当前的链接器相关联
gl.attachShader( program, vsShader );
gl.attachShader( program, fsShader );
// 2. 在调用 linkProgram 方法之前，按需触发 beforeProgramLink 回调函数
if ( beforeProgramLink !== null ) {
    beforeProgramLink( gl, program );
}
// 3. 调用 linkProgram 进行链接操作
gl.linkProgram( program );
// 4. 使用带 gl.LINK_STATUS 参数的 getProgramParameter 方法，进行链接状态检查
if ( gl.getProgramParameter( program, gl.LINK_STATUS ) === false ) {
    // 4.1 如果链接出错，调用 getProgramInfoLog 方法将错误信息以弹框方式通知调用者
    alert( gl.getProgramInfoLog( program ) );
    // 4.2 删除掉相关资源，防止内存泄漏
    gl.deleteShader( vsShader );
    gl.deleteShader( fsShader );
    gl.deleteProgram( program );
    // 4.3 返回链接失败状态
    return false;
}
// 5. 使用 validateProgram 进行链接验证
gl.validateProgram( program );
// 6. 使用带 gl.VALIDATE_STATUS 参数的 getProgramParameter 方法，进行验证状态检查
if ( gl.getProgramParameter( program, gl.VALIDATE_STATUS ) === false ) {
    // 6.1 如果验证出错，调用 getProgramInfoLog 方法将错误信息以弹框方式通知调用者
    alert( gl.getProgramInfoLog( program ) );
    // 6.2 删除相关资源，防止内存泄漏
    gl.deleteShader( vsShader );
    gl.deleteShader( fsShader );
    gl.deleteProgram( program );
    // 6.3 返回链接失败状态
    return false;
}
// 7. 全部正确，按需调用 afterProgramLink 回调函数
if ( afterProgramLink !== null ) {
    afterProgramLink( gl, program );
}
// 8. 返回链接正确表示
return true;
}
```

关于 linkProgram 静态方法，已经注释得非常详细了，读者可以仔细阅读、理解并掌握。下面再来看一下上面代码中用到的 WebGLProgram 相关方法的原型，代码如下：

```
createProgram (): WebGLProgram | null;
attachShader ( program: WebGLProgram, shader: WebGLShader ): void;
linkProgram ( program: WebGLProgram ): void;
getProgramParameter ( program: WebGLProgram, pname: GLenum ): any;
getProgramInfoLog ( program: WebGLProgram ): string | null;
deleteProgram ( program: WebGLProgram | null ): void;
```

除了 getProgramParameter 外，上述 WebGLProgram 其他相关的方法使用起来都比较

简单。getProgramParameter 还有一些其他用法，会在后面章节中介绍。

接下来将编译后的颜色着色器进行链接操作，在 BasicWebGLApplication 中声明一个类型为 WebGLProgram 的成员变量，并在其构造函数中进行链接操作，代码如下：

```
// 在 BasicWebGLApplication 中声明两个 WebGLShader 成员变量
public program: WebGLProgram;
// 在构造函数中增加如下几行代码
// 着色器链接
this.program = GLHelper.createProgram( this.gl );
GLHelper.linkProgram( this.gl, this.program, this.vsShader, this.fsShader );
```

运行上述代码，如果没有弹出相关的错误信息，则说明 GLSL E 着色器源码的编译和链接都没有错误，至此完成了着色器的相关介绍。

4.3.6　WebGLActiveInfo 对象

4.3.2 节中了解到，在 Vertex Shader 中可以使用 attribute、uniform 及 varying 变量，而在 Fragment Shader 中可以使用 uniform 和 varying 变量。

当编译好 Vertex Shader 及 Fragment Shader 并且将这两个 Shader 通过 WebGLProgram 链接成功后，会将 Vertex Shader 中所有的 attribute 变量及 Vertex Shader 和 Fragmengt Shader 中的所有 uniform 变量分别生成两张查询表。

可以通过 WebGLRenderingContext 对象的 getProgramParameter（在上一节中我们用该方法及 gl. gl.LINK_STATUS 和 gl.VALIDATE_STATUS 常量查询过 WebGLProgram 编译和验证相关的信息）方法获取当前已链接成功后的 attribute（使用 gl.ACTIVE_ATTRIBUTES 常量）和 uniform（gl.ACTIVE_UNIFORMS 常量）变量的个数，代码如下：

```
// 使用 gl.ACTIVE_ATTRIBUTES 常量获取 attribute 变量的个数
let attributsCount: number = gl.getProgramParameter( program, gl.ACTIVE_
ATTRIBUTES );

// 使用 gl.ACTIVE_UNIFORMS 常量获取 uniform 变量的个数
let uniformsCount: number = gl.getProgramParameter( program, gl.ACTIVE_
UNIFORMS );
```

接下来就能使用如下两个方法来遍历处于活动状态的 attribute 变量和 uniform 变量，代码如下：

```
getActiveAttrib(program: WebGLProgram, index: GLuint): WebGLActiveInfo | null;
getActiveUniform(program: WebGLProgram, index: GLuint): WebGLActiveInfo | null;
```

这两个方法返回的类型都是 WebGLActiveInfo，该对象的成员变量如下：

```
interface WebGLActiveInfo {
    readonly name: string;        // 名称，例如颜色着色器中的 aPosition、aColor
                                  // 及 uMVPMatrix
    readonly size: GLint;         // 第三个成员变量 type 的个数
```

```
    readonly type: GLenum;              // 这个比较特别，见下文详解
}
```

WebGLActiveInfo 比较特别是的 type 只读成员变量。再来看一下，在上下文渲染对象
WebGLRenderingContext 中定义了两种类型（基本数据类型和 uniform 数据类型）的常量
值（参考 https://www.khronos.org/registry/webgl/specs/latest/1.0），具体如下：

```
// 基本数据类型
/* DataType */
/*
    const GLenum BYTE                   = 0x1400  = 5120 ;
    const GLenum UNSIGNED_BYTE          = 0x1401  = 5121 ;
    const GLenum SHORT                  = 0x1402  = 5122 ;
    const GLenum UNSIGNED_SHORT         = 0x1403  = 5123 ;
    const GLenum INT                    = 0x1404  = 5124 ;
    const GLenum UNSIGNED_INT           = 0x1405  = 5125 ;
    const GLenum FLOAT                  = 0x1406  = 5126 ;
*/
// unfirom 数据类型
/* Uniform Types */
/*
    const GLenum FLOAT_VEC2             = 0x8B50  = 35664 ;
    const GLenum FLOAT_VEC3             = 0x8B51  = 35665 ;
    const GLenum FLOAT_VEC4             = 0x8B52  = 35666 ;
    const GLenum INT_VEC2               = 0x8B53  = 35667 ;
    const GLenum INT_VEC3               = 0x8B54  = 35668 ;
    const GLenum INT_VEC4               = 0x8B55  = 35669 ;
    const GLenum BOOL                   = 0x8B56  = 35670 ;
    const GLenum BOOL_VEC2              = 0x8B57  = 35671 ;
    const GLenum BOOL_VEC3              = 0x8B58  = 35672 ;
    const GLenum BOOL_VEC4              = 0x8B59  = 35673 ;
    const GLenum FLOAT_MAT2             = 0x8B5A  = 35674 ;
    const GLenum FLOAT_MAT3             = 0x8B5B  = 35675 ;
    const GLenum FLOAT_MAT4             = 0x8B5C  = 35676 ;
    const GLenum SAMPLER_2D             = 0x8B5E  = 35677 ;
    const GLenum SAMPLER_CUBE           = 0x8B60  = 35678 ;
*/
```

参考 4.3.2 节中的表 4.1 总结的 GLSL ES 中的数据类型，你会发现上述定义的 Uniform
Types 缺乏 FLOAT 类型和 INT 类型的常量值，这是因为 Uniform Types 中的 FLOAT 和 INT
使用了 Data Type 中的 FLOAT 和 INT。为了方便，在 GLHelper 类中使用 TypeScript 的 enum
关键字重新定义一个完整的 GLSL ES 数据类型枚举值，代码如下：

```
export enum EGLSLESDataType {
    FLOAT_VEC2 = 0x8B50,
    FLOAT_VEC3,
    FLOAT_VEC4,
    INT_VEC2,
    INT_VEC3,
    INT_VEC4,
    BOOL,
    BOOL_VEC2,
    BOOL_VEC3,
```

```
    BOOL_VEC4,
    FLOAT_MAT2,
    FLOAT_MAT3,
    FLOAT_MAT4,
    SAMPLER_2D,
    SAMPLER_CUBE,
    // 增加 FLOAT 和 INT 枚举值
    FLOAT = 0x1406,
    INT = 0x1404
}
```

通过定义上述的 EGLSLESDataType 枚举结构，不需要获得 WebGLRenderingContext 对象就能引用 WebGL 中 Uniform 变量的各种数据类型常量值（枚举值）了。

4.3.7　WebGLUniformLocation 对象

WebGLActiveInfo 对象并不包含关键的寻址信息，该对象仅返回 name、size 及 EGLSLESDataType 对应的枚举值，更加关键的信息是其对应的 attribute 和 uniform 变量在 WebGLProgram 链接器中的索引号或 WebGLUniformLocation 对象（attribute 变量在 WebGLProgram 中使用整数类型的索引进行寻址操作，但是 uniform 变量则使用 WebGLUniformLocation 对象进行寻址）。

要获取上述所说的索引号或 WebGLUniformLocation 对象，需要调用 WebGLRendering Context 的两个方法，其原型声明如下：

```
getAttribLocation(program: WebGLProgram, name: string): GLint;
getUniformLocation(program: WebGLProgram, name: string): WebGLUniform
Location | null;
```

getAttribLocation 方法返回 program 中变量名为 name 的 attribute 变量相关联的索引号。而 getUniformLocation 方法则返回 program 中变量名为 name 的 uniform 变量相关联的 WebGLUniformLocation 对象，如果其对应的 name 不存在则返回 null。

在 GLHelper 中实现两个静态方法：getProgramActiveAttribs 和 getProgramAtcive Uniforms。源码如下：

```
// 使用 GLAttrribInfo 代替 WebGLActiveInfo 对象
// 但是 GLAttribInfo 中的 size 和 type 值来自于 WebGLActiveInfo 对象
export class GLAttribInfo {
    public size: number;              // size 是指 type 的个数，切记
    public type: EGLSLESDataType;    // type 是 Uniform Type，而不是 DataType
    public location: number;
    public constructor ( size: number, type: number, loc: number ) {
        this.size = size;
        this.type = type;
        this.location = loc;
    }
}
```

```
// 使用 GLUniformInfo 代替 WebGLActiveInfo 对象
// 但是 GLUniformInfo 中的 size 和 type 值来自于 WebGLActiveInfo 对象
export class GLUniformInfo {
    public size: number;                // size 是指 type 的个数，切记
    public type: EGLSLESDataType;       // type 是 Uniform Type，而不是 DataType
    public location: WebGLUniformLocation;
    public constructor ( size: number, type: number, loc: WebGLUniformLocation ) {
        this.size = size;
        this.type = type;
        this.location = loc;
    }
}
public static getProgramActiveAttribs ( gl: WebGLRenderingContext,
program: WebGLProgram, out: GLAttribMap ): void {
    //获取当前 active 状态的 attribute 和 uniform 的数量
    //很重要的一点，active_attributes/uniforms 必须在 link 后才能获得
    let attributsCount: number = gl.getProgramParameter ( program, gl.
ACTIVE_ATTRIBUTES );
    //很重要的一点，attribute 在 shader 中只能读取，不能赋值。如果没有被使用的话，也
      是不算入 activeAttrib 中的
    for ( let i = 0; i < attributsCount; i++ ) {
        // 获取 WebGLActiveInfo 对象
        let info: WebGLActiveInfo | null = gl.getActiveAttrib ( program, i );
        if ( info ) {
            // 将 WebGLActiveInfo 对象转换为 GLAttribInfo 对象，并存储在 GLAttribMap 中
            // 内部调用了 getAttribLocation 方法获取索引号
            out[ info.name ] = new GLAttribInfo ( info.size, info.type, gl.
getAttribLocation ( program, info.name ) );
        }
    }
}
public static getProgramAtciveUniforms ( gl: WebGLRenderingContext,
program: WebGLProgram, out: GLUniformMap ): void {
    let uniformsCount: number = gl.getProgramParameter ( program, gl.ACTIVE_
UNIFORMS );
//很重要的一点，所谓 active 是指 uniform 已经被使用的，否则不属于 uniform。uniform
  在 shader 中必须是读取，不能赋值
    for ( let i = 0; i < uniformsCount; i++ ) {
        // 获取 WebGLActiveInfo 对象
        let info: WebGLActiveInfo | null = gl.getActiveUniform ( program, i );
        if ( info ) {
            // 将 WebGLActiveInfo 对象转换为 GLUniformInfo 对象，并存储在 GLUniformMap 中
            // 内部调用了 getUniformLocation 方法获取 WebGLUniformLocation 对象
            let loc: WebGLUniformLocation | null = gl.getUniformLocation
( program, info.name );
            if ( loc !== null ) {
                out[ info.name ] = new GLUniformInfo ( info.size, info.type, loc );
            }
        }
    }
}
```

🔔**注意**：上述代码中强调所谓的 active 是指在 Shader 中被使用过的 attribute 或 uniform 变量。如果你在 Shader 中声明了一个 attribue 或 uniform 变量，但是没有从 Vertex Buffer 中传递过来对应的顶点属性或没有使用 uniform 开头的方法（例如 uniformMatrix4fv 方法）将 uniform 变量从 TypeScript 中传递到 Shader 中，那么这个变量就不是active 变量，属于没用的变量，因此不会被生成到 WebGLProgram 的链接符号表中，也就无法查找到该变量的索引号（返回 -1）或 WebGLUniformLocation 对象（返回 null）了。

在 BasicWebGLApplication 中实现一个名为 printProgramActiveInfos 的方法，用来打印出颜色着色器中所有的 attribute 和 uniform 变量的相关信息，代码如下：

```
public printProgramActiveInfos():void{
    GLHelper.getProgramActiveAttribs( this.gl, this.program, this.attribMap );
    console.log( "attribMap = ", JSON.stringify( this.attribMap ) );

    GLHelper.getProgramAtciveUniforms( this.gl, this.program, this.uniformMap );
    console.log( "unfiorms = ", JSON.stringify( this.uniformMap ) );
}
```

getProgramActiveAttribs 和 getProgramAtciveUniforms 这两个静态方法必须在 WebGL Program 链接成功后才能被调用，因此可以在 GLHelper.linkProgram 方法返回 true 后调用 printProgramActiveInfos 方法，也可以将 printProgramActiveInfos 方法作为 GLHelper.link Program 的 afterProgramLink 回调函数使用，具体代码如下（为了演示链接前是否能输出 active 变量，将 printProgramActiveInfos 方法也绑定到 beforeProgramLink 回调函数中）：

```
// 着色器链接
this.program = GLHelper.createProgram( this.gl );
// 1. printProgramActiveInfos 作为 afterProgramLink 的回调函数
// 注意我们用了 function 对象的 bind 方法,因为在 printProgramActiveInfos 函数中使
    用了 this 指针
// 该 this 指针需要指向 BasicWebGLApplication 对象,因此必须要使用 bind 方法进行绑
    定操作
if(GLHelper.linkProgram( this.gl, this.program, this.vsShader, this.fsShader ,
  this.printProgramActiveInfos.bind(this), this.printProgramActiveInfos.
bind(this)) === true){
  this.printProgramActiveInfos();          // 2. 链接成功后打印所有的 active
                                              attribute 和 uniform 变量
}
```

运行上述代码，会得到如图 4.9 所示的结果。

可以看到，在没有链接前输出空 map，在链接后输出所有 active 的 attribute 和 uniform 类型的变量，其中，uMVPMatrix 变量的 type 为 35676，对应 EGLSLESDataType.FLOAT_ MAT4 的枚举值，同样的，你可以查阅 aPosition 和 aColor 变量对应的 EGLSLESDataType 枚举值。

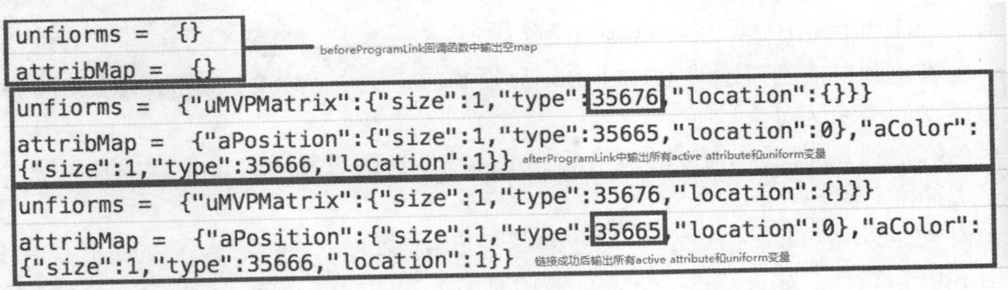

```
unfiorms  =  {}
attribMap  =  {}                    beforeProgramLink回调函数中输出空map

unfiorms  =  {"uMVPMatrix":{"size":1,"type":35676,"location":{}}}
attribMap  =  {"aPosition":{"size":1,"type":35665,"location":0},"aColor":
{"size":1,"type":35666,"location":1}}  afterProgramLink中输出所有active attribute和uniform变量

unfiorms  =  {"uMVPMatrix":{"size":1,"type":35676,"location":{}}}
attribMap  =  {"aPosition":{"size":1,"type":35665,"location":0},"aColor":
{"size":1,"type":35666,"location":1}}  链接成功后输出所有active attribute和uniform变量
```

图 4.9　printProgramActiveInfos 方法的输出效果

4.3.8　WebGLBuffer 对象

一旦使用 GLSL ES 编写完成 Shader 源码，并且编译和链接通过后，就需要按照 Vertex Shader 设定的顶点格式（顶点属性）准备渲染用的顶点数据源和索引数据源（可选项）了，可以使用缓冲区对象（WebGLBuffer 对象）来存储顶点和索引数据（如有需要），这些数据作为渲染用的几何数据源。

要在 WebGLBuffer 对象中存储渲染用的顶点数据，需要遵循以下几个步骤：

（1）创建一个 WebGLBuffer 对象，可以使用 WebGLRenderingContext 对象的 createBuffer 方法，该方法的原型如下：

```
createBuffer(): WebGLBuffer | null;
```

我们在 GLHelper 中封装该方法，代码如下：

```
public static createBuffer ( gl: WebGLRenderingContext ): WebGLBuffer {
    let buffer: WebGLBuffer | null = gl.createBuffer();
    if ( buffer === null ) {
        throw new Error( "WebGLBuffer 创建失败！" );
    }
    return buffer;
}
```

（2）调用 WebGLRenderingContext 对象的 bindBuffer 方法激活缓冲区，该方法的原型如下：

```
bindBuffer(target: GLenum, buffer: WebGLBuffer | null): void;
```

这是非常重要的一个步骤，在使用 WebGLBuffer 之前（对 buffer 中的数据进行初始化、更新或渲染），必须先要调用 bindBuffer 方法将要操作的 buffer 激活，让其成为当前要操作的活动对象。

对于 WebGL 1.0 版本来说，bindBuffer 中的参数 target 只能设置为 gl.ARRAY_BUFFER 和 gl.ELEMENT_ARRAY_BUFFER 这两个常量值，其中，gl.ARRAY_BUFFER 表示顶点属性数据集合，而 gl.ELEMENT_ARRAY_BUFFER 表示索引数据集合。

对于 bindBuffer 方法来说，具有两个作用：

- 当绑定到以前创建过的 WebGLBuffer 对象时，这个 WebGLBuffer 对象就称为当前活动的缓冲区对象。
- 当绑定到 null 时，WebGL 就会将当前活动缓冲区对象指向 null 值，表示停止使用缓冲区对象。

由此可见，WebGL 就是一个渲染状态机，其内部持有一个当前正在操作的 WebGLBuffer 指针。如果你的 WebGL 应用有多个 WebGLBuffer 对象，则需要多次调用 bindBuffer 方法。你需要告诉 WebGL 状态机，我要多个当中的哪个 WebGLBuffer 作为当前活动对象。以后所有的 WebGLBuffer 相关操作都是针对当前活动的那个 WebGLBuffer 对象而言的。

（3）一旦我们设置好当前活动的缓冲区对象，就可以给该缓冲区对象分配内存（或显存）以及填充顶点或索引数据，分两种情况：

第一种是如果尚未分配内存（或显存），则可以使用如下两个重载（overload，既相同的方法名，但是具有不同的参数）方法进行内存或显存分配：

```
bufferData(target: GLenum, size: GLsizeiptr, usage: GLenum): void;
                                    // 重载（overload）1
bufferData(target: GLenum, data: BufferSource | null, usage: GLenum): void;
                                    // 重载（overload）2
```

bufferData 具有两个重载方法，第一个重载方法仅仅分配 size 数量的、以字节为单位的内存（或显存），用于存储顶点数据或索引数据，后续我们可以使用 bufferSubData 方法进行 WebGLBuffer 的数据更新操作。关键的一点是，被绑定的 buffer 曾经分配过内存（或显存）数据的话，这些数据都将被删除。

第二个重载方法会从 BufferSource 中计算出字节长度，然后分配内存（或显存），最后将 BufferSource 中的数据上传（Upload）到刚分配的内存（或显存）中，因此该方法既分配内存（或显存）又填充数据。

参数 target 就是前面提过的 gl.ARRAY_BUFFER 和 gl.ELEMENT_ARRAY_BUFFER 这两个常量值之一。参数 BufferSource 实际是使用 type 关键字重新定义过的数据类型，在 lib.dom.d.ts 中的定义为：

```
type BufferSource = ArrayBufferView | ArrayBuffer;
```

其中，ArrayBufferView 可以是如 Float32Array、Uint16Array 等类型数组（可以参考第 2 章的相关内容）。

最后一个参数 usage 用来提示数据在分配后如何进行读取（WebGL 1.0 并不支持）和写入（绘制操作）。该参数仅仅是性能提示，具体是否有效，依赖驱动提供商的实现，目前我们只需要知道表 4.3 中所示的一些参数内容即可。

表 4.3　glBufferData的usage参数表

参　　数	说　　明
gl.STATIC_DRAW	buffer中的数据只在初始化时指定一次，并且可以多次作为渲染的数据源，适合静态场景渲染数据
gl.STREAM_DRAW	buffer中的数据只在初始化时指定一次，并且最多几次作为渲染数据源
gl.DYNAMIC_DRAW	buffer中的数据要多次更新，例如一些动态场景或骨骼动画渲染数据之类

有些情况下，gl.STATIC_DRAW 和 gl.STREAM_DRAW 指定的数据将被分配到显存上，而 gl.DYNAMIC_DRAW 指定的数据将被分配到 AGP（Accelerated Graphics Port）内存上，但是这一切依赖于 WebGL 驱动提供商的决策。

第二种是如果要对已经分配的内存（或显存）进行数据更新，则可以使用如下方法：

```
bufferSubData(target: GLenum, offset: GLintptr, data: BufferSource): void;
```

bufferSubData 函数用于已经分配好内存（或显存）的 WebGLBuffer 对象的更新操作，其中，target 和 data 参数同 bufferData 方法。

重点来看一下 offset 参数。如图 4.10 所示，假设预先使用 glBufferData 分配了 10 个字节的内存（或显存），然后又提供了 5 个字节的 data（data 是指 bufferSubData 中的第三个参数），现在设定 offset 为 2 来调用 bufferSubData 方法的话，就会将 data 中的 5 个字节上传到 WebGLBuffer 对应的位置中。

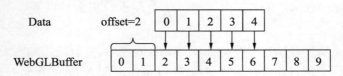

图 4.10　bufferSubData 原理图

由图 4.10 可知，如果 offset + data.size 的值大于 WebGLBuffe 对象创建时内存（或显存）的字节数，WebGL 肯定会抛错（INVALID_OPERATION 常量值）。

（4）如果要查询当前活动的 WebGLBuffer 的相关信息，可以使用如下方法：

```
getBufferParameter(target: GLenum, pname: GLenum): any;
```

其中，参数 target 的含义同前面所述，而 pname 可以是 gl.BUFFER_SIZE 和 gl.BUFFER_USAGE，分别返回当前活动 WebGLBuffer 的字节长度和用途（表 4.3 中的常量值）。

（5）最后，如果不再使用 WebGLBuffer 对象，请使用如下方法删除该对象。

```
deleteBuffer(buffer: WebGLBuffer | null): void;
```

介绍完 WebGLBuffer 相关的方法后，下面来看一下如何使用这些方法。

4.3.9　渲染数据存储思考

由于 WebGLBuffer 中数据的存储与具体要显示的几何形状相关联，为了简单起见，使用图 4.11 所示的四边形作为例子，来了解 WebGLBuffer 如何存储渲染数据。

如果要使用 WebGLBuffer 对象来存储渲染数据，需要权衡如下几个关键问题（笔者的经验之谈）：

（1）除了顶点缓冲区（gl.ARRAY_BUFFER）外，是否需要使用索引缓冲区（gl.ELEMENT_ARRAY_BUFFER）？本节中仅仅使用 gl.ARRAY_BUFFER 类型的 WebGLBuffer 对象。本章后续会用到 gl.ELEMENT_ARRAY_BUFFER 类型的 WebGLBuffer 对象。

（2）顶点缓冲区中的顶点属性必须要和所使用的 Vertex Shader 中的 attribute 变量数量和数据类型相匹配。例如 4.3.2 节定义的颜色顶点着色器使用了 vec3 类

图 4.11　颜色插值四边形

型的 aPosition 和 vec4 类型的 aColor 这两个 attribute 变量，那么我们的顶点缓冲区中必须也要有这两种类型的顶点属性数据。

（3）顶点缓冲区中的顶点属性数据的内存布局采用何种策略？以颜色着色器的顶点属性为例子，假设 WebGLBuffer 中存储了 3 个顶点，那么可以有以下 3 种存储顶点的方式：

- 将所有顶点属性存储在一个 WebGLBuffer 对象中，并且使用如图 4.12A 这种 xyzrgba 格式作为一个顶点，被称为交错数组（Interleaved Array）存储方式。
- 将所有顶点属性存储在一个 WebGLBuffer 对象中，但是使用如图 4.12B 这种方法，先存储所有的位置坐标值（xyz），然后再存储所有的颜色（rgba），这种方式可以称为顺序数组（Sequenced Array）存储方式。
- 选择每种顶点属性存储在单独的一个 WebGLBuffer 对象中，如图 4.12C 所示，颜色的顶点着色器因为有位置坐标和颜色值，因此需要两个 WebGLBuffer 对象来存储相关的数据。

图 4.12 中的大写字母含义如下：
- V 是顶点 Vertex 的缩写；
- P 是 Position 的缩写，表示顶点的位置坐标，其类型为 3 个 float 类型的浮点数（或 vec3 类型）；
- C 是 Color 的缩写，表示顶点的颜色信息，由 4 个 float 类型的浮点数组成（或 vec4 类型），分别存储颜色的 r/g/b/a 信息，其中 r/g/b/a 的取值范围为 0.0～1.0 之间。

A：交错数组存储方式

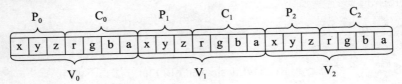

B：顺序数组存储方式

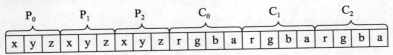

C：独立数组存储方式

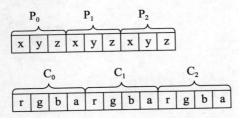

图 4.12　顶点属性的内存存储布局图

（4）WebGLBuffer 被创建时，是使用哪种 usage 来分配内存或显存？如表 4.3 所示，如果是静态场景或物体，就要用 gl.STATIC_DRAW 方式进行存储分配，如果是动态物体并且要重用某个 WebGLBuffer 的话，就使用 gl.DYNAMIC_DRAW 常量值。四边形 Demo 会重用一个 WebGLBuffer 对象来绘制不同的基本几何图元，因此使用 gl.DYNAMIC_DRAW 方式。

4.3.10　Interleaved 数组的存储、寻址及绘制

前面提到了三种内存存储（布局）方式来存储相关顶点属性数据并且进行绘制操作。本节只了解最常用的 Interleaved 数组存储方式相关的内容，其他两种数据存储方式将在下一章中通过封装一个 GLMeshBase 对象来详解。

首先在 BasicWebGLApplication 中增加如下两个成员变量，并在构造函数中进行初始化。

```
// 成员变量声明
public verts: TypedArrayList<Float32Array>;      // 使用第 2 章中实现的动态类型
                                                  数组，我们会重用该数组

public ivbo: WebGLBuffer;                         // i 表示interleaved Array 存储方式
```

```
// 构造函数中初始化这两个变量
// 初始化需要不断被重用的动态类型数组
this.verts = new TypedArrayList( Float32Array, 6 * 7 );
// interleavedArray 存储的 VBO 对象创建
this.ivbo = GLHelper.createBuffer( this.gl );
```

然后实现一个名为 drawRectByInterleavedVBO 的方法。下面来分解一下该方法的代码：

（1）声明 Interleaved 存储的数据，并将数据填充到动态类型数组中。代码如下：

```
// 重用动态数组，因此调用 clear 方法，将当前索引 reset 到 0 位置
this.verts.clear();
// 声明 interleaved 存储的顶点数组。
let data:number [] = [
    // 第一个三角形顶点数据，每一行表示 x y z r g b a
    -0.5, -0.5, 0, 1, 0, 0, 1,           // 左下    v0
    0.5, -0.5, 0, 0, 1, 0, 1,            // 右下    v1
    0.5, 0.5, 0, 0, 0, 1, 0,             // 右上    v2
    // 第二个三角形顶点数据
    0.5, 0.5, 0, 0, 0, 1, 0,             // 右上    v2
    -0.5, 0.5, 0, 0, 1, 0, 1,            // 左上    v3
    -0.5, -0.5, 0, 1, 0, 0, 1            // 左下    v0
];
// interleaved 数据载入到动态类型数组中
this.verts.pushArray( data );
```

关于 data 变量，有两点要说明一下：

- WebGL（及 OpenGL ES）仅支持点、线及三角形这 3 种基本图元进行光栅化操作，并且当前也没有使用索引缓冲区（gl.ELEMENT_ARRAY_BUFFER），因此需要使用两个三角形（6 顶点）来拼装成一个四边形。OpenGL 则可以使用 GL_QUADS 或 GL_POLYGON 直接绘制四边形或多边形。
- WebGL 属于右手坐标系，顶点的声明顺序必须是符合右手定则，因此每个三角形都是以逆时针方向定义顶点数据的（参考图 4.11）。

（2）使用 bindBuffer 方法激活要使用的 WebGLBuffer 对象，并将动态类型数组中的数据上传到 WebGLBuffer 对象中。具体代码如下：

```
// 将 ivbo 设置为当前激活的 buffer 对象，后续 buffer 相关操作都是针对 ivbo 进行的
this.gl.bindBuffer( this.gl.ARRAY_BUFFER, this.ivbo );
// 使用我们自己实现的动态类型数组的 subArray 方法，该方法不会重新创建 Float32Array
    对象
// 而是返回一个子数组的引用，这样效率比较高
// 由于我们后续要复用 ivbo 对象，因此使用 DYNAMIC_DRAW
this.gl.bufferData( this.gl.ARRAY_BUFFER, this.verts.subArray(), this.
gl.DYNAMIC_DRAW );
```

（3）当使用 WebGLBuffer 存储好数据后，需要解决的一个问题是：如何将 WebGLBuffer 中的顶点属性数据和 GPU 中的 Vertex Shader 的 attribute 变量相关联。WebGL 中提供了以下两个方法来处理上述问题：

```
vertexAttribPointer(index: GLuint, size: GLint, type: GLenum, normalized:
GLboolean, stride: GLsizei, offset: GLintptr): void;
enableVertexAttribArray(index: GLuint): void;
```

其中，vertexAttribPointer 方法的参数比较复杂。我们先来看一下如何调用 vertexAttribPointer 方法，该方法的前 4 个参数在注释中比较详细了，而最后两个参数需要结合图 4.12 来讲解，具体代码如下：

```
// vertexAttribPointer 方法参数说明:
    // 1. 使用 VertexShader 中的 attribue 变量名 aPosition，在 attribMap 中查找到
        我们自己封装的 GLAttribInfo 对象，该对象中存储了顶点属性寄存器的索引号
    // 2. aPosition 的类型为 vec3，而 vec3 由 3 个 float 类型组成，因此第二个参数为 3，
        第三个参数为 gl.FLOAT 常量值
    // 但是 aColor 的类型为 vec4，而 vec4 由 4 个 float 类型组成，因此第二个参数为 4，
        第三个参数为 gl.FLOAT 常量值
    // 3. 第 4 个参数用来指明 attribe 变量是否使用需要 normalized，由于 normalize
        只对 gl.BYTE / gl.SHORT [-1，1]和 gl.UNSIGNED_BYTE / gl.UNSIGNED_SHORT
        [ 0，1 ]有效，而我们的 aPosition 和 aColor 在 WebGLBuffer 被定义为 FLOAT
        表示的 vec3 和 vec4，因此直接设置 false
    // 4. 关于最后两个参数，需要参考图 4.12，因此请参考本书内容
    this.gl.vertexAttribPointer( this.attribMap[ "aPosition" ].location,
3, this.gl.FLOAT, false, Float32Array.BYTES_PER_ELEMENT * 7, 0 );
    this.gl.vertexAttribPointer( this.attribMap[ "aColor" ].location, 4,
this.gl.FLOAT, false, Float32Array.BYTES_PER_ELEMENT * 7, 12 );

    // 默认情况下是关闭 vertexAttrbArray 对象的，因此需要开启
    // 一旦开启后，当调用 draw 开头的 WebGL 方法时，WebGL 驱动会自动将 VBO 中的顶点数
        据上传到对应的 Vertex Shader 中
    this.gl.enableVertexAttribArray( this.attribMap[ "aPosition" ].location );
    this.gl.enableVertexAttribArray( this.attribMap[ "aColor" ].location );
```

接下来讲一下 stride 参数和 offset 参数。首先一定要记住，这些参数是以字节（Byte）为单位的。

stride 参数：参考图 4.12 中 A 部分的图示，V0 到 V2 都是由位置坐标 vec3 和颜色值 vec4 组成的，而 vec3 和 vec4 每个分量都是 gl.FLOAT 类型，共计 7 个分量，每个 gl.FLOAT 由 4 个字节组成，因此每个顶点的 stride 为 7×4=8 个字节（我们可以使用 Float32Array. BYTES_PER_ELEMENT 获取 gl.FLOAT 的字节数）。

offset 参数：依旧参考图 4.12 中 A 部分的图示，顶点位置坐标的首地址偏移为 0，而颜色值的首地址偏移量是在[x，y，z]坐标之后，因此 3×4=12 就是颜色值的首地址 offset 了。

当使用 enableVertexAttribArray 方法开启对应的顶点属性，并且调用 draw 开头的方法（gl.drawArrays 和 gl.drawElements）后，WebGL 驱动会自动将 WebGLBuffer 中的数据上传到 Vertex Shader 中，进行顶点和片段着色计算，最终显示到目标设备上。

🔔注意：切记一点，vertexAttribPointer 和 enableVertexAttribArray 必须在 bindBuffer 方法调用后才能起作用。

（4）进入绘制阶段，代码如下：

```
// 绘制阶段
this.gl.useProgram( this.program );          // 绘制前必须设置要使用的 WebGLProgram
                                             // 对象
// 将 vMVPMatrix uniform 变量上传（upload）到着色器中
this.gl.uniformMatrix4fv( this.uniformMap[ "uMVPMatrix" ].location, false,
this.viewProjectMatrix.values );
// 调用 drawArrays 对象
this.gl.drawArrays( this.gl.TRIANGLES, 0, 6 );          // 几个顶点
// 在调用 draw 方法后，要将渲染状态恢复到未设置之前
this.gl.useProgram( null );
this.gl.disableVertexAttribArray( this.attribMap[ "aPosition" ].location );
this.gl.disableVertexAttribArray( this.attribMap[ "aColor" ].location );
this.gl.bindBuffer( this.gl.ARRAY_BUFFER, null );
```

通过上述代码可知，如果要绘制四边形，需要先使用 useProgram(program: WebGL
Program | null): void 方法设置当前活动的 WebGLProgram，接着通过使用 uniform 开头的
方法将相关数据上传到着色器中，然后需要使用 drawArrays 方法进行渲染数据的提交，之
后会将结果显示到目标设备上，显示完成后做清理工作，最后将渲染状态恢复到设置前。

关于 draw 方法后面会经常用到，具体用法后续再说，这里先了解一下 uniform 相关的
函数。在 WebGL 中，提供了 19 个 uniform 开头的方法，我们就看一下 4 个具有代表性的
方法，其他方法类似。

```
// 载入参数为 3 个 float 类型的数据
uniform3f(location: WebGLUniformLocation | null, x: GLfloat, y: GLfloat,
z: GLfloat): void;
// 载入参数为 float 类型、长度为 3 的数组或类型数组
uniform3fv(location: WebGLUniformLocation | null, v: Float32List): void;
// 载入参数为 3 个 int 类型的数据
uniform3i(location: WebGLUniformLocation | null, x: GLint, y: GLint, z:
GLint): void;
// 载入参数为 int 类型、长度为 3 的数组或类型数组
uniform3iv(location: WebGLUniformLocation | null, v: Int32List): void;
```

最后在 render 虚方法中调用 drawRectByInterleavedVBO 后，就能显示图 4.11 所示的
效果。

4.3.11　drawArrays 绘制基本几何图元

在上一节中，使用 gl.drawArrays(this.gl.TRIANGLES, 0, 6)绘制了两个三角形
（gl.TRIANGLES），来看一下 drawArrays 的方法原型：

```
drawArrays(mode: GLenum, first: GLint, count: GLsizei): void;
```

其中，参数 mode 表示需要绘制的图元类型，WebGL 中提供了 7 种基本图元，分别是：
POINT、LINES、LINE_LOOP、LINE_STRIP、TRIANGLES、TRIANGLE_FAN 和

TRIANGLE_STRIP。实际上可以分为点、线及三角形大类。参数 first 指定从哪个点开始绘制，参数 count 指定绘制时需要几个点。

⚠ **注意**：在 drawArrays 方法中，first 和 count 是以要绘制的点为单位。

下面来修改一下 drawRectByInterleavedVBO 方法，增加 first 和 count 参数，然后将方法内的 drawArrays 使用 first 和 count 参数（this.gl.drawArrays(this.gl.TRIANGLES, first, count)）代替。接着我们如下方式调用：

```
this.drawRectByInterleavedVBO(3,3);
this.drawRectByInterleavedVBO(0,3);
```

当运行上述代码后，会获得图 4.13 中左中和左上所示的三角形。接着继续扩展一下 drawRectByInterleavedVBO，增加对 WebGL 其他 6 种基本图元类型的支持，因此需要添加 mode 参数，完整代码如下：

```
public drawRectByInterleavedVBO ( first: number, count: number, mode: number
= this.gl.TRIANGLES ): void {
  this.verts.clear();
  let data: number[];

  // TRIANGLES 需要六个顶点
  if ( mode === this.gl.TRIANGLES ) {
    data = [
      -0.5, -0.5, 0, 1, 0, 0, 1,        // 左下 0
      0.5, -0.5, 0, 0, 1, 0, 1,         // 右下  1
      0.5, 0.5, 0, 0, 0, 1, 0,          // 右上     2
      0.5, 0.5, 0, 0, 0, 1, 0,          // 右上     2
      -0.5, 0.5, 0, 0, 1, 0, 1,         // 左上    4
      -0.5, -0.5, 0, 1, 0, 0, 1         // 左下  0
    ];
  }
  else {                // 除了 TRIANGLES 为，其他基本形体绘制 rect 的话，只要 4 个顶点
    data = [
      -0.5, -0.5, 0, 1, 0, 0, 1,        // 左下 0
      0.5, -0.5, 0, 0, 1, 0, 1,         // 右下  1
      0.5, 0.5, 0, 0, 0, 1, 0,          // 右上     2
      -0.5, 0.5, 0, 0, 1, 0, 1,         // 左上     3
    ]
  }
  this.verts.pushArray(
    data
  );
  this.gl.bindBuffer( this.gl.ARRAY_BUFFER, this.ivbo );
  this.gl.bufferData( this.gl.ARRAY_BUFFER, this.verts.subArray(),
 this.gl.DYNAMIC_DRAW );
    this.gl.vertexAttribPointer( this.attribMap[ "aPosition" ].location,
3, this.gl.FLOAT, false, Float32Array.BYTES_PER_ELEMENT * 7, 0 );
    this.gl.vertexAttribPointer( this.attribMap[ "aColor" ].location, 4,
this.gl.FLOAT, false, Float32Array.BYTES_PER_ELEMENT * 7, 12 );
```

```
    this.gl.enableVertexAttribArray( this.attribMap[ "aPosition" ].location );
    this.gl.enableVertexAttribArray( this.attribMap[ "aColor" ].location );
    this.gl.useProgram( this.program );
    this.gl.uniformMatrix4fv( this.uniformMap[ "uMVPMatrix" ].location,
false, this.viewProjectMatrix.values );
    // 使用三个参数变量绘制基本几何形体
    this.gl.drawArrays( mode, first, count ); // 几个顶点
    this.gl.useProgram( null );
    this.gl.disableVertexAttribArray( this.attribMap[ "aPosition" ].location );
    this.gl.disableVertexAttribArray( this.attribMap[ "aColor" ].location );
    this.gl.bindBuffer( this.gl.ARRAY_BUFFER, null );
}
```

当我们使用 WebGL 中的基本图元类型参数调用上述方法后得到图 4.13 所示结果。

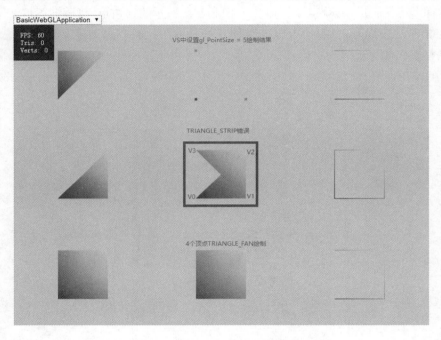

图 4.13　WebGL 中的基本几何图元绘制效果图

4.3.12　详解基本几何图元

在 drawRectByInterleavedVBO 中使用 gl.TRIANGLES，需要 6 个顶点绘制两个三角形，而 gl.TRIANGLE_FAN 和 gl.TRIANGLE_STRIP 只需要 4 个顶点绘制同样的四边形。

gl.TRIANGLES 非常容易理解，而 gl.TRIANGLE_FAN（三角扇）也不难理解。如图 4.14 所示，绘制一组相互衔接的三角形，每个三角形的顶点由[V0 , Vn-1 , Vn]组成，其中 n 属于 0 based 并且 $n \geq 2$。例如当 $n = 2$ 时，表示第一个三角形[V0 , V1 , V2]，$n = 3$

时，表示第二个三角形[V0 , V2 , V3]，以此类推，最后一个三角形为[V0 , V4 , V5]。

🔔**注意**：图 4.14 来自于本书的姊妹书《TypeScript 图
形渲染实战：2D 架构设计与实现》中的插图，
该插图是使用 Canvas2D 绘制的，由于
Canvas2D 使用左手坐标系，因此该图的顶点
顺序为顺时针，而 WebGL 使用右手坐标系，
默认顶点顺序为逆时针方向。对于上述数学表
达式来说，和左、右手系无关。

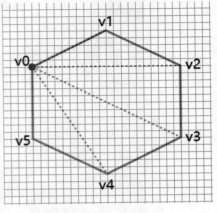

图 4.14　TRIANGLE_FAN 效果图

接下来说一下 gl.TRIANGL_STRIP（三角带）。
参考图 4.13 正中间加框的图示，三角带绘制发生错误。
我们从数学的角度来看一下错误产生的原因。对于一
个三角带来说，n 表示 0 based 的顶点索引号，n 必须 $\geqslant$
2，那么：

- 如果 n 为奇数时，其三角形为[Vn-1 , Vn-2 , Vn]。
- 如果 n 为偶数时，其三角形为[Vn-2 , Vn-1 , Vn]。

如图 4.13 所示，当 n 为 2 时，是偶数，所以第一个三角形为[V0 , V1 , V2] 。当 n 为
3 时，是奇数，所以第二个三角形应该为[V2 , V1 , V3]，因此绘制出来的效果不正确。

如果要正确地绘制，必须要调整顶点的顺序，在 drawRectByInterleavedVBO 方法中增
加一段处理 gl.TRIANGLE_STRIP 的代码，具体如下：

```
if ( mode === this.gl.TRIANGLES ) {
   data = [.................. ];
}else if ( mode === this.gl.TRIANGLE_STRIP ) {
   // 对三角带使用如图 4.15 所示的顶点顺序
data = [
     -0.5, 0.5, 0, 0, 1, 0, 1,         // 左上 0
     -0.5, -0.5, 0, 1, 0, 0, 1,        // 左下 1
     0.5, 0.5, 0, 0, 0, 1, 0,          // 右上 2
     0.5, -0.5, 0, 0, 1, 0, 1,         // 右下 3
   ];
}
else {
   data = [
     -0.5, -0.5, 0, 1, 0, 0, 1,        // 左下 0
     0.5, -0.5, 0, 0, 1, 0, 1,         // 右下 1
     0.5, 0.5, 0, 0, 0, 1, 0,          // 右上 2
     -0.5, 0.5, 0, 0, 1, 0, 1,         // 左上 3
   ]
}
```

当运行上述代码后，就能得到如图 4.15 所示的正确结果了。

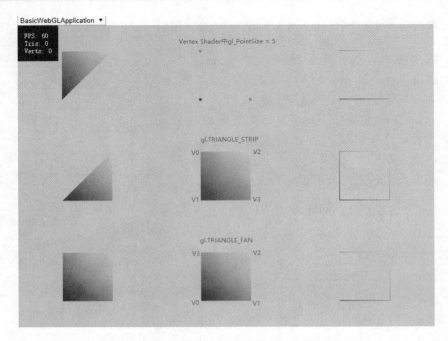

图 4.15　WebGL 中基本几何图元正确的绘制效果图

接下来看一下线段相关的图元。如图 4.15 所示,其顶点声明顺序和 gl.TRIANGLE_FAN 一致,其中:

图 4.15(右上)使用 gl.LINES(线段)绘制所得,2 个顶点生成一条线段,因此绘制的是[v0 , v1]及[v2 , v3]这两条线段。

图 4.15(右中)使用 gl.LINE_LOOP(封闭线段)绘制所得,[Vn , Vn+1]生成一条线段,自动会首尾相连,形成封闭几何体。

图 4.15(右下)使用 gl.LINE_STRIP(折线段)绘制所得,[Vn , Vn+1]生成一条线段,最后一个顶点不会和第一个顶点相连。

最后来看一下图 4.15(中上)使用 gl.POINTS 常量值显示的点集图元,这很容易理解。

🔔注意:默认情况下,使用 1 个像素来绘制点或线段。但是我们可以使用 Vertex Shader 中内置的 gl_PointSize 变量来设置绘制点的直径,例如图 4.15 绘制的点的 gl_PointSize 被设置为 5.0 个像素。千万要记住,gl_PointSize 必须要设置为浮点数,如果被设置为整数,则会弹出 GLSL ES 编译错误信息。如果要绘制超过 1 个像素宽度的线段,可以调用 WebGLRenderingContext 对象的 lineWidth 方法。但是很遗憾,除了 Safari 浏览器外,其他浏览器(笔者测试过 Chrome、Edge、Firefox、Opera)都不支持超过 1 个像素宽度的线段的渲染。

4.3.13 drawElements 绘制方法

前面使用了 WebGLRenderingContext 中的 drawArrays 方法，使用类型为 gl.ARRAY_BUFFER 的 WebGLBuffer 对象来绘制基本几何图元。参考图 4.11，以绘制 gl.TRAINGLES 为例子，你会发现要显示一个四边形要使用 6 个顶点数据，其中顶点 V0 和 V2 需要重复输入。

对于颜色着色的四边形来说，每个顶点使用 28 个字节。重复输入一次 V0 和 V2，意味着需要多使用 56 个字节。

如果要减少内存或显存的使用量，可以在顶点缓存中存储没有重复的顶点属性数据，同时引入索引缓存机制，使用 gl.ELEMENT_ARRAY_BUFFER 类型的 WebGLBuffer 对象，该对象中存储的是类型为 gl.UNSIGNED_SHORT（2 字节）的索引数据。顶点缓存和索引缓存存储的代码如下：

```
// 顶点缓存中的数据
[
    -0.5, -0.5, 0, 1, 0, 0, 1,      // 左下 0
    0.5, -0.5, 0, 0, 1, 0, 1,       // 右下 1
    0.5, 0.5, 0, 0, 0, 1, 0,        // 右上 2
    -0.5, 0.5, 0, 0, 1, 0, 1,       // 左上 3
]
// 索引缓存中的数据，一个四边形由两个三角形组成，每个三角形使用 3 个索引
// 每个三角形都是以逆时针方式排列索引，请参考图 4.11
[ 0, 1, 2, 0, 2, 3 ]
```

在上述存储结构中，我们在顶点索引中减少了 56 个字节（去掉两个重复顶点的字节数），增加了 2×6 = 12 个字节的索引缓存数据（一个四边形由 6 个索引组成，每个索引的数据类型为 gl.UNSIGNED_SHORT，占 2 个字节），合计减少 56 - 12 = 44 个字节的内存或显存消耗。这仅仅是针对一个四边形而已，在 3D 中，由 gl.TRIANGLES 组成的渲染网格对象（Mesh）可以成千上万，在这种情况下，能非常显著地降低内存显存消耗。

可能有人会说，gl.TRIANGLE_FAN 或 gl.TRIANGLE_STRIP 在不需要索引缓存的情况下也能使用 4 个顶点表示一个四边形。这是因为四边形很简单，非常容易做三角扇分解或三角带分解，但是在一些复杂的网格对象（Mesh）中是很难进行三角扇或三角带分解的，而顶点缓存加索引缓存是权衡下来性价比最高，效率和内存达到平衡的最优解，因此是使用最普遍的一种存储渲染方式。后续看到的所有网格对象（Quake3 / Doom3 场景、MD5 骨骼动画等）都是以顶点和索引方式存储和渲染的。

接下来实现一个名为 drawRectByInterleavedVBOWithEBO 的方法，使用顶点和索引缓存方式绘制 3 种三角形基本几何图源，代码如下：

```
// 1. BasicWebGLApplication 增加 EBO
   public evbo: WebGLBuffer;                    // e 表示 gl.ELEMENT_ARRAY_BUFFER
   public indices: TypedArrayList<Uint16Array>;           // 索引缓存的数据
// 2. 构造函数中初始化 EBO 相关成员变量
   this.indices = new TypedArrayList( Uint16Array, 6 );
   this.evbo = GLHelper.createBuffer( this.gl );
// 3. 实现 drawRectByInterleavedVBOWithEBO 方法
   public drawRectByInterleavedVBOWithEBO ( byteOffset: number, count:
number, mode: number = this.gl.TRIANGLES ): void {
       this.verts.clear();
       this.verts.pushArray(
           [
               -0.5, -0.5, 0, 1, 0, 0, 1,      // 左下 0
               0.5, -0.5, 0, 0, 1, 0, 1,       // 右下 1
               0.5, 0.5, 0, 0, 0, 1, 0,        // 右上 2
               -0.5, 0.5, 0, 0, 1, 0, 1,       // 左上 3
           ]
       );

       // 请关注 EBO 相关代码
       // 清空索引类型数组
       this.indices.clear();
       if ( mode === this.gl.TRIANGLES || this.gl.TRIANGLE_FAN ) {
           // 如果是 TRIANGLES 或 TRIANGLE_FAN 方式，我们的索引按照 TRIANGLE_FAN
              方式排列
           this.indices.pushArray( [ 0, 1, 2, 0, 2, 3 ] );
       } else if ( mode === this.gl.TRIANGLE_STRIP ) {
           // 如果是 TRIANGLE_STRIP 方式，
           this.indices.pushArray( [ 0, 1, 2, 2, 3, 0 ] );
       } else {
           // 简单起见，本方法就只演示三角形相关内容
           return;
       }
       // 绑定 VBO
       this.gl.bindBuffer( this.gl.ARRAY_BUFFER, this.ivbo );
       this.gl.bufferData( this.gl.ARRAY_BUFFER, this.verts.subArray(),
this.gl.DYNAMIC_DRAW );
       this.gl.vertexAttribPointer( this.attribMap[ "aPosition" ].location,
3, this.gl.FLOAT, false, Float32Array.BYTES_PER_ELEMENT * 7, 0 );
       this.gl.vertexAttribPointer( this.attribMap[ "aColor" ].location,
4, this.gl.FLOAT, false, Float32Array.BYTES_PER_ELEMENT * 7, 12 );
       this.gl.enableVertexAttribArray(this.attribMap[ "aPosition" ].location );
       this.gl.enableVertexAttribArray(this.attribMap[ "aColor" ].location );
       // 绑定 EBO
       this.gl.bindBuffer( this.gl.ELEMENT_ARRAY_BUFFER, this.evbo );
```

```
      this.gl.bufferData( this.gl.ELEMENT_ARRAY_BUFFER, this.indices.
subArray(), this.gl.DYNAMIC_DRAW );
      this.gl.useProgram( this.program );
      let mat: mat4 = new mat4().scale( new vec3( [ 2, 2, 2 ] ) );
      mat4.product( this.viewProjectMatrix, mat, mat );
      this.gl.uniformMatrix4fv( this.uniformMap[ "uMVPMatrix" ].location,
false, mat.values );
      // 调用 drawElements 方法
      this.gl.drawElements( mode, count, this.gl.UNSIGNED_SHORT, byteOffset);
      this.gl.useProgram( null );
      this.gl.disableVertexAttribArray( this.attribMap[ "aPosition" ].
location );
      this.gl.disableVertexAttribArray( this.attribMap[ "aColor" ].
location );
      this.gl.bindBuffer( this.gl.ARRAY_BUFFER, null );
    }
```

使用 WebGL 中的另外一个绘制方法 drawElements 来绘制顶点缓存和索引缓存存储的渲染数据，该方法的原型如下：

```
drawElements(mode: GLenum, count: GLsizei, type: GLenum, offset: GLintptr):
void;
```

调用 drawElements 方法前必须要先绑定顶点缓存和索引缓存，其中：

- mode 参数是基本图元类型，可以是 WebGL 支持的 7 个基本几何图元之一。
- count 参数表示要绘制的索引缓存的个数。如果你想绘制一个四边形，就指定为 6，如果想绘制四边形中的某个三角形，就指定为 3。
- type 参数表示存储在索引缓存中的元素的数据类型，可以是 gl.UNSIGNED_BYTE（1 个字节，索引表示范围为[0 , 255]）或 gl.UNSIGNED_SHORT（2 个字节，索引表示范围为[0 , 65535]），一般使用 gl.UNSIGNED_SHORT。
- offset 参数指定索引缓存中以字节为单位的偏移量。

🔔注意：offset 参数是以字节为单位的偏移量。还是以上述的四边形为例子，假设要以 gl.TRIANGLES 方式绘制四边形的第二个三角形，那么可以使用这种方式来调用：this.gl.drawElements(this.gl.TRIANGLES, 3, this.gl.UNSIGNED_SHORT, 2 * Uint16Array.BYTES_PER_ELEMENT)，其中 offset 是从第 3 个索引开始，并且乘以 Uint16Array.BYTES_PER_ELEMENT，这样将索引号偏移转换成字节偏移。

可以用不同的 mode 方式及不同字节偏移方式调用 drawRectByInterleavedVBOWith EBO 方法，就能得到如图 4.16 所示的效果。

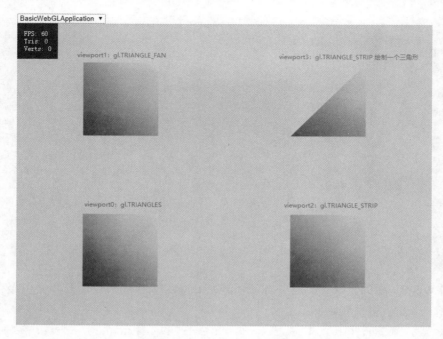

图 4.16　使用 drawElements 方法绘制三角形图元

4.4　本 章 总 结

　　本章首先介绍了 WebGL 1.0 中相关类的体系结构，然后通过一个使用纯颜色着色器绘制四边形的 Demo，以循序渐进的方式讲解了 WebGL 1.0 中的 WebGLContextAttributes、WebGLContextEvent、WebGLShader、WebGLProgram、WebGLShaderPrecisionFormat、WebGLActiveInfo、WebGLUniformLocation、WebGLBuffer 及 WebGLRenderingContext 这 9 个类的常用方法和使用流程。

　　然后简单地介绍了 WebGL 中所使用的 GLSL ES 语言的基础知识，主要涉及 attribute、uniform 和 varying 变量的相关知识点及 GLSL ES 中的各种数据类型（除表 4.1 中提到的数据类型外，加 sampler2D 和 samplerCube 这两个与纹理取样相关类型），以及 highp、mediump、lowp 和 precision 这些精度限定符相关的知识点。

　　WebGL 1.0 合计 13 个应用类，本章未涉及的有 WebGLTexture、WebGLRenderBuffer、WebGLFrameBuffer 及 WebGLVerextArrayObjectOES 这 4 个类，我们将在下一章中进行介绍，并且在下一章中会封装一个 WebGL 渲染框架，并将该框架用于后续的各种 WebGL 渲染 Application 中。

第5章　WebGLUtilLib 渲染框架

上一章中，我们通过一个使用纯颜色着色器绘制四边形的 Demo 了解了 WebGL 1.0 中的 WebGLContextAttributes、WebGLContextEvent、WebGLShader、WebGLProgram、WebGLShaderPrecisionFormat、WebGLActiveInfo、WebGLUniformLocation、WebGLBuffer 及 WebGLRenderingContext 这 9 个类的常用方法和使用流程。在使用这些类的过程中将一些常用的、具有固定使用流程的操作封装到了 GLHelper 类中。

本章继续延续上一章的内容，将上一章用到的一些关键类和关键操作封装成相应的类结构，并且将上一章没用到的两个关键类 WebGLTexture 及 WebGLVerextArrayObjectOES 进行二次封装，这样将形成 WebGLUtilLib 库类体系结构。

通过二次封装后，将获得一个使用方便的框架体系，用来演示后续各种有趣的 Demo。

5.1　WebGLUtilLib 框架类结构体系

如图 5.1 所示，我们自己封装的 WebGLUtilLib 框架可以分为如下几个部分。

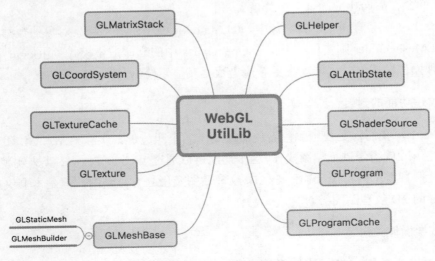

图 5.1　WebGLUtilLib 类体系结构图

1．辅助类GLHelper和GLAttribState

上一章中我们已经将一些常用的操作封装到 GLHelper 类中了。GLHelper 类封装常用的、最底层的 WebGL 相关操作。

GLAttribState 封装顶点属性相关的操作方法，和 GLHelper 一样，该类都是静态方法，整个 WebGLUtilLib 的其他类都是建立在这两个静态辅助类的基础上。

2．GLSL ES着色器封装

这部分由 GLShaderSource、GLProgram 及 GLProgramCache 这 3 个类组成。从名称可知，GLShaderSource 存储的是本书常用的、使用字符串表示的 VertexShader 和 Fragment Shader 源码，如果想增加其他各种功能的着色器源码，都可以放在 GLShaderSource 中。

GLProgram 是着色器封装的核心类，该类用来 GLSL ES 源码的编译、链接、绑定及 uniform 变量载入等操作。

GLProgramCache 类使用单例设计模式，用来存储本书常用的两个预先编译好的 GLProgram 对象 ColorProgram 和 TextureProgram。如果你要增加 GLProgram，可以添加到 GLProgramCache 类中，这样可以全局直接使用预先编译链接好的 GLProgram 对象。

3．GLMesh网格对象的封装

GLMesh 网格是渲染数据源，其中，GLMeshBase 是一个抽象基类，内部使用 OES_vertex_array_object（即 WebGLVerextArrayObjectOES 对象，缩写为 VAO）来管理顶点缓存和索引缓存，并提供了一些通用的操作。关于 VAO 相关知识点及为什么要使用 VAO，我们会在后面相应的章节中详解。

GLMeshBase 类有两个子类，其中，GLStatciMesh 用于静态场景对象的数据存储和绘制，而 GLMeshBuilder 则实现了类似于 OpenGL1.x 中的立即渲染模式（glBegin /glVertex / glEnd 这种操作模式），用于动态更新渲染数据及显示绘制。

4．纹理功能的封装

上一章中，我们只是使用颜色着色器绘制了一个四边形。实际上 WebGL 还支持在渲染物体上使用 2D 图像进行贴图操作,这个功能可以通过 WebGLTexture 类来实现。WebGL 1.0 中支持两种类型的贴图操作，即 2D 纹理贴图及由立方体贴图，但是本书仅封装名为 GLTexture 的 2D 纹理贴图类。

5．数学操作类封装

最后提供两个 WebGL 数学相关的类：GLCoordSystem 和 GLMatrixStack。其中，

GLCoordSystem 用来描述和显示 WebGL 的坐标系结构，在后续 3D 图形数学基础一章中会大量使用，通过 GLCoordSystem，可以形象地观察数学变换细节。

在 OpenGL 1.x 中内置了很好用的矩阵堆栈操作方法，但是在可编程渲染管线中（OpenGL 2.0 / WebGL / OpenGL ES），将内置的矩阵堆栈功能去除掉了，因此我们自己实现矩阵堆栈的相关功能。在后续 Demo 中，会经常使用到 GLMatrixStack 矩阵堆栈对象。关于 GLCoordSystem 和 GLMatrixStack 的功能，将在下一章中实现。

以上简单介绍了 WebGLUtilLib 各个类的主要功能，接下来看一下 GLAttribState 类的实现。

5.2　GLAttribState 类的实现

在上一章中，我们在 GLHelper 类中实现了名为 getProgramActiveAttribs 的静态方法，该方法内部会调用 WebGLRenderingContext 对象的 getAttribLocation 方法获取例如以aPosition、aColor 为名称的 attribute 变量所关联的索引号。实际上，WebGL 还提供了如下一个原型方法：

```
bindAttribLocation( program: WebGLProgram, index: GLuint, name: string ):
void;
```

bindAttribLocation 方法可以显式地指定当前的 WebGLProgram 对象链接时，哪个 index 索引号对应某个 attribute 变量名。例如，我们可以指定（寄存器）索引号 0 为 aPosition 顶点属性，（寄存器）索引号 1 绑定为 aColor 顶点属性等。这样的好处是我们预先固定了变量寻址的顺序，有利于优化。

🔔注意：bindAttribLocation 方法必须在 WebGLProgram 链接（即调用 WebGLRendering Context 的 linkProgram 方法）之前调用，因此我们在 GLHelper 的 linkProgram 方法实现中提供了 beforeProgramLink 回调方法，我们可以在该回调方法中进行顶点属性名与寄存器索引号绑定操作。一旦预先绑定好索引号，那么就不需要再使用 getAttribLocation 方法了。

关于 Vertex Shader 中 attribute 顶点属性（寄存器）索引的数量，可使用如下代码获取：

```
// WebGLAttribState 中增加如下静态方法
public static getMaxVertexAttribs ( gl: WebGLRenderingContext ): number {
    return ( gl.getParameter( gl.MAX_VERTEX_ATTRIBS ) as number );
}
```

调用上述方法后，在笔者的计算机中显示 Vertex Shader 中最多可以使用 16 个 attribute 变量，其索引编号范围为 0～15 号。

5.2.1　预定义顶点属性常量值

在上一章也提到过，一般常用的顶点属性包括：位置坐标值、颜色值、纹理坐标值、法线值和切向量值等。因此我们就在 GLAttribState 类中预先将这些常用的顶点属性的索引号固定下来，声明如下一些常量值：

```
export class GLAttribState {
    // 顶点属性：位置坐标
    public static readonly POSITION_BIT: number = (1 << 0);
    public static readonly POSITION_COMPONENT: number = 3;
    public static readonly POSITION_NAME: string = "aPosition";
    public static readonly POSITION_LOCATION: number = 0;
    // 顶点属性：纹理坐标 0
    public static readonly TEXCOORD_BIT: number = (1 << 1);
    public static readonly TEXCOORD_COMPONENT: number = 2;
    public static readonly TEXCOORD_NAME: string = "aTexCoord";
    public static readonly TEXCOORD_LOCATION: number = 1;
    // 顶点属性：纹理坐标 1
    public static readonly TEXCOORD1_BIT: number = (1 << 2);
    public static readonly TEXCOORD1_COMPONENT: number = 2;
    public static readonly TEXCOORD1_NAME: string = "aTexCoord1";
    public static readonly TEXCOORD1_LOCATION: number = 2;
    // 顶点属性：法向量
    public static readonly NORMAL_BIT: number = (1 << 3);
    public static readonly NORMAL_COMPONENT: number = 3;
    public static readonly NORMAL_NAME: string = "aNormal";
    public static readonly NORMAL_LOCATION: number = 3;
    // 顶点属性：切向量
    public static readonly TANGENT_BIT: number = (1 << 4);
    public static readonly TANGENT_COMPONENT: number = 4; // x y z w vec4
    public static readonly TANGENT_NAME: string = "aTangent";
    public static readonly TANGENT_LOCATION: number = 4;
    // 顶点属性：颜色
    public static readonly COLOR_BIT: number = (1 << 5);
    public static readonly COLOR_COMPONENT: number = 4; // r g b a vec4
    public static readonly COLOR_NAME: string = "aColor";
    public static readonly COLOR_LOCATION: number = 5;
    // float 类型和 uint16 类型的字节长度
    public static readonly FLOAT32_SIZE = Float32Array.BYTES_PER_ELEMENT;
    public static readonly UINT16_SIZE = Uint16Array.BYTES_PER_ELEMENT;
}
```

由上述代码可知，每个顶点属性使用 4 个常量值来描述相关的信息。具体含义请参考表 5.1 的内容。

表 5.1　顶点属性的常量值含义

顶点属性	左移位数	二进制	component	数据类型	VS变量名	VS索引号	stride
位置坐标	1 << 0	00000001	3	vec3	aPosition	0	12
纹理坐标0	1 << 1	00000010	2	vec2	aTexCoord	1	8
纹理坐标1	1 << 2	00000100	2	vec2	aTexCoord1	2	8
法线值	1 << 3	00001000	3	vec3	aNormal	3	12
切线值	1 << 4	00010000	4	vec4	aTangent	4	16
颜色值	1 << 5	00100000	4	vec4	aColor	5	16

注意：为了简单起见，本书中顶点属性的每个分量（Component）的数据类型为 float，float 类型的字节长度为 Float32Array.BYTES_PER_ELEMENT（4 bytes），因此每个顶点属性的 stride 字节长度为 Component 数乘以 4 字节。同时每个索引缓存中的索引使用 Uint16 数据类型，其字节长度为 Uint16Array.BYTES_PER_ELEMENT（2 bytes）。

5.2.2　GLAttribState 类的 bit 位操作

参考表 5.1 的左移位数一列，该列标示每个顶点属性是否被使用的标记位值，旁边列则表示该顶点属性被使用时的二进制值，你会看到当 1 被左移 n 位时，其二进制从右开始数的第 n 位的值为 1，这属于位操作的相关知识点。

在说明如何使用这些按位标记值之前，先来定义个操作数结构，具体代码如下：

```
export type GLAttribBits = number;
```

上述代码使用了 TS 中的 type 关键字定义了 number 的类型别名：GLAttribBits。该类型别名用来追踪当前顶点结构使用了哪些属性。

如果要使用带有位置坐标及颜色值的顶点结构，可以使用按位与(|)位操作符来定义，具体代码如下：

```
let attibBits : GLAttribBits = GLAttribState.POSITION_BIT | GLAttrib
State.COLOR_BIT;
```

为了更加通用地表示，就封装一个顶点属性设置的静态方法，具体代码如下：

```
public static makeVertexAttribs (
        useTexcoord0: boolean,
        useTexcoord1: boolean,
        useNormal: boolean,
        useTangent: boolean,
        useColor: boolean ): GLAttribBits
    {
        // 不管如何，总是使用位置坐标属性
        let bits: GLAttribBits = GLAttribState.POSITION_BIT;
```

```
        // 使用 |= 操作符添加标记位
        if ( useTexcoord0 === true )
        {
            bits |= GLAttribState.TEXCOORD_BIT;
        }
        if ( useTexcoord1 === true )
        {
            bits |= GLAttribState.TEXCOORD1_BIT;
        }
        if ( useNormal === true )
        {
            bits |= GLAttribState.NORMAL_BIT;
        }
        if ( useTangent === true )
        {
            bits |= GLAttribState.TANGENT_BIT;
        }
        if ( useColor === true )
        {
            bits |= GLAttribState.COLOR_BIT;
        }
        return bits;
    }
```

可以使用 makeAttribStateBits 静态方法来设置要使用的顶点属性的位标记值，也可以使用如下几个方法来判断当前的 GLAttribBits 是否使用了某个顶点属性，具体代码如下：

```
// 使用按位与（&）操作符来测试否是包含某个位标记值
public static hasPosition ( attribBits: GLAttribBits ): boolean { return
( attribBits & GLAttribState.POSITION_BIT ) !== 0; }
public static hasNormal ( attribBits: GLAttribBits ): boolean { return
( attribBits & GLAttribState.NORMAL_BIT ) !== 0; }
public static hasTexCoord_0 ( attribBits: GLAttribBits ): boolean { return
( attribBits & GLAttribState.TEXCOORD_BIT ) !== 0; }
public static hasTexCoord_1 ( attribBits: GLAttribBits ): boolean { return
( attribBits & GLAttribState.TEXCOORD1_BIT ) !== 0; }
public static hasColor ( attribBits: GLAttribBits ): boolean { return
( attribBits & GLAttribState.COLOR_BIT ) !== 0; }
public static hasTangent ( attribBits: GLAttribBits ): boolean { return
( attribBits & GLAttribState.TANGENT_BIT ) !== 0; }
```

你会看到，使用按位操作符最大的好处是我们可以在一个类型位 number 的 32 位整数中表达 32 个 boolean 状态值，如果我们使用 boolean，则需要增加几十倍的内存消耗。（当然我们目前的顶点属性仅支持最常用的 6 种顶点属性值）。

5.2.3　getInterleavedLayoutAttribOffsetMap 方法

在 4.3.10 节中，我们提供了一张顶点属性数据内存（或显存）的布局图，该图显示了三种顶点属性数据在内存（或显存）中的布局方式。

接下来要实现这三种顶点属性布局方式的寻址相关算法，我们将计算后的结果存储在一个名为 GLAttribOffsetMap 的对象中，该对象的定义如下：

```
export type GLAttribOffsetMap = { [ key: string ]: number };
```

关于 GLAttribOffsetMap 中有哪些 key 和 value，最好的方式就是直接看一下如何得到交错存储的顶点属性数组的 GLAttribOffsetMap 对象。具体代码如下：

```
public static getInterleavedLayoutAttribOffsetMap ( attribBits:
GLAttribBits ): GLAttribOffsetMap
  {
      let offsets: GLAttribOffsetMap = {};        // 初始化顶点属性偏移表
      let byteOffset: number = 0;                 // 初始化时的首地址为 0
      if ( GLAttribState.hasPosition( attribBits ) )
      {
          // 记录位置坐标的首地址
          offsets[ GLAttribState.POSITION_NAME ] = 0;
          // 位置坐标由 3 个 float 值组成，因此下一个属性的首地址位 3 * 4 = 12 个
             字节处
          byteOffset += GLAttribState.POSITION_COMPONENT * GLAttribState.
FLOAT32_SIZE;
      }
      // 下面各个属性偏移计算算法同上，唯一区别是分量的不同而已
      if ( GLAttribState.hasNormal( attribBits ) )
      {
          offsets[ GLAttribState.NORMAL_NAME ] = byteOffset;
          byteOffset += GLAttribState.NORMAL_COMPONENT * GLAttribState.
FLOAT32_SIZE;
      }
      if ( GLAttribState.hasTexCoord_0( attribBits ) )
      {
          offsets[ GLAttribState.TEXCOORD_NAME ] = byteOffset;
          byteOffset += GLAttribState.TEXCOORD_COMPONENT * GLAttribState.
FLOAT32_SIZE;
      }
      if ( GLAttribState.hasTexCoord_1( attribBits ) )
      {
          offsets[ GLAttribState.TEXCOORD1_NAME ] = byteOffset;
          byteOffset += GLAttribState.TEXCOORD1_COMPONENT * GLAttribState.
FLOAT32_SIZE;
      }
      if ( GLAttribState.hasColor( attribBits ) )
      {
          offsets[ GLAttribState.COLOR_NAME ] = byteOffset;
          byteOffset += GLAttribState.COLOR_COMPONENT * GLAttribState.
FLOAT32_SIZE;
      }
      if ( GLAttribState.hasTangent( attribBits ) )
      {
          offsets[ GLAttribState.TANGENT_NAME ] = byteOffset;
          byteOffset += GLAttribState.TANGENT_COMPONENT * GLAttribState.
FLOAT32_SIZE;
      }
      // stride 和 length 相等
      offsets[ GLAttribState.ATTRIBSTRIDE ] = byteOffset;
```

```
                                        // 间隔数组方法存储的话，顶点的 stride 非常重要
        offsets[ GLAttribState.ATTRIBBYTELENGTH ] = byteOffset;
        return offsets;
}
// 其中上述两个常量定义如下
public static readonly ATTRIBSTRIDE: string = "STRIDE";
    public static readonly ATTRIBBYTELENGTH: string = "BYTELENGTH";
```

参考上述代码可以知道 GLAttribOffsetMap 中的 key 和 value 的具体含义和内容。

5.2.4　getSequencedLayoutAttribOffsetMap 方法

第二种存储顶点属性数据的方式是使用线性存储方式，其特点是：

• 和交错存储一样，使用一个 WebGLBuffer 对象存储所有顶点属性数据。
• 顺序存储时，先存储所有顶点的位置坐标数据，然后再依次存储其他顶点属性相关
数据。

代码实现如下：

```
public static getSequencedLayoutAttribOffsetMap ( attribBits: GLAttribBits,
vertCount: number ): GLAttribOffsetMap
    {
        let offsets: GLAttribOffsetMap = {};    // 初始化顶点属性偏移表
        let byteOffset: number = 0;             // 初始化时的首地址为 0
        if ( GLAttribState.hasPosition( attribBits ) )
        {
            // 记录位置坐标的首地址
            offsets[ GLAttribState.POSITION_NAME ] = 0;
            // 位置坐标由 3 个 float 值组成，因此下一个属性的首地址为 3 * 4 * 顶点
               数量
            byteOffset += vertCount * GLAttribState.POSITION_COMPONENT *
GLAttribState.FLOAT32_SIZE;
        }
        if ( GLAttribState.hasNormal( attribBits ) )
        {
            offsets[ GLAttribState.NORMAL_NAME ] = byteOffset;
            byteOffset += vertCount * GLAttribState.NORMAL_COMPONENT *
GLAttribState.FLOAT32_SIZE;
        }
        if ( GLAttribState.hasTexCoord_0( attribBits ) )
        {
            offsets[ GLAttribState.TEXCOORD_NAME ] = byteOffset;
            byteOffset += vertCount * GLAttribState.TEXCOORD_COMPONENT *
GLAttribState.FLOAT32_SIZE;
        }
        if ( GLAttribState.hasTexCoord_1( attribBits ) )
        {
            offsets[ GLAttribState.TEXCOORD1_NAME ] = byteOffset;
            byteOffset += vertCount * GLAttribState.TEXCOORD1_COMPONENT *
GLAttribState.FLOAT32_SIZE;
        }
```

```
        if ( GLAttribState.hasColor( attribBits ) )
        {
            offsets[ GLAttribState.COLOR_NAME ] = byteOffset;
            byteOffset += vertCount * GLAttribState.COLOR_COMPONENT *
GLAttribState.FLOAT32_SIZE;
        }
        if ( GLAttribState.hasTangent( attribBits ) )
        {
            offsets[ GLAttribState.TANGENT_NAME ] = byteOffset;
            byteOffset += vertCount * GLAttribState.TANGENT_COMPONENT *
GLAttribState.FLOAT32_SIZE;
        }
        //SequencedLayout 具有 ATTRIBSTRIDE 和 ATTRIBSTRIDE 属性
        offsets[ GLAttribState.ATTRIBSTRIDE ] = byteOffset / vertCount;
                        // 总的字节数 / 顶点数量　= 每个顶点的 stride, 实际上顺序
                        存储时不需要这个值
        offsets[ GLAttribState.ATTRIBBYTELENGTH ] = byteOffset;
                        // 总的字节数
        return offsets;
    }
```

5.2.5　getSepratedLayoutAttribOffsetMap 方法

最后一个存储方式是每个顶点属性数据使用一个 WebGLBuffer 对象，对于这种存储方式来说，其偏移值都是 0，代码如下：

```
public static getSepratedLayoutAttribOffsetMap ( attribBits: GLAttribBits ):
GLAttribOffsetMap
    {
        // 每个顶点属性使用一个 vbo 的话，每个 offsets 中的顶点属性的偏移都是为 0
        // 并且 offsets 的 length = vbo 的个数，不需要顶点 stride 和 byteLenth 属性
        let offsets: GLAttribOffsetMap = {};
        let byteOffset: number = 0;
        if ( GLAttribState.hasPosition( attribBits ) )
        {
            offsets[ GLAttribState.POSITION_NAME ] = 0;
        }
        if ( GLAttribState.hasNormal( attribBits ) )
        {
            offsets[ GLAttribState.NORMAL_NAME ] = 0;
        }
        if ( GLAttribState.hasTexCoord_0( attribBits ) )
        {
            offsets[ GLAttribState.TEXCOORD_NAME ] = 0;
        }
        if ( GLAttribState.hasTexCoord_1( attribBits ) )
        {
            offsets[ GLAttribState.TEXCOORD1_NAME ] = 0;
        }
        if ( GLAttribState.hasColor( attribBits ) )
        {
            offsets[ GLAttribState.COLOR_NAME ] = 0;
```

```
        }
        if ( GLAttribState.hasTangent( attribBits ) )
        {
            offsets[ GLAttribState.TANGENT_NAME ] = 0;
        }
        return offsets;
    }
```

5.2.6　getVertexByteStride 方法

有时需要通过 **GLAttribBits** 的值获取顶点属性以字节表示的 stride 值，因此提供了 getVertexByteStride 方法来计算并返回该值，代码如下：

```
public static getVertexByteStride ( attribBits: GLAttribBits ): number
    {
        let byteOffset: number = 0;
        if ( GLAttribState.hasPosition( attribBits ) )
        {
            byteOffset += GLAttribState.POSITION_COMPONENT * GLAttribState.
FLOAT32_SIZE;
        }
        if ( GLAttribState.hasNormal( attribBits ) )
        {
            byteOffset += GLAttribState.NORMAL_COMPONENT * GLAttribState.
FLOAT32_SIZE;
        }
        if ( GLAttribState.hasTexCoord_0( attribBits ) )
        {
            byteOffset += GLAttribState.TEXCOORD_COMPONENT * GLAttribState.
FLOAT32_SIZE;
        }
        if ( GLAttribState.hasTexCoord_1( attribBits ) )
        {
            byteOffset += GLAttribState.TEXCOORD1_COMPONENT * GLAttribState.
FLOAT32_SIZE;
        }
        if ( GLAttribState.hasColor( attribBits ) )
        {
            byteOffset += GLAttribState.COLOR_COMPONENT * GLAttribState.
FLOAT32_SIZE;
        }
        if ( GLAttribState.hasTangent( attribBits ) )
        {
            byteOffset += GLAttribState.TANGENT_COMPONENT * GLAttribState.
FLOAT32_SIZE;
        }
        return byteOffset;
    }
```

5.2.7　setAttribVertexArrayPointer 方法

当调用 getInterleavedLayoutAttribOffsetMap / getSequencedLayoutAttribOffsetMap / getSepratedLayoutAttribOffsetMap 这些方法的话，会返回 GLAttribOffsetMap 对象，该对象记录的相关属性就是为了让 setAttribVertexArrayPointer 方法使用的。下面来看一下这个方法的实现过程，代码如下：

```
public static setAttribVertexArrayPointer ( gl: WebGLRenderingContext,
offsetMap: GLAttribOffsetMap ): void
    {
        let stride: number = offsetMap[ GLAttribState.ATTRIBSTRIDE ];
        if ( stride === 0 )
        {
            throw new Error( "vertex Array 有问题！！" );
        }
        // sequenced 的话 stride 为 0
        if ( stride !== offsetMap[ GLAttribState.ATTRIBBYTELENGTH ] )
        {
            stride = 0;
        }
        if ( stride === undefined )
        {
            stride = 0;
        }
        let offset: number = offsetMap[ GLAttribState.POSITION_NAME ];
        if ( offset !== undefined )
        {
            gl.vertexAttribPointer( GLAttribState.POSITION_LOCATION,
GLAttribState.POSITION_COMPONENT, gl.FLOAT, false, stride, offset );
        }
        offset = offsetMap[ GLAttribState.NORMAL_NAME ];
        if ( offset !== undefined )
        {
            gl.vertexAttribPointer( GLAttribState.NORMAL_LOCATION,
GLAttribState.NORMAL_COMPONENT, gl.FLOAT, false, stride, offset );
        }
        offset = offsetMap[ GLAttribState.TEXCOORD_NAME ];
        if ( offset !== undefined )
        {
            gl.vertexAttribPointer( GLAttribState.TEXCOORD_LOCATION,
GLAttribState.TEXCOORD_COMPONENT, gl.FLOAT, false, stride, offset );
        }
        offset = offsetMap[ GLAttribState.TEXCOORD1_NAME ];
        if ( offset !== undefined )
        {
            gl.vertexAttribPointer( GLAttribState.TEXCOORD1_LOCATION,
GLAttribState.TEXCOORD1_COMPONENT, gl.FLOAT, false, stride, offset );
        }
        offset = offsetMap[ GLAttribState.COLOR_NAME ];
        if ( offset !== undefined )
```

```
      {
         gl.vertexAttribPointer( GLAttribState.COLOR_LOCATION,
GLAttribState.COLOR_COMPONENT, gl.FLOAT, false, stride, offset );
      }
      offset = offsetMap[ GLAttribState.TANGENT_NAME ];
      if ( offset !== undefined )
      {
         gl.vertexAttribPointer( GLAttribState.TANGENT_LOCATION,
GLAttribState.TANGENT_COMPONENT, gl.FLOAT, false, stride, offset );
      }
}
```

setAttribVertexArrayPointer 方法内部调用 WebGL 的 vertexAttribPointer 方法，关于该方法的详解，请参考 4.3.10 节的内容。

5.2.8　setAttribVertexArrayState 方法

接下来看一下 setAttribVertexArrayState 方法的实现，代码如下：

```
public static setAttribVertexArrayState ( gl: WebGLRenderingContext,
attribBits: number, enable: boolean = true ): void
   {
      if ( GLAttribState.hasPosition( attribBits ) )
      {
         if ( enable )
         {
            gl.enableVertexAttribArray( GLAttribState.POSITION_LOCATION );
         } else
         {
            gl.disableVertexAttribArray( GLAttribState.POSITION_LOCATION );
         }
      } else
      {
         gl.disableVertexAttribArray( GLAttribState.POSITION_LOCATION );
      }
      if ( GLAttribState.hasNormal( attribBits ) )
      {
         if ( enable )
         {
            gl.enableVertexAttribArray( GLAttribState.NORMAL_LOCATION );
         } else
         {
            gl.disableVertexAttribArray( GLAttribState.NORMAL_LOCATION );
         }
      } else
      {
         gl.disableVertexAttribArray( GLAttribState.NORMAL_LOCATION );
      }
      if ( GLAttribState.hasTexCoord_0( attribBits ) )
      {
         if ( enable )
         {
            gl.enableVertexAttribArray( GLAttribState.TEXCOORD_LOCATION );
```

```
            } else
            {
                gl.disableVertexAttribArray( GLAttribState.TEXCOORD_LOCATION );
            }
        } else
        {
            gl.disableVertexAttribArray( GLAttribState.TEXCOORD_LOCATION );
        }
        if ( GLAttribState.hasTexCoord_1( attribBits ) )
        {
            if ( enable )
            {
                gl.enableVertexAttribArray( GLAttribState.TEXCOORD1_LOCATION );
            } else
            {
                gl.disableVertexAttribArray( GLAttribState.TEXCOORD1_LOCATION );
            }
        } else
        {
            gl.disableVertexAttribArray( GLAttribState.TEXCOORD1_LOCATION );
        }
        if ( GLAttribState.hasColor( attribBits ) )
        {
            if ( enable )
            {
                gl.enableVertexAttribArray( GLAttribState.COLOR_LOCATION );
            } else
            {
                gl.disableVertexAttribArray( GLAttribState.COLOR_LOCATION );
            }
        } else
        {
            gl.disableVertexAttribArray( GLAttribState.COLOR_LOCATION );
        }
        if ( GLAttribState.hasTangent( attribBits ) )
        {
            if ( enable )
            {
                gl.enableVertexAttribArray( GLAttribState.TANGENT_LOCATION );
            } else
            {
                gl.disableVertexAttribArray( GLAttribState.TANGENT_LOCATION );
            }
        } else
        {
            gl.disableVertexAttribArray( GLAttribState.TANGENT_LOCATION );
        }
    }
```

　　setAttribVertexArrayState 方法内部调用 WebGL 上下文渲染对象的 enableVertexAttrib Array 和 disableVertexAttribAttribArray 方法，关于这两个方法的详解，请参考 4.3.10 节的内容。

5.3　GLProgram 相关类的实现

在上一章中已经详细地了解了 WebGLShader 类和 WebGLProgram 类的使用方法和流程，并且将一些关键的方法封装在了 GLHelper 类中。本节要实现的 GLProgram 类是进行更高层的封装，从而更加容易使用。

5.3.1　常用的 VS 和 FS uniform 变量

对于 Vertex Shader（缩写为 VS）和 Fragment Shader（缩写为 FS）来说，存在一些通用的 uniform 类型的变量，例如用于进行从局部坐标系变换到裁剪坐标系的矩阵变量，如果使用纹理贴图的话，FS 中最起码要有一个表示纹理取样器的 uniform 变量等。

对于这些常用的变量，就直接在 GLProgram 中声明为常量值。下面提供几个常用的 VS 和 FS uniform 字符串常量名，代码如下：

```
export class GLProgram
{
    // uniforms 相关定义
    //vs 常用的 uniform 命名
    public static readonly MVMatrix: string = "uMVMatrix";
                                                    // 模型视图矩阵
    public static readonly ModelMatrix: string = "uModelMatrix";
                                                    // 模型矩阵
    public static readonly ViewMatrix: string = "uViewMatrix"; // 视矩阵
    public static readonly ProjectMatrix: string = "uProjectMatrix";
                                                    // 投影矩阵
    public static readonly NormalMatrix: string = "uNormalMatrix";
                                                    // 法线矩阵
    public static readonly MVPMatrix: string = "uMVPMatrix";
                                                    // 模型_视图_投影矩阵
    public static readonly Color: string = "uColor";           // 颜色值
    //ps 常用的 uniform 命名
    public static readonly Sampler: string = "uSampler";    // 纹理取样器
    public static readonly DiffuseSampler: string = "uDiffuseSampler";
                                                    // 漫反射取样器
    public static readonly NormalSampler: string = "uNormalSampler";
                                                    // 法线取样器
    public static readonly SpecularSampler: string = "uSpecularSampler";
                                                    // 高光取样器
    public static readonly DepthSampler: string = "uDepthSampler";
                                                    // 深度取样器
}
```

注意：上述定义的常量字符串必须要和 GLSL ES 源码中定义的 uniform 变量名一致。

5.3.2　GLProgram 的成员变量和构造函数

GLProgram 类的成员变量和构造函数代码如下：

```
    public gl: WebGLRenderingContext;        // WebGL 上下文渲染对象
    public name: string;                     // program 名
    private _attribState: GLAttribBits;      // 当前的 Program 使用的顶点属性
                                             //  bits 值
    public program: WebGLProgram;            // 链接器
    public vsShader: WebGLShader;            // vertex shader 编译器
    public fsShader: WebGLShader;            // fragment shader 编译器
    // 主要用于信息输出
    public attribMap: GLAttribMap;
    public uniformMap: GLUniformMap;
public constructor ( context: WebGLRenderingContext, attribState:
GLAttribBits, vsShader: string | null = null, fsShader: string | null = null )
    {
        this.gl = context;
        this._attribState = attribState;      // 最好能从 shader 源码中抽取，目
                                              // 前暂时使用参数传递方式

        this.bindCallback = null;
        this.unbindCallback = null;
        // 创建 Vertex Shaders
        let shader: WebGLShader | null =
                GLHelper.createShader(this.gl,EShaderType.VS_SHADER);
        if ( shader === null )
        {
            throw new Error( "Create Vertex Shader Object Fail!!!" );
        }
        this.vsShader = shader;
        // 创建 Fragment Shader
        shader = null;
        shader = GLHelper.createShader(this.gl,EShaderType.FS_SHADER);
        if ( shader === null )
        {
            throw new Error( "Create Fragment Shader Object Fail!!!" );
        }
        this.fsShader = shader;
        // 创建 WebGLProgram 链接器对象
        let program: WebGLProgram | null = GLHelper.createProgram(this.gl);
        if ( program === null )
        {
            throw new Error( "Create WebGLProgram Object Fail!!!" );
        }
        this.program = program;

        // 初始化 map 对象
        this.attribMap = {};
```

```
        this.uniformMap = {};
        // 如果构造函数参数包含 GLSL ES 源码，就调用 loadShaders 方法
        // 否则需要在调用构造函数后手动调用 loadShaders 方法
        if ( vsShader !== null && fsShader !== null )
        {
            this.loadShaders( vsShader, fsShader );
        }
        this.name = name;
    }
```

5.3.3　loadShaders 方法

GLProgram 类的 loadShadersf 方法主要做 3 件事：

- 载入并编译 VS 和 FS。
- 使用 WebGLRenderingContext 对象的 bindAttribLocation 方法在链接前预先绑定顶点索引号。
- 链接 VS 和 FS。

loadShaders 的实现源码如下：

```
public loadShaders ( vs: string, fs: string ): void
    {
        if(GLHelper.compileShader(this.gl,vs,this.vsShader) === false){
         throw new Error(" WebGL 顶点 Shader 链接不成功! ");
        }
        if(GLHelper.compileShader(this.gl,fs,this.fsShader) === false){
         throw new Error(" WebGL 像素片段 Shader 链接不成功! ");
        }
        if(GLHelper.linkProgram(this.gl,this.program,this.vsShader,this.
fsShader,this.progromBeforeLink.bind(this),this.progromAfterLink.bind
(this)) === false){
            throw new Error(" WebGLProgram 链接不成功! ");
        }

        console.log( JSON.stringify( this.attribMap ) );
    }
```

上述代码中使用了 GLHelper 封装过的 compileShader 和 linkProgram 静态方法。由于绑定顶点属性索引号需要在链接 VS 和 FS 之前，因此可以定义在 beforeProgramLink 回调函数中，代码如下：

```
private progromBeforeLink(gl:WebGLRenderingContext,program:WebGLProgram):
void{
        // 链接前才能使用 bindAttribLocation 函数
        // 1. attrib 名字和 shader 中的命名必须要一致
        // 2. 数量必须要和 mesh 中一致
        // 3. mesh 中的数组的 component 必须固定
        if ( GLAttribState.hasPosition( this._attribState ) )
        {
```

```
                 gl.bindAttribLocation( program, GLAttribState.POSITION_
LOCATION, GLAttribState.POSITION_NAME );
         }
         if ( GLAttribState.hasNormal( this._attribState ) )
         {
                 gl.bindAttribLocation( program, GLAttribState.NORMAL_
LOCATION, GLAttribState.NORMAL_NAME );
         }
         if ( GLAttribState.hasTexCoord_0( this._attribState ) )
         {
                 gl.bindAttribLocation( program, GLAttribState.TEXCOORD_
LOCATION, GLAttribState.TEXCOORD_NAME );
         }
         if ( GLAttribState.hasTexCoord_1( this._attribState ) )
         {
                 gl.bindAttribLocation( program, GLAttribState.TEXCOORD1_
LOCATION, GLAttribState.TEXCOORD1_NAME );
         }
         if ( GLAttribState.hasColor( this._attribState ) )
         {
                 gl.bindAttribLocation( program, GLAttribState.COLOR_LOCATION,
GLAttribState.COLOR_NAME );
         }
         if ( GLAttribState.hasTangent( this._attribState ) )
         {
                 gl.bindAttribLocation( program, GLAttribState.TANGENT_
LOCATION, GLAttribState.TANGENT_NAME );
         }
     }
```

当链接 VS 和 FS 源码后，会接着调用 afterProgramLink 回调函数，打印出所有 attribuite 和 uniform 变量，代码如下：

```
// 链接后的回调函数实际上在本类中是多余的
// 因为我们已经固定了 attribue 的索引号及 getUniformLocation 方法获取某个 uniform
   变量
// 这里只是为了输出当前 Program 相关的 uniform 和 attribute 变量的信息
private progromAfterLink(gl:WebGLRenderingContext,program:WebGLProgram):
void{
    //获取当前 active 状态的 attribute 和 uniform 的数量
    //很重要的一点，active_attributes/uniforms 必须在 link 后才能获得
    GLHelper.getProgramActiveAttribs(gl,program,this.attribMap);
    GLHelper.getProgramAtciveUniforms(gl,program,this.uniformMap);
    console.log(JSON.stringify(this.attribMap));
    console.log(JSON.stringify(this.uniformMap));
}
```

5.3.4　绑定和解绑 GLProgram

要使用某个 GLProgram 进行渲染时，需要调用 bind 方法，然后会触发 GLProgram 类的 bindCallback 回调函数。一旦渲染完毕后，需要调用 unbind 方法，该方法会在内部触发

GLProgram 的 unbindCallback 回调函数，代码如下：

```
public bind (): void
{
    this.gl.useProgram( this.program );
    if ( this.bindCallback !== null )
    {
        this.bindCallback( this );
    }
}
public unbind (): void
{
    if ( this.unbindCallback !== null )
    {
        this.unbindCallback( this );
    }
    this.gl.useProgram( null );
}
```

5.3.5　载入 uniform 变量

可以使用 GLProgram 对象的 getUniformLocation 方法，根据变量名获取对应的 WebGLUniformLocation 对象，代码如下：

```
//通用方法，根据变量名获取 WebGLUniformLocationd 对象
public getUniformLocation ( name: string ): WebGLUniformLocation | null
{
    return this.gl.getUniformLocation( this.program, name );
}
```

我们可以封装 GLSL ES 中 uniform 变量常用的数据类型的载入操作。以载入 mat4 类型为例，代码如下：

```
public setMatrix4 ( name: string, mat: mat4 ): boolean
{
    let loc: WebGLUniformLocation | null = this.getUniformLocation( name );
    if ( loc )
    {
        this.gl.uniformMatrix4fv( loc, false, mat.values );
        return true;
    }
    return false;
}
```

上述代码中，使用 gl.uniformMatrix4fv 方法载入 1 类型为 mat4 的 uniform 变量到 GLProgram 对象中。同样，按照这种模式可以分别调用：

- gl.uniform1i 方法载入 GLSL ES 中的 bool、int、sampler2D 及 samplerCube 类型数据。
- gl.uniform1f 方法载入 GLSL ES 中的 float 类型数据。
- gl.uniform2fv 方法载入 GLSL ES 中的 vec2 数据类型。
- gl.uniform3fv 方法载入 GLSL ES 中的 vec3 数据类型。

- gl.uniform4fv 方法载入 GLSL ES 中的 vec4 数据类型。
- gl.uniformMatrix3fv 方法载入 GLSL ES 中的 mat3 数据类型。
- gl.uniformMatrix4fv 方法载入 GLSL ES 中的 mat4 数据类型。

5.3.6　GLProgramCache 类

将使用 GLProgramCache 类来缓存或管理当前 WebGL 应用中正在运行的相关 GLProgram 对象。

GLProgramCache 类实现了单例设计模式，并且使用本书第 2 章实现的 Dictionary 范型容器对象来管理 GLProgram 对象，代码如下：

```
import { GLProgram } from "./WebGLProgram";
import { Dictionary } from "../common/container/Dictionary";
// 单例设计模式
export class GLProgramCache
{
    // 只初始化一次，使用的是 public static readonly 声明方式
    public static readonly instance: GLProgramCache = new GLProgramCache();
    private _dict: Dictionary<GLProgram>;
    // 私有构造函数
    private constructor ()
    {
        this._dict = new Dictionary<GLProgram>();
        console.log( "create new GLProgramCache!!" );
    }
    public set ( key: string, value: GLProgram )
    {
        this._dict.insert( key, value );
    }
    // 可能返回 undefined 类型
    public getMaybe ( key: string ): GLProgram | undefined
    {
        let ret: GLProgram | undefined = this._dict.find( key );
        return ret;
    }
    // 如果返回 undefined，直接抛错
    public getMust ( key: string ): GLProgram
    {
        let ret: GLProgram | undefined = this._dict.find( key );
        if ( ret === undefined )
        {
            throw new Error( key + "对应的 Program 不存在!!!" );
        }
        return ret;
    }
    public remove ( key: string ): boolean
    {
        return this._dict.remove( key );
    }
}
```

由于 GLProgramCache 使用了单例模式，因此我们可以在任意地方使用 GLProgramCache. instance 方式寻址到当前 WebGL 应用中唯一的 GLProgramCache 实例对象，然后进行后续的相关操作。

5.3.7　GLShaderSource 对象

关于常用的 GLSL ES 着色器源码，可以存储在服务器上，然后通过第 3 章中实现的 HttpRequest 对象的相关方法来进行 HTTP 请求获取 GLSL ES 源码。

还有一种方式是直接将常用的 GLSL ES 着色器字符串源码放在一个变量或对象里。本书选择第二种方式，通过一个名为 GLShaderSource 的对象来存储常用的着色器源码，这样就避免了多次 HTTP 请求数据及数据同步操作。

GLShaderSource 的源码如下：

```
export const GLShaderSource = {
    colorShader: {
        vs: `
        #ifdef GL_ES
            precision highp float;
        #endif
        attribute vec3 aPosition;
        attribute vec4 aColor;
        uniform mat4 uMVPMatrix;
        varying vec4 vColor;
        void main(void){
            gl_Position = uMVPMatrix * vec4(aPosition,1.0);
            vColor = aColor;
        }
        `,
        fs: `
        #ifdef GL_ES
            precision highp float;
        #endif
        varying  vec4 vColor;
        void main(void){
            gl_FragColor = vColor;
        }
        `
    },
    textureShader: {
        vs: `
        #ifdef GL_ES
            precision highp float;
        #endif
        attribute vec3 aPosition;
        attribute vec2 aTexCoord;
        uniform mat4 uMVPMatrix;
        varying vec2 vTextureCoord;
        void main(void) {
```

```
              gl_Position = uMVPMatrix * vec4(aPosition,1.0);;
              vTextureCoord = aTexCoord;
          }
    `,
      fs:    `
    #ifdef GL_ES
    precision highp float;
    #endif
    varying vec2 vTextureCoord;
    uniform sampler2D uSampler;
    void main(void) {
      gl_FragColor = texture2D(uSampler, vTextureCoord);
    }
    `
    }
}
```

GLShaderSource 对象中目前仅存储了颜色和纹理这两个着色器源码,如果要用到更多的着色器,可以按照上述代码格式自行添加。

5.3.8　初始化常用的着色器

本书中,初始化常用的着色器代码是以公开静态方法方式写在 **GLProgram** 对象中,代码如下:

```
public static createDefaultTextureProgram ( gl: WebGLRenderingContext ):
GLProgram
{
    let pro: GLProgram = new GLProgram( gl, GLAttribState.makeVertex
Attribs(true,false,false,false,false),
        GLShaderSource.textureShader.vs, GLShaderSource.textureShader.fs );
    return pro;
}
public static createDefaultColorProgram ( gl: WebGLRenderingContext ):
GLProgram
{
    let pro: GLProgram = new GLProgram( gl, GLAttribState.makeVertexAttribs
(false,false,false,false,true),
        GLShaderSource.colorShader.vs, GLShaderSource.colorShader.fs );
    return pro;
}
```

上述代码中为了简单起见,默认的颜色着色器使用的是位置坐标+颜色值顶点属性格式,而纹理着色器使用的是位置坐标+纹理坐标顶点格式(使用了 GLAttribState 类的 makeVertexAttribs 静态方法)。

最后需要做的是调用上面的 createDefaultColorProgram 和 createDefaultTextureProgram 这两个方法进行默认的颜色和纹理着色器的初始化操作。该操作最好的时机点莫过于第 3 章实现的 WebGLApplication 类的构造函数中,代码如下:

```
// 在 WebGLApplication 类的构造函数的最后，创建颜色和纹理 Program
GLProgramCache.instance.set( "color", GLProgram.createDefaultColorProgram
( this.gl ) );
GLProgramCache.instance.set( "texture", GLProgram.createDefaultTextureProgram
( this.gl ) );
```

这样，我们创建继承自 WebGLApplication 及其子类的应用，并且调用构造函数后，会自动载入、编译和链接默认的颜色与纹理着色器，然后可以在任意代码位置，通过 GLProgramCache.instance.get 相关方法获取这两个着色器的实例。后面的纹理对象管理也是使用这种方式。

5.4　GLMesh 相关类的实现

接下来封装 GLMesh 相关的类，这些类是顶点缓冲区和索引缓冲区的拥有者，表示要绘制的几何图形。整个 GLMesh 系统由三个类组成。

其中，GLMeshBase 是抽象基类，内部封装了 WebGLVertexArrayObjectOES 对象，使用该对象能够大幅度减少 gl.vertexAttribPointer 和 gl.enableVertexAttribArray 方法的调用（如果不使用 VAO 对象，每次绘制某个对象时都需要使用这两个方法来绑定渲染数据）。

GLMeshBase 有两个子类：GLStaticMesh 用来表示静态网格对象，而 GLMeshBuilder 则用来绘制动态生成顶点的网格对象。接下来看一下实现细节。

5.4.1　VAO 对象与 GLMeshBase 类

VAO 是 WebGLVertexArrayObjectOES 对象的缩写，该对象属于 WebGL 的扩展对象。对于如何获取和使用 VAO 对象，最好的方式还是从源码着手，那就直接来看一下 GLMeshBase 类的实现，代码如下：

```
// 使用 abstract 声明抽象类
export abstract class GLMeshBase
{
    // WebGL 渲染上下文
    public gl: WebGLRenderingContext;
    // gl.TRIANGLES 等 7 种基本几何图元之一
    public drawMode: number;
    // 顶点属性格式，和绘制当前网格时使用的 GLProgram 具有一致的 attribBits
    protected _attribState: GLAttribBits;
    // 当前使用的顶点属性的 stride 字节数
    protected _attribStride: number;
    // 我们使用 VAO（顶点数组对象）来管理 VBO 和 EBO
    protected _vao: OES_vertex_array_object;
    protected _vaoTarget: WebGLVertexArrayObjectOES;
```

```typescript
    public constructor ( gl: WebGLRenderingContext, attribState:
GLAttribBits, drawMode: number = gl.TRIANGLES )
    {
        this.gl = gl;
        // 获取 VAO 的步骤
        // 1. 使用 gl.getExtension( "OES_vertex_array_object" )方式获取 VAO
            扩展
        let vao: OES_vertex_array_object | null = this.gl.getExtension
( "OES_vertex_array_object" );
        if ( vao === null )
        {
            throw new Error( "Not Support OES_vertex_array_object" );
        }
        this._vao = vao;
        // 2. 调用 createVertexArrayOES 获取 VAO 对象
        let vaoTarget: WebGLVertexArrayObjectOES | null = this._vao.
createVertexArrayOES();
        if ( vaoTarget === null )
        {
            throw new Error( "Not Support WebGLVertexArrayObjectOES" );
        }
        this._vaoTarget = vaoTarget;
        // 顶点属性格式，和绘制当前网格时使用的 GLProgram 具有一致的 attribBits
        this._attribState = attribState;
        // 调用 GLAttribState 的 getVertexByteStride 方法，根据 attribBits 计算
            出顶点的 stride 字节数
        this._attribStride = GLAttribState.getVertexByteStride
( this._attribState );
        // 设置当前绘制时使用的基本几何图元类型，默认为三角形集合
        this.drawMode = drawMode;
    }
    public bind (): void
    {
        // 绑定 VAO 对象
        this._vao.bindVertexArrayOES( this._vaoTarget );
    }
    public unbind (): void
    {
        // 解绑 VAO
        this._vao.bindVertexArrayOES( null );
    }
    public get vertexStride (): number
    {
        return this._attribStride;
    }
}
```

5.4.2　GLStaticMesh 类实现细节

　　GLStaticMesh 类继承自 GLMeshBase，并且持有两个 WebGLBuffer 对象，分别表示顶点缓冲区和索引缓冲区。其中，索引缓冲区可以设置为 null，表示不使用索引缓冲区，在

这种情况下，将会自动调用 **gl.rawArrays** 方法提交渲染数据，否则就会调用 **gl.drawElements**
方法绘制网格对象。

GLStaticMesh 类的实现过程代码如下：

```
export class GLStaticMesh extends GLMeshBase
{
    //GLStaticMesh 内置了一个顶点缓冲区
    protected _vbo: WebGLBuffer;
    protected _vertCount: number = 0;                      // 顶点的数量
    // GLStaticMesh 内置了一个可选的索引缓冲区
    protected _ibo: WebGLBuffer | null = null;
    protected _indexCount: number = 0;                     // 索引的数量
    public constructor ( gl: WebGLRenderingContext, attribState: GLAttribBits,
vbo: Float32Array | ArrayBuffer, ibo: Uint16Array | null = null, drawMode:
number = gl.TRIANGLES )
    {
        // 调用基类的构造函数
        super( gl, attribState, drawMode );
        // 关键的操作
        // 要使用 VAO 来管理 VBO 和 EBO 的话，必须要在 VBO 和 EBO 创建绑定之前先绑定 VAO
        //   对象，这个顺序不能错
        // 先绑定 VAO 后，那么后续创建的 VBO 和 EBO 对象都归属 VAO 管辖
        this.bind();
        // 再创建并绑定 VBO
        let vb: WebGLBuffer | null = gl.createBuffer();
        if ( vb === null )
        {
            throw new Error( "vbo creation fail" );
        }
        this._vbo = vb;
        this.gl.bindBuffer( this.gl.ARRAY_BUFFER, this._vbo ); // 绑定 VBO
        this.gl.bufferData( this.gl.ARRAY_BUFFER, vbo, this.gl.STATIC_
DRAW );                                        // 将顶点数据载入 VBO 中
        // 然后计算出交错存储的顶点属性 attribOffsetMap 相关的值
        let offsetMap: GLAttribOffsetMap = GLAttribState.getInterleaved
LayoutAttribOffsetMap( this._attribState );
        // 计算出顶点的数量
        this._vertCount = vbo.byteLength / offsetMap[ GLAttribState.
ATTRIBSTRIDE ];
        // 使用 VAO 后，我们只要初始化时设置一次 setAttribVertexArrayPointer 和
        //   setAttribVertexArrayState 就行了
        // 当我们后续调用基类的 bind 方法绑定 VAO 对象后，VAO 会自动处理顶点地址绑定和
        //   顶点属性寄存器开启相关操作，这就简化了很多操作
        GLAttribState.setAttribVertexArrayPointer( gl, offsetMap );
        GLAttribState.setAttribVertexArrayState( gl, this._attribState );
        // 再创建 IBO（IBO 表示 Index Buffer Object, EBO 表示 Element Buffer
Object，表示一样的概念）
        this.setIBO( ibo );
        // 必须放在这里
        this.unbind();
    }
```

```
    protected setIBO ( ibo: Uint16Array | null ): void
    {
        if ( ibo === null )
        {
            return;                      // 按需创建 IBO
        }
        // 创建 IBO
        this._ibo = this.gl.createBuffer();
        if ( this._ibo === null )
        {
            throw new Error( "IBO creation fail" );
        }
        // 绑定 IBO
        this.gl.bindBuffer( this.gl.ELEMENT_ARRAY_BUFFER, this._ibo );
        // 将索引数据上传到 IBO 中
        this.gl.bufferData( this.gl.ELEMENT_ARRAY_BUFFER, ibo, this.gl.
STATIC_DRAW );
        // 计算出索引个数
        this._indexCount = ibo.length;
    }
    public draw (): void
    {
        this.bind();                      // 绘制前先要绑定 VAO
        if ( this._ibo !== null )
        {
            // 如果有 IBO，使用 drawElements 方法绘制静态网格对象
            this.gl.drawElements( this.drawMode, this._indexCount, this.
gl.UNSIGNED_SHORT, 0 );
        } else
        {
            // 如果没有 IBO，则使用 drawArrays 方法绘制静态网格对象
            this.gl.drawArrays( this.drawMode, 0, this._vertCount );
        }
        this.unbind();                    // 绘制好后解除 VAO 绑定
    }
    // 很重要的几点说明
    // drawElements 中的 offset 是以字节为单位
    // 而 count 是以索引个数为单位
    // drawRange 绘制从 offset 偏移的字节数开始，绘制 count 个索引
    // drawRange 内部并没有调用 bind 和 unbind 方法，因此要调用 drawRange 方法的话，
    //    必须采用如下方式
    /*
    mesh.bind();                      // 绑定 VAO
    mesh.drawRange( 2, 5);            // 调用 drawRange 方法
    mesh.unbind();                    // 解绑 VAO
    */
    public drawRange ( offset: number, count: number ): void
    {
        if ( this._ibo !== null )
        {
            this.gl.drawElements( this.drawMode, count, this.gl.UNSIGNED_
SHORT, offset );
```

```
        } else
        {
            this.gl.drawArrays( this.drawMode, offset, count );
        }
    }
}
```

关于 VAO 的关键点及 GLStaticMesh 使用时要注意的要点，都在上述源码中进行了详细的注释，请各位读者仔细阅读和体会。这里需要强调一点的是，GLStaticMesh 类使用的是交错数组方式存储顶点属性相关的数据。接下来看一下 GLMeshBase 类的另外一个子类 GLMeshBuilder。

5.4.3　GLMeshBuilder 类成员变量

GLMeshBuilder 类用来每帧动态生成网格几何体并进行绘制显示。在内部使用了 3 种顶点属性存储的方式，因此先将这 3 种存储方式定义为一个枚举类型，代码如下：

```
export enum EVertexLayout
{
    INTERLEAVED,            // 交错数组存储方式，存储在一个 VBO 中
    SEQUENCED,              // 连续存储方式，存储在一个 VBO 中
    SEPARATED               // 每个顶点属性使用一个 VBO 存储
}
```

看一下 GLMeshBuilder 类的成员变量，代码如下：

```
export class GLMeshBuilder extends GLMeshBase
{
    // 字符串常量 key
    private static SEQUENCED: string = "SEQUENCED";
    private static INTERLEAVED: string = "INTERLEAVED";
    private _layout: EVertexLayout;             // 顶点在内存或显存中的布局方式

    // 为了简单起见，只支持顶点的位置坐标、纹理 0 坐标、颜色和法线这 4 种顶点属性格式
    // 表示当前正在输入的顶点属性值
    private _color: vec4 = new vec4( [ 0, 0, 0, 0 ] );
    private _texCoord: vec2 = new vec2( [ 0, 0 ] );
    private _normal: vec3 = new vec3( [ 0, 0, 1 ] );
    // 从 GLAttribBits 判断是否包含如下几个顶点属性
    private _hasColor: boolean;
    private _hasTexcoord: boolean;
    private _hasNormal: boolean;
    // 渲染的数据源
    private _lists: { [ key: string ]: TypedArrayList<Float32Array> } = {};
    // 渲染用的 VBO
    private _buffers: { [ key: string ]: WebGLBuffer } = {};
    // 要渲染的顶点数量
    private _vertCount: number = 0;
    // 当前使用的 GLProgram 对象
```

```
public program: GLProgram;
// 如果使用了纹理坐标，那么需要设置当前使用的纹理对象，否则将 texture 变量设置为
   null
public texture: WebGLTexture | null;
```

5.4.4　GLMeshBuilder 类构造方法

GLMeshBuilder 类的构造方法代码比较长，主要做了 4 件事：

（1）调用基类构造函数及进行一些初始化操作，代码如下：

```
public constructor ( gl: WebGLRenderingContext, state: GLAttribBits,
program: GLProgram, texture: WebGLTexture | null = null, layout:
EVertexLayout = EVertexLayout.INTERLEAVED )
{
    super( gl, state );              // 调用基类的构造方法
    // 根据 attribBits，测试是否使用了下面几种类型的顶点属性格式
    this._hasColor = GLAttribState.hasColor( this._attribState );
    this._hasTexcoord = GLAttribState.hasTexCoord_0( this._attribState );
    this._hasNormal = GLAttribState.hasNormal( this._attribState );
    // 默认情况下，使用 INTERLEAVED 存储顶点
    this._layout = layout;
    // 设置当前使用的 GLProgram 和 GLTexture2D 对象
    this.program = program;
    this.texture = texture;
    // 先绑定 VAO 对象
    this.bind();
    // 生成索引缓存
    let buffer: WebGLBuffer | null = this.gl.createBuffer();
    buffer = this.gl.createBuffer();
    if ( buffer === null )
    {
        throw new Error( "WebGLBuffer 创建不成功!" );
    }
```

（2）根据输入参数 EVertexLayout 的不同枚举类型进行不同的顶点存储，第一种为 INTERLEAVED 交错数组存储格式处理，代码如下：

```
if ( this._layout === EVertexLayout.INTERLEAVED )
{
    // interleaved 的话：
    // 使用一个 arraylist, 一个顶点缓存
    // 调用的是 GLAttribState.getInterleavedLayoutAttribOffsetMap 方法
    this._lists[ GLMeshBuilder.INTERLEAVED ] = new TypedArrayList
<Float32Array>( Float32Array );
    this._buffers[ GLMeshBuilder.INTERLEAVED ] = buffer;
    this.gl.bindBuffer( this.gl.ARRAY_BUFFER, buffer );
    let map: GLAttribOffsetMap = GLAttribState.getInterleavedLayout
AttribOffsetMap( this._attribState );
```

```
    // 调用如下两个方法
    GLAttribState.setAttribVertexArrayPointer( this.gl, map );
    GLAttribState.setAttribVertexArrayState( this.gl, this._attribState );
}
```

（3）SEQUENCED 顺序存储格式的处理，代码如下：

```
else if ( this._layout === EVertexLayout.SEQUENCED )
    {
        // sequenced 的话：
        // 使用 n 个 arraylist，一个顶点缓存
        // 无法在初始化时调用的是 getSequencedLayoutAttribOffsetMap 方法
        // 无法使用 GLAttribState.setAttribVertexArrayPointer 方法预先固
            定地址
        // 能够使用 GLAttribState.setAttribVertexArrayState 开启顶点属性
            寄存器
        this._lists[ GLAttribState.POSITION_NAME ] = new TypedArrayList
<Float32Array>( Float32Array );
        if ( this._hasColor )
        {
            this._lists[ GLAttribState.COLOR_NAME ] = new TypedArrayList
<Float32Array>( Float32Array );
        }
        if ( this._hasTexcoord )
        {
            this._lists[ GLAttribState.TEXCOORD_NAME ] = new TypedArrayList
<Float32Array>( Float32Array );
        }
        if ( this._hasNormal )
        {
            this._lists[ GLAttribState.NORMAL_NAME ] = new TypedArrayList
<Float32Array>( Float32Array );
        }
        buffer = this.gl.createBuffer();
        if ( buffer === null )
        {
            throw new Error( "WebGLBuffer 创建不成功!" );
        }
        this._buffers[ GLMeshBuilder.SEQUENCED ] = buffer;
        this.gl.bindBuffer( this.gl.ARRAY_BUFFER, buffer );
        // sequenced 没法预先设置指针，因为是动态的
        // 但是可以预先设置顶点属性状态
        GLAttribState.setAttribVertexArrayState( this.gl, this._attribState );
    }
```

（4）最后是每个顶点格式分别使用一个 WebGLBuffer 对象存储的方式，代码如下：

```
else
{
    // seperated:
    // 使用 n 个 arraylist，n 个顶点缓存
    // 调用的是 getSepratedLayoutAttribOffsetMap 方法
    // 能够使用 GLAttribState.setAttribVertexArrayPointer 方法预先固定地址
    // 能够使用 GLAttribState.setAttribVertexArrayState 开启顶点属性寄存器
```

```
    // 肯定要有的是位置数据
            this._lists[ GLAttribState.POSITION_NAME ] = newTypedArray
List<Float32Array>( Float32Array );
    this._buffers[ GLAttribState.POSITION_NAME ] = buffer;
    this.gl.bindBuffer( this.gl.ARRAY_BUFFER, buffer );

    if ( this._hasColor )
    {
            this._lists[ GLAttribState.COLOR_NAME ] = new TypedArrayList
<Float32Array>( Float32Array );
        buffer = this.gl.createBuffer();
        if ( buffer === null )
        {
            throw new Error( "WebGLBuffer 创建不成功!" );
        }
        this._buffers[ GLAttribState.COLOR_NAME ] = buffer;
        this.gl.bindBuffer( this.gl.ARRAY_BUFFER, buffer );
    }
    if ( this._hasTexcoord )
    {
            this._lists[ GLAttribState.TEXCOORD_NAME ] = newTypedArray
List<Float32Array>( Float32Array );
        this._buffers[ GLAttribState.TEXCOORD_NAME ] = buffer;
        this.gl.bindBuffer( this.gl.ARRAY_BUFFER, buffer );
    }
    if ( this._hasNormal )
    {
            this._lists[ GLAttribState.NORMAL_NAME ] = new TypedArrayList
<Float32Array>( Float32Array );
        buffer = this.gl.createBuffer();
        if ( buffer === null )
        {
            throw new Error( "WebGLBuffer 创建不成功!" );
        }
        this._buffers[ GLAttribState.NORMAL_NAME ] = buffer;
        this.gl.bindBuffer( this.gl.ARRAY_BUFFER, buffer );
    }

    GLAttribState.setAttribVertexArrayState( this.gl, this._attribState );
    let map: GLAttribOffsetMap = GLAttribState.getSepratedLayout
AttribOffsetMap( this._attribState );
    GLAttribState.setAttribVertexArrayPointer( this.gl, map );
    }

    this.unbind();
}
```

5.4.5　GLMeshBuilder 类的 color、texcoord、normal 和 vertex 方法

　　GLMeshBuilder 类模拟了 OpenGL 1.x 版本中笔者非常喜欢的那种立即渲染模式，因此像 color、texcoord、normal、vertex 方法的命名和参数也是尽量保持一致。接下来就看

看这些方法的实现。首先来看一下 color、texcoord 及 normal 方法的实现，代码如下：

```
// 输入 rgba 颜色值，取值范围为 [ 0 , 1 ] 之间，返回 this，都是链式操作
public color ( r: number, g: number, b: number, a: number = 1.0 ):
GLMeshBuilder
{
    if ( this._hasColor )
    {
        this._color.r = r;
        this._color.g = g;
        this._color.b = b;
        this._color.a = a;
    }
    return this;
}

// 输入 uv 纹理坐标值，返回 this，都是链式操作
public texcoord ( u: number, v: number ): GLMeshBuilder
{
    if ( this._hasTexcoord )
    {
        this._texCoord.x = u;
        this._texCoord.y = v;
    }
    return this;
}

// 输入法线值 xyz，返回 this，都是链式操作
public normal ( x: number, y: number, z: number ): GLMeshBuilder
{
    if ( this._hasNormal )
    {
        this._normal.x = x;
        this._normal.y = y;
        this._normal.z = z;
    }
    return this;
}
```

最后来看一下 vertex 方法的实现，该方法必须在 color、texcoord 及 normal 方法后调用，代码如下：

```
// vertex 必须要最后调用，输入 xyz，返回 this，都是链式操作
public vertex ( x: number, y: number, z: number ): GLMeshBuilder
{
    if ( this._layout === EVertexLayout.INTERLEAVED )
    {
        // 针对 interleaved 存储方式的操作
        let list: TypedArrayList<Float32Array> = this._lists[ GLMeshBuilder.
INTERLEAVED ];
        // position
        list.push( x );
        list.push( y );
        list.push( z );
```

```
        // texcoord
        if ( this._hasTexcoord )
        {
            list.push( this._texCoord.x );
            list.push( this._texCoord.y );
        }
        // normal
        if ( this._hasNormal )
        {
            list.push( this._normal.x );
            list.push( this._normal.y );
            list.push( this._normal.z );
        }
        // color
        if ( this._hasColor )
        {
            list.push( this._color.r );
            list.push( this._color.g );
            list.push( this._color.b );
            list.push( this._color.a );
        }
    } else
    {   // sequenced 和 separated 都是具有多个 ArrayList
        // 针对除 interleaved 存储方式之外的操作
        let list: TypedArrayList<Float32Array> = this._lists[ GLAttribState.
POSITION_NAME ];
        list.push( x );
        list.push( y );
        list.push( z );
        if ( this._hasTexcoord )
        {
            list = this._lists[ GLAttribState.TEXCOORD_NAME ];
            list.push( this._texCoord.x );
            list.push( this._texCoord.y );
        }
        if ( this._hasNormal )
        {
            list = this._lists[ GLAttribState.NORMAL_NAME ];
            list.push( this._normal.x );
            list.push( this._normal.y );
            list.push( this._normal.z );
        }
        if ( this._hasColor )
        {
            list = this._lists[ GLAttribState.COLOR_NAME ];
            list.push( this._color.r );
            list.push( this._color.g );
            list.push( this._color.b );
            list.push( this._color.a );
        }
    }
    // 记录更新后的顶点数量
    this._vertCount++;
    return this;
}
```

5.4.6　GLMeshBuilder 类的 begin 和 end 方法

最后来看一下 GLMeshBuilder 类的 begin 和 end 方法，先来看一下 begin 方法的实现，代码如下：

```
// 每次调用上述几个添加顶点属性的方法之前，必须要先调用 begin 方法，返回 this 指针，
   链式操作
public begin ( drawMode: number = this.gl.TRIANGLES ): GLMeshBuilder
{
    this.drawMode = drawMode;          // 设置要绘制的 mode，7 种基本几何图元
    this._vertCount = 0;               // 清空顶点数为 0
    if ( this._layout === EVertexLayout.INTERLEAVED )
    {
        let list: TypedArrayList<Float32Array> = this._lists[ GLMeshBuilder.
INTERLEAVED ];
        list.clear();                  // 使用自己实现的动态类型数组，重用
    } else
    {
        // 使用自己实现的动态类型数组，重用
        let list: TypedArrayList<Float32Array> = this._lists[ GLAttribState.
POSITION_NAME ];
        list.clear();
        if ( this._hasTexcoord )
        {
            list = this._lists[ GLAttribState.TEXCOORD_NAME ];
            list.clear();
        }
        if ( this._hasNormal )
        {
            list = this._lists[ GLAttribState.NORMAL_NAME ];
            list.clear();
        }
        if ( this._hasColor )
        {
            list = this._lists[ GLAttribState.COLOR_NAME ];
            list.clear();
        }
    }
    return this;
}
```

接下来看一下 end 方法，代码实现如下：

```
// end 方法用于渲染操作
public end ( mvp: mat4 ): void
{
    this.program.bind();                    // 绑定 GLProgram
    this.program.setMatrix4( GLProgram.MVPMatrix, mvp );
                                            // 载入 MVPMatrix uniform 变量
    this.bind();                            // 绑定 VAO
    if ( this._layout === EVertexLayout.INTERLEAVED )
```

```
        {
            // 获取数据源
            let list: TypedArrayList<Float32Array> = this._lists[ GLMeshBuilder.
INTERLEAVED ];
            // 获取 VBO
            let buffer: WebGLBuffer = this._buffers[ GLMeshBuilder.INTERLEAVED ];
            // 绑定 VBO
            this.gl.bindBuffer( this.gl.ARRAY_BUFFER, buffer );
            // 上传渲染数据到 VBO 中
            this.gl.bufferData( this.gl.ARRAY_BUFFER, list.subArray(), this.
gl.DYNAMIC_DRAW );
        } else if ( this._layout === EVertexLayout.SEQUENCED )
        {
            // 针对 sequenced 存储方式的渲染处理
            let buffer: WebGLBuffer = this._buffers[ GLMeshBuilder.SEQUENCED ];
            this.gl.bindBuffer( this.gl.ARRAY_BUFFER, buffer );
            //用的是预先分配显存机制
            this.gl.bufferData( this.gl.ARRAY_BUFFER, this._attribStride *
this._vertCount, this.gl.DYNAMIC_DRAW );

            let map: GLAttribOffsetMap = GLAttribState.getSequencedLayout
AttribOffsetMap( this._attribState, this._vertCount );

            let list: TypedArrayList<Float32Array> = this._lists[ GLAttribState.
POSITION_NAME ];
            this.gl.bufferSubData( this.gl.ARRAY_BUFFER, 0, list.subArray() );

            if ( this._hasTexcoord )
            {
                list = this._lists[ GLAttribState.TEXCOORD_NAME ];
                this.gl.bufferSubData( this.gl.ARRAY_BUFFER, map[ GLAttribState.
TEXCOORD_NAME ], list.subArray() );
            }

            if ( this._hasNormal )
            {
                list = this._lists[ GLAttribState.NORMAL_NAME ];
                this.gl.bufferSubData( this.gl.ARRAY_BUFFER, map[ GLAttribState.
NORMAL_NAME ], list.subArray() );
            }

            if ( this._hasColor )
            {
                list = this._lists[ GLAttribState.COLOR_NAME ];
                this.gl.bufferSubData( this.gl.ARRAY_BUFFER, map[ GLAttribState.
COLOR_NAME ], list.subArray() );
            }
            // 每次都要重新计算和绑定顶点属性数组的首地址
            GLAttribState.setAttribVertexArrayPointer( this.gl, map );
        } else
        {
            // 针对 seperated 存储方式的渲染数据处理
            // 需要每个 VBO 都绑定一次
            // position
```

```
        let buffer: WebGLBuffer = this._buffers[ GLAttribState.POSITION_
    NAME ];
        let list: TypedArrayList<Float32Array> = this._lists[ GLAttribState.
    POSITION_NAME ];
        this.gl.bindBuffer( this.gl.ARRAY_BUFFER, buffer );
        this.gl.bufferData( this.gl.ARRAY_BUFFER, list.subArray(), this.
    gl.DYNAMIC_DRAW );

        // texture
        if ( this._hasTexcoord )
        {
            buffer = this._buffers[ GLAttribState.TEXCOORD_NAME ];
            list = this._lists[ GLAttribState.TEXCOORD_NAME ];
            this.gl.bindBuffer( this.gl.ARRAY_BUFFER, buffer );
            this.gl.bufferData( this.gl.ARRAY_BUFFER, list.subArray(), this.
    gl.DYNAMIC_DRAW );
        }

        // normal
        if ( this._hasNormal )
        {
            buffer = this._buffers[ GLAttribState.NORMAL_NAME ];
            list = this._lists[ GLAttribState.NORMAL_NAME ];
            this.gl.bindBuffer( this.gl.ARRAY_BUFFER, buffer );
            this.gl.bufferData( this.gl.ARRAY_BUFFER, list.subArray(), this.
    gl.DYNAMIC_DRAW );
        }

        // color
        if ( this._hasColor )
        {
            buffer = this._buffers[ GLAttribState.COLOR_NAME ];
            list = this._lists[ GLAttribState.COLOR_NAME ];
            this.gl.bindBuffer( this.gl.ARRAY_BUFFER, buffer );
            this.gl.bufferData( this.gl.ARRAY_BUFFER, list.subArray(), this.
    gl.DYNAMIC_DRAW );
        }

        }
        // GLMeshBuilder 不使用索引缓冲区绘制方式，因此调用 drawArrays 方法
        this.gl.drawArrays( this.drawMode, 0, this._vertCount );
        this.unbind();                    // 解绑 VAO
        this.program.unbind();            // 解绑 GLProgram
    }
}
```

　　你会发现，GLMeshBuilder 类中的代码虽多，但是其构造函数、vertex 方法、begin 方法及 end 方法都是遵循相同的模式，即判断当前使用哪种顶点存储格式，根据当前的存储格式做相应的操作。GLMeshBuilder 类演示了 WebGL（以及 OpenGL 和 OpenGL ES）中经典的三种顶点属性格式各自的特点和相应用法。

5.5　GLTexture 类的实现

在 WebGL 中，除了使用颜色绘制三维物体之外，还可以使用纹理贴图来绘制物体的表面。纹理贴图是指物体表面被贴上的图案。在 WebGL 中，可以使用 WebGLTexture 对象表示一张二维的图像，通过指定纹理坐标，将其张贴到一个三维物体的表面。

本节将封装一个名为 GLTexture 的纹理对象。

5.5.1　GLTexture 的成员变量和构造函数

先来看一下 GLTexture 类的成员变量和构造函数，代码如下：

```
export class GLTexture
{
    public gl: WebGLRenderingContext;
    public isMipmap: boolean;              // 是否使用 mipmap 生成纹理对象
    public width: number;    // 当前纹理对象的像素宽度
    public height: number;   // 当前纹理对象的像素高度
    public format: number;   // 在内存或显存中像素的存储格式，默认为 gl.RGBA
    public type: number;     // 像素分量的数据类型，默认为 gl.UNSIGNED_BYTE
    public texture: WebGLTexture;          // WebGLTexture 对象
    public target: number;  // 为 gl.TEXTURE_2D（另外一个可以是 TEXTURE_CUBE_
                            MAP，本书不使用 TEXTURE_CUBE_MAP 相关内容）
    public name: string;                   // 纹理的名称
    public constructor ( gl: WebGLRenderingContext, name: string = '' )
    {
        this.gl = gl;
        this.isMipmap = false;
        this.width = this.height = 0;
        this.format = gl.RGBA;
        this.type = gl.UNSIGNED_BYTE;
        let tex: WebGLTexture | null = gl.createTexture();
        if ( tex === null )
        {
            throw new Error( "WebGLTexture 创建不成功!" );
        }
        this.texture = tex;
        this.target = gl.TEXTURE_2D;
        this.name = name;
        this.wrap();
        this.filter();
    }
}
```

当调用构造函数后，会初始化相关成员变量为默认值，并且会创建一个 WebGLTexture

对象，此时 WebGLTexture 并没有载入任何图像数据，因此后续肯定有载入图像数据的相关操作。

5.5.2　GLTexture 类的 upload 方法

当调用构造函数生成一个 GLTexture 对象后，需要载入相关的图像数据，其实现代码如下：

```
public upload ( source: HTMLImageElement | HTMLCanvasElement, unit: number
= 0, mipmap: boolean = false ): void
    {
        this.bind( unit );    // 先绑定当前要操作的 WebGLTexture 对象，默认为 0
        //否则贴图会倒过来
        this.gl.pixelStorei( this.gl.UNPACK_FLIP_Y_WEBGL, 1 );
        this.width = source.width;
        this.height = source.height;
        if ( mipmap === true )         // 使用 mipmap 生成纹理
        {
            let isWidthPowerOfTwo: boolean = GLTexture.isPowerOfTwo
( this.width );
            let isHeightPowerOfTwo: boolean = GLTexture.isPowerOfTwo
( this.height );
            // 如果源图像的宽度和高度都是 2 的 n 次方格式，则直接载入像素数据然后调用
              generateMipmap 方法
            if ( isWidthPowerOfTwo === true && isHeightPowerOfTwo === true )
            {
                this.gl.texImage2D( this.target, 0, this.format, this.
format, this.type, source );
                this.gl.generateMipmap( this.target );
            }
            else            // 否则说明至少有一个不是 2 的 n 次方，需要特别处理
            {
                let canvas: HTMLCanvasElement = GLTexture.createPowerOf
TwoCanvas( source );
                this.gl.texImage2D( this.target, 0, this.format, this.
format, this.type, canvas );
                GLHelper.checkGLError( this.gl );
                this.gl.generateMipmap( this.target );
                GLHelper.checkGLError( this.gl );
                this.width = canvas.width;
                this.height = canvas.height;
            }
            this.isMipmap = true;
        }
        else
        {
            this.isMipmap = false;
            this.gl.texImage2D( this.target, 0, this.format, this.format,
this.type, source );
        }
```

```
        console.log( "当前纹理尺寸为: ", this.width, this.height );
        this.unbind();            //// 解绑当前要操作的 WebGLTexture 对象
    }
```

5.5.3　mipmap 相关的静态方法

在 upload 方法中，针对 mipmap 使用了 3 个静态辅助方法，其中，第一个是 isPowerOfTwo 方法，该方法用来判断参数 x 是否是 2 的 n 次方，其实现代码如下：

```
// 1. 静态辅助数学方法，判断参数 x（必须是 4）是否是 2 的 n 次方，即 x 是不是 1、2、
//    4、8、16、32、64.....
public static isPowerOfTwo ( x: number ): boolean
{
    return ( x & ( x - 1 ) ) == 0;
}
```

第二个静态辅助方法为 getNextPowerOfTwo，该方法会根据参数 x 返回下一个 2 的 n 次方的数，代码如下：

```
// 2. 静态辅助数学方法，给定整数参数 x，取下一个 2 的 n 次方数
// 如果 x 为 3，则返回 4
// 如果 x 为 4，则返回 4
// 如果 x 为 5，则返回 8
// 以此类推
public static getNextPowerOfTwo ( x: number ): number
{
    if ( x <= 0 )
    {
        throw new Error( "参数必须要大于 0!" )
    }
    --x;
    for ( var i = 1; i < 32; i <<= 1 )
    {
        x = x | x >> i;
    }
    return x + 1;
}
```

最后一个静态方法名为 createPowerOfTwoCanvas，其实现代码如下：

```
// 3. 将非 2 的 n 次方的 srcImage 转换成 2 的 n 次方的 CanvasRenderingContext2D 对象
// 然后后续用来生成 mipmap 纹理
public static createPowerOfTwoCanvas ( srcImage: HTMLImageElement |
HTMLCanvasElement ): HTMLCanvasElement
{
    let canvas: HTMLCanvasElement = document.createElement( "canvas" );
    canvas.width = GLTexture.getNextPowerOfTwo( srcImage.width );
    canvas.height = GLTexture.getNextPowerOfTwo( srcImage.height );
    let ctx: CanvasRenderingContext2D | null = canvas.getContext( "2d" );
    if ( ctx === null )
    {
```

```
        throw new Error( "未能成功创建 CanvasRenderingContext2D 对象" );
    }
    ctx.drawImage( srcImage, 0, 0, srcImage.width, srcImage.height, 0, 0,
canvas.width, canvas.height );
    return canvas;
}
```

5.5.4　GLTexture 的 bind / unbind、wrap 和 filter 方法

当创建 GLTexture 对象并且上传（upload）图像数据后，需要通过以下一些方法来设置纹理贴图的相关特性，代码如下：

```
public bind ( unit: number = 0 ): void
{
    if ( this.texture !== null )
    {
        this.gl.activeTexture( this.gl.TEXTURE0 + unit );
        this.gl.bindTexture( this.target, this.texture );
    }
}
public unbind (): void
{
    if ( this.texture )
    {
        this.gl.bindTexture( this.target, null );
    }
}
//TEXTURE_MIN_FILTER: NEAREST_MIPMAP_LINEAR (默认)
//TEXTURE_MAG_FILTER: LINEAR (默认)
public filter ( minLinear: boolean = true, magLinear: boolean = true ): void
{
    // 在设置 filter 时先要绑定当前的纹理目标
    this.gl.bindTexture(this.target,this.texture);
    if ( this.isMipmap )
    {
        this.gl.texParameteri( this.target, this.gl.TEXTURE_MIN_FILTER,
minLinear ? this.gl.LINEAR_MIPMAP_LINEAR : this.gl.NEAREST_MIPMAP_NEAREST );
    } else
    {
        this.gl.texParameteri( this.target, this.gl.TEXTURE_MIN_FILTER,
minLinear ? this.gl.LINEAR : this.gl.NEAREST );
    }
    this.gl.texParameteri( this.target, this.gl.TEXTURE_MIN_FILTER,
magLinear ? this.gl.LINEAR : this.gl.NEAREST );
}
public wrap ( mode: EGLTexWrapType = EGLTexWrapType.GL_REPEAT ): void
{
    this.gl.bindTexture(this.target,this.texture);
    if ( mode === EGLTexWrapType.GL_CLAMP_TO_EDGE )
    {
        this.gl.texParameteri( this.target, this.gl.TEXTURE_WRAP_S, this.
gl.CLAMP_TO_EDGE );
```

```
    this.gl.texParameteri( this.target, this.gl.TEXTURE_WRAP_T, this.
gl.CLAMP_TO_EDGE );
    } else if ( mode === EGLTexWrapType.GL_REPEAT )
    {
        this.gl.texParameteri( this.target, this.gl.TEXTURE_WRAP_S, this.
gl.REPEAT );
        this.gl.texParameteri( this.target, this.gl.TEXTURE_WRAP_T, this.
gl.REPEAT );
    } else
    {
        this.gl.texParameteri( this.target, this.gl.TEXTURE_WRAP_S, this.
gl.MIRRORED_REPEAT );
        this.gl.texParameteri( this.target, this.gl.TEXTURE_WRAP_T, this.
gl.MIRRORED_REPEAT );
    }
}
```

5.5.5　GLTexture 的 createDefaultTexture 静态方法

提供一个生成默认的 GLTexutre 对象的方法，代码如下：

```
// 下面的静态方法和成员变量用来创建默认的 2 的 n 次方的纹理对象
    public static createDefaultTexture ( gl: WebGLRenderingContext ):
GLTexture
    {
        let step: number = 4;
        let canvas: HTMLCanvasElement = document.createElement( 'canvas' )
as HTMLCanvasElement;
        canvas.width = 32 * step;
        canvas.height = 32 * step;
        let context: CanvasRenderingContext2D | null = canvas.getContext
( "2d" );
        if ( context === null )
        {
            alert( "离屏 Canvas 获取渲染上下文失败！" );
            throw new Error( "离屏 Canvas 获取渲染上下文失败！" );
        }

        for ( let i: number = 0; i < step; i++ )
        {
            for ( let j: number = 0; j < step; j++ )
            {
                let idx: number = step * i + j;
                context.save();
                context.fillStyle = GLTexture.Colors[ idx ];
                context.fillRect( i * 32, j * 32, 32, 32 );
                context.restore();
            }
        }
        let tex: GLTexture = new GLTexture( gl );
        tex.wrap();
        tex.upload( canvas );
        return tex;
```

```
    }
    // css 标准色字符串
    public static readonly Colors: string[] = [
        'aqua',              //浅绿色
        'black',             //黑色
        'blue',              //蓝色
        'fuchsia',           //紫红色
        'gray',              //灰色
        'green',             //绿色
        'lime',              //绿黄色
        'maroon',            //褐红色
        'navy',              //海军蓝
        'olive',             //橄榄色
        'orange',            //橙色
        'purple',            //紫色
        'red',               //红色
        'silver',            //银灰色
        'teal',              //蓝绿色
        'yellow',            //黄色
        'white'              //白色
    ];
```

5.6　本 章 总 结

本章封装了 WebGL 相关的多个类，其中，GLProgram 类、GLTexture 类、GLStaticMesh 类及 GLMeshBuilder 类是最关键的 4 个类。

- GLProgram 类用来编译、链接 GLSL ES 源码，并提供了载入 uniform 变量的相关操作；
- GLStaticMesh 对象用于绘制静态的物体；
- GLMeshBuilder 对象可以用于绘制动态物体；
- GLTexuture 类可以在 GLStaticMesh 或 GLMeshBuilder 生成的网格对象上进行纹理贴图操作。

后续章节会大量使用这 4 个核心类。

第 6 章　3D 图形中的数学基础

在 3D 环境中，三维物体从取景到屏幕显示，需要经历一系列的坐标变换（又称为空间变换），才能生成二维图像显示在输出设备上（如电脑显示屏），这个过程就是一个数学计算过程。

为了计算上述过程，需要使用向量、矩阵、四元数等相关知识体系。本章主要介绍这些基本的数学操作。

6.1　坐　标　系

根据不同的划分范畴，有很多种类的坐标系。如图 6.1 所示列举了一些常见的坐标系。其中，图形渲染最常用的一个坐标系就是笛卡尔坐标系，本节就重点关注该坐标系。

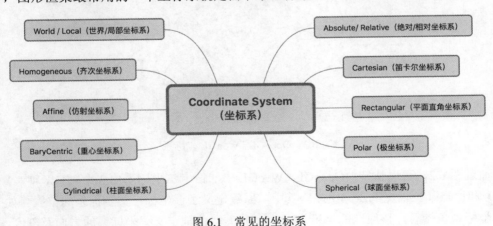

图 6.1　常见的坐标系

6.1.1　OpenGL / WebGL 中的坐标系

先来了解一下 OpenGL / WebGL 中的笛卡尔坐标系相关的知识点。如图 6.2 所示，从左到右，从上到下，分别显示了 4 个 OpenGL / WebGL 坐标系。

- 左上显示的是默认情况下的坐标系，其 X 轴正方向朝右，Y 轴正方向朝上，Z 轴正方向正对着你的视线（或脸）。该坐标系为 OpenGL / WebGL 标准参考坐标系，后续的 3 个坐标系都是相对于该坐标系的变换结果。
- 右上显示的是绕着 Y 轴旋转+90°后的坐标系，其 X 轴正方向朝前（与你视线方向一致），Y 轴正方向朝上，Z 轴正方向朝右。
- 左下显示的是绕着 Y 轴旋转+180°后的坐标系，其 X 轴正方向朝左，Y 轴正方向朝上，Z 轴正方向朝前（与你视线方向一致）。
- 右下显示的是绕着轴[1 , 1 , 1]旋转+45°后的坐标系，其 X、Y、Z 轴的正方向一目了然。

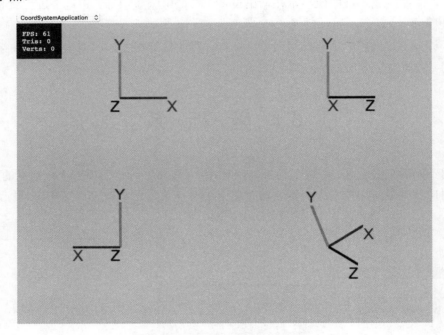

图 6.2　OpenGL / WebGL 坐标系

通过图 6.2，可以认定：OpenGL / WebGL 中的笛卡尔坐标系由 3 个轴（X 轴、Y 轴、Z 轴）和原点（三轴交汇点）组成。其中，原点定义了该坐标在父坐标系的位置（如果从局部坐标系角度看，该原点的坐标为[0 , 0 , 0]），而轴定义了坐标系的方向及刻度。

6.1.2　左手坐标系与右手坐标系

根据手相性（Handedness），可以将笛卡尔坐标系分为左手系（Left-Handedness）和右手系（Right-Handedness）两大类型。OpenGL / WebGL 属于右手坐标系，结合图 6.2 右下图示，参考图 6.3 和图 6.4，有两种定则方式。

- 伸出右手，让拇指和食指形成 L，其中大拇指指向 X 轴正方向，而食指指向 Y 轴正方向，让中指垂直于拇指和食指，此时中指指向的方向就是 Z 轴的正方向。
- 伸出右手，除大拇指外的其他 4 个手指朝着 X 轴正方向，然后从 X 轴正方向朝着 Y 轴正方向握成拳头状态，此时大拇指指向的方向就是 Z 轴的正方向。后续我们会看到，这种方式的右手定则很适合确认两个向量叉乘后的方向。

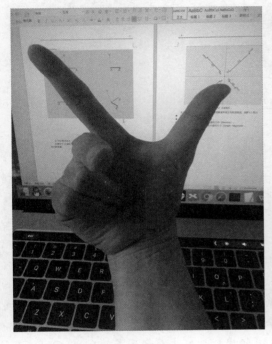 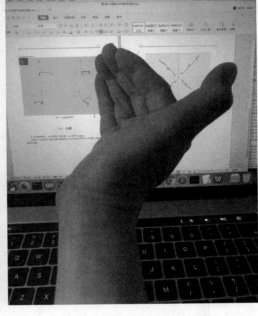

图 6.3　右手定则 1　　　　　　　　图 6.4　右手定则 2（右手螺旋定则）

OpenGL / WebGL 使用右手坐标系，而微软的 DirectX（简称 D3D）则使用左手坐标系，如图 6.5 所示。其左上和右上显示的是 OpenGL / WebGL 坐标系，你可以使用右手定则方式来验证。而左下和右下显示的是 D3D 的坐标系，当你使用右手定则时会发现，Z 轴的正方向刚好和 OpenGL / WebGL 相反，因此你可以换成左手，使用左手定则方式，其 Z 轴的正方向就正确了。

左、右手坐标系可以互相转换，最简单的方式就是翻转一个轴的符号，以图 6.5 为例，笔者在使用 WebGL 绘制 D3D 坐标系时，将其 Z 值取负，这样就让 WebGL 表示的坐标系转换成 D3D 坐标系。

回到右手坐标系，OpenGL / WebGL 所表示的仅仅是右手坐标系中的一种。参考图 6.2，根据绕 Y 定轴旋转（排除绕[1 , 1 , 1]轴旋转的坐标系），获得了另外两个右手坐标系。

类似的，通过排列组合，绕不同的轴旋转，可以获得多达 24 种不同指向的右手坐标。同样，左手坐标系也是如此，因此左、右手坐标系合计达 48 种之多。

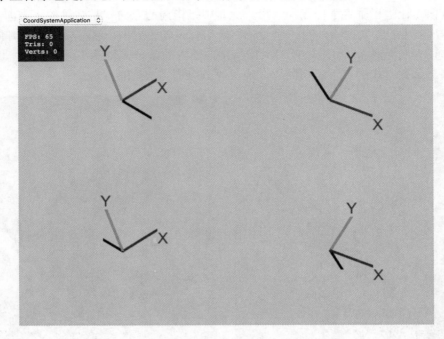

图 6.5　OpenGL / WebGL 坐标系与 D3D 坐标系

⚠️注意：如果同属于左手坐标系或右手坐标系，则都能通过旋转来重合；如果不同属于同一种坐标系，那么不可能通过旋转来重合。也就是说，不管如何旋转，OpenGL / WebGL 的坐标系永远都无法与 D3D 的坐标系发生重合现象。但是 OpenGL / WebGL 坐标系的 Z 轴取反就能与 D3D 坐标系重合。

6.2　TSM 数学库

有了坐标系的概念，还需要一整套相对应的数学系统来描述和操作坐标系。例如，需要移动、旋转及缩放坐标系等，这涉及向量、矩阵、四元数等数学概念。

由于向量、矩阵及四元数这些操作具有很强的通用性，可以使用别人造好的"轮子"，这样可以更加关注如何使用。

因而笔者在 GitHub 上比较了 glMatrix 和 TSM（纯 TypeScript 实现，更加符合本书风格）这两个 WebGL 数学库后，决定选择 TSM 作为本书 Demo 演示使用的数学库。

　　TSM 数学库是 TypeScript Vector And Matrix Math Library（TypeScript 向量与矩阵数学库）的缩写，包含 vec2、vec3、vec4、mat2、mat3、mat4 及 quat 这 7 个常用的 3D 数学操作类。读者可以通过网址 https://github.com/matthiasferch/tsm 获取到 TSM 数学库。

　　由于 TSM 数学库使用了较为宽松的协议，本书所有数学相关的操作都是建立在 TSM 数学库上的。TSM 数学库的版权信息如下：

6.3　向　　量

　　在 TSM 数学库中，与向量相关的有 3 个类：vec2、vec3 及 vec4，其中，vec2 可以表示二维空间中的 2D 向量，vec3 和 vec4 表示三维空间中的 3D 向量。而 vec3 和 vec4 的区别在于，vec4 表示的是齐次坐标系中的 3D 向量。本节将使用通过 vec3 来了解 3D 向量的相关知识点。

6.3.1　向量的概念

　　在数学中，向量也可以称为矢量，是指具有方向（Direction）和大小（ Length / Magnitude）的空间变量。从几何的角度看，可以将向量想象成具有方向的直线段，如图 6.6 所示。

- 圆点标记向量的尾部（Tail）；
- 箭头标记向量的头部（Head）；
- 从尾部到头部的连线指明向量的方向（Direction）；
- 从尾部到头部之间的距离表示向量的大小（Length / Magnitude）。

　　在三维空间中，可以用 $a = [x, y, z]$ 来表示一个向量，习惯上用粗斜体的小写字母来区分向量和标量（Scalar）。例如，在 $a = [x, y, z]$ 中，黑斜体小写字母 a 表示一个向量，该向量由 3 个标量 x、y、z 所组成。

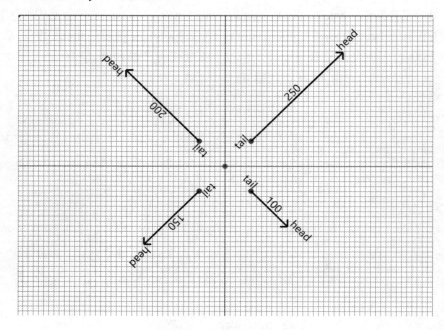

图 6.6　向量概念

所谓标量，是指只有大小，没有方向的数值变量，TypeScript 中的 number 类型就是标量。

在 TSM 数学库中使用 Float32Array 来存储向量、四元数及矩阵这些数据类型，以 vec3 为例，其定义的代码如下：

```
export class vec3 {
    values = new Float32Array( 3 );
}
```

6.3.2　向量的大小（或长度）

向量的大小又可以称为向量的长度，已知一个向量 $a = [x, y, z]$，那么该向量的大小（或长度）可以使用 $\| a \|$ 来表示，其值为一个标量，可以使用如下公式计算得出：

$$\|a\|=\sqrt{x^2+y^2+z^2}$$

（公式 6-1）

在 TSM 数学库中，有两个方法与计算向量的大小相关，其中，squaredLength 方法计算未开方前的大小，而 length 方法计算开方后的向量大小，具体方法原型如下：

```
squaredLength(): number
length(): number
```

6.3.3　两个向量之间的距离

计算两个向量之间的距离与计算一个向量的大小使用的公式是一样的，两者之间的区别在于，在计算两个向量之间的距离时，需要先计算两个向量之间的差。

在 TSM 数学库中，提供了两个静态方法做相关计算，其方法原型如下：

```
static squaredDistance(vector: vec3, vector2: vec3): number
                                                  // 返回开方前两点间距离
static distance(vector: vec3, vector2: vec3): number    // 返回两点间的距离
```

🔔 **注意**：上述两个方法在计算两个向量差时，都是第二个参数（vector2）减去第一个参数（vector1）。向量减法具有方向性，不要弄错相减的顺序了。

6.3.4　单位向量

长度（或大小）为 1 的向量称为单位向量。在 3D 图形开发中，对一些仅用来表示方向的向量，一般都使用单位向量来表示。TSM 数学库中提供了两个方法来计算单位向量（或方向向量），其方法原型如下：

```
normalize(dest?: vec3): vec3                               // 实例方法
static direction(vector: vec3, vector2: vec3, dest?: vec3): vec3
                                                          // 静态方法
```

需要注意如下几点：

- normalize 是实例方法，而 direction 则是静态方法，都是将向量变为单位向量（方向向量）；
- 静态 direction 方法计算 vector 和 vector2 这两个向量的差时，使用的顺序是 vector 减 vector2，和上面的 distance 静态方法的计算顺序正好相反；
- 在 TypeScript 中，使用?:方式来声明参选参数（在函数或方法中）或可选属性（在类中）；由于我们在 tsconfig.json 中使用了--strictNullChecks 标记值，可选参数会自动加上| undefined，因而 dest ?: vec3 表示的类型实际是 dest : vec3 | undefined。

6.3.5　向量的加法

向量的加法非常简单，仅仅是两个向量的分量各自相加，形成一个新的向量。在 TSM 数学库中，向量加法的两个方法原型如下：

```
add(vector: vec3): vec3                      // 实例方法, this + vector, 返回 this
static sum(vector: vec3, vector2: vec3, dest?: vec3): vec3   // 静态方法
```

向量加法的几何含义如图 6.7 所示，向量 *a*（实线且大小为 200）与向量 *b*（实线且大小为 282.84）相加的几何解释就是，平移向量，使向量 *b* 的尾部（向量 *b* 的圆点部分）连接向量 *a* 的头部（向量 *a* 箭头部分），接着从向量 *a* 的尾部向向量 *b* 的头部画一个向量（大小为 447.21），该向量就是向量 *a* + *b* 形成的新的向量。

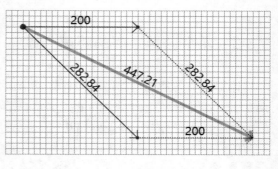

图 6.7　向量的加法

6.3.6　向量的减法

向量的减法非常简单，仅仅是两个向量的分量各自相减，形成一个新的向量。在 TSM 数学库中，向量减法的方法原型如下：

```
subtract(vector: vec3): vec3          // 实例方法, this - vector, 返回this
static difference(vector: vec3, vector2: vec3, dest?: vec3): vec3
                                      // 静态方法 vector - vector2
```

来看一下向量减法的几何含义，如图 6.8 和图 6.9 所示，可以固定任意一个向量，平移另外一个向量，让两个向量的尾部重合。

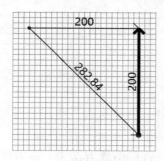

图 6.8　向量的减法(*a-b*)

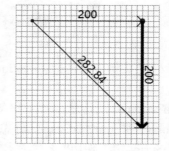

图 6.9　向量的减法（*b-a*）

此时如果是：

- 向量 *a*（实线且大小为 200）减去向量 *b*（实线且大小为 282.84），则从向量 *b*（实线且大小为 282.84）的头部向着向量 *a*（实线且大小为 200）的头部画一个新的向量（粗线且大小为 200），如图 6.8 所示；
- 向量 *b*（实线且大小为 282.84）减去向量 *a*（实线且大小为 200），则从向量 *a*（实线且大小为 200）的头部向着向量 *b*（实线且大小为 282.84）的头部画一个新的向量（粗线且大小为 200），如图 6.9 所示。

可以发现，向量的减法是具有方向性的，并不满足交换律。

6.3.7　向量的缩放

向量与标量不能相加，但是它们能相乘。当一个标量和一个向量相乘时，将得到一个新的向量，该向量与原向量平行，但长度不同或方向相反。

如图 6.10 所示，可以看到，画布中心左侧的向量方向都是相同的（平行），向量的大小则以每 20 个单位递增；而画布中心右侧的向量方向相反（仍旧平行），其大小也是以每 20 个单位递增。你会看到，向量与标量的相乘实际是在缩放向量，因此 TSM 数学库中使用 scale 方法来表示向量与标量的相乘操作，方法原型如下：

```
scale(value: number, dest?: vec3): vec3
```

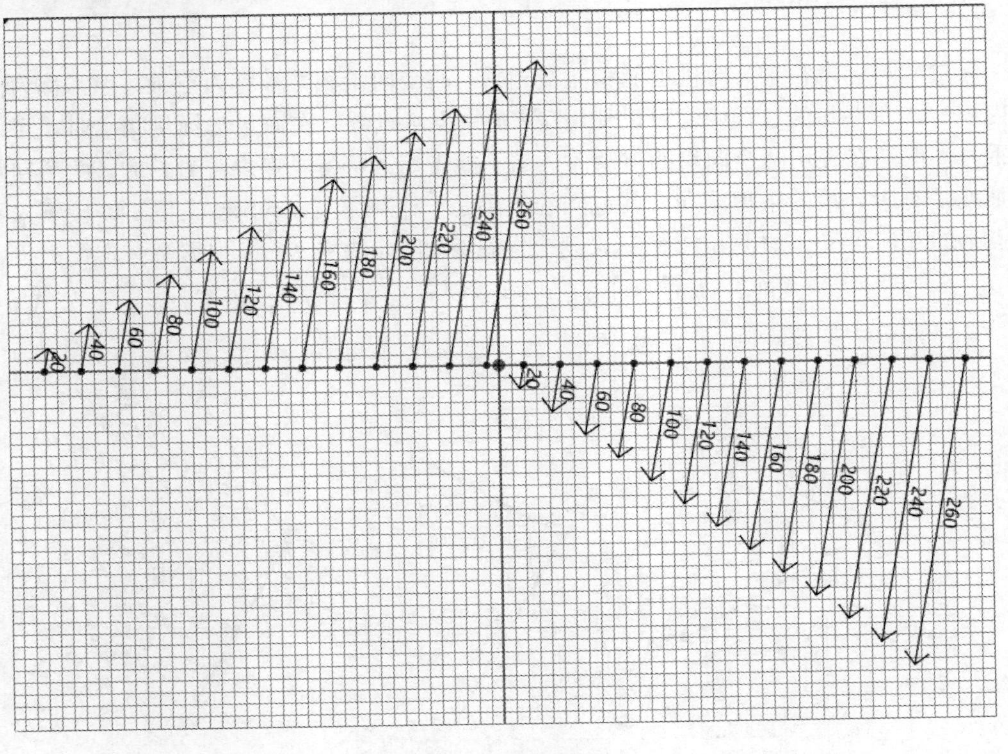

图 6.10　向量的缩放

⚠ 注意：TSM 数学库仅提供了实例化的 scale 方法，并没有提供对应的静态版本方法。

6.3.8　负向量

要计算一个向量的负向量，只需要将该向量的每个分量取反就可以了。

如图 6.11 所示，向量变负的几何含义是：得到一个和原向量方向相反、大小相同的向量。实际上我们也可以使用向量缩放的操作来实现向量取负操作，代码如下：

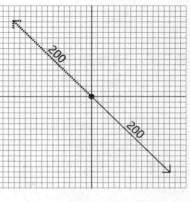

```
let v: vec3 = new vec3( [ 1, 1, 1 ] );
v.scale( -1 );
```

图 6.11　向量的取负操作

6.3.9　向量的点乘

向量能与标量相乘，向量也能和向量相乘。两个向量相乘被称为点乘（也常称为点积或内积）。在书写的过程中，可以使用 $a \cdot b$ 来表示点乘。在向量与标量相乘时，可以省略乘号，但是在表示两个向量的点乘时，是不能省略 · 符号（点乘符号）的。两个向量的点乘就是对应分量的乘积的和，其返回的结果是一个标量（number 类型），接下来看向量点乘的几何含义。如图 6.12 所示，两个向量 a 和 b，夹角为 θ，根据余弦定律：

$$\|a-b\|^2 = \|a\|^2 + \|b\|^2 - 2\|a\|\|b\|\cos\theta \qquad \text{（公式 6-2）}$$

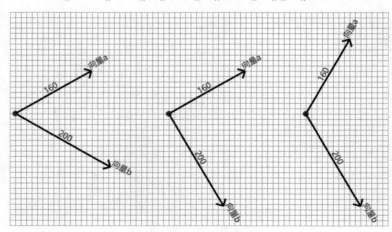

图 6.12　向量的点乘

将上述表达式的左侧 $\|a-b\|^2$ 展开，写成 $\|a\|^2 + \|b\|^2 - 2(a \cdot b)$，则可以得到：

$$\|a\|^2 + \|b\|^2 - 2(a \cdot b) = \|a\|^2 + \|b\|^2 - 2\|a\|\|b\|\cos\theta \qquad \text{（公式 6-3）}$$

从而就可以导出如下公式：

$$a \cdot b = \| a \| \| b \| \cos\theta \qquad\qquad （公式 6-4）$$

根据上面的公式，可以写成如下形式：

$$\cos\theta = a \cdot b / (\| a \| \| b \|) \qquad\qquad （公式 6-5）$$

其中，($\| a \| \| b \|$) 的值总是正数，由此可以得到如下重要的信息：

- 当 a · b > 0 时，向量 a 和 b 的夹角 θ 为锐角（因为 $0 \leqslant \theta <$ Math . PI / 2 的余弦值大于 0），可以认为两个向量方向基本相同，如图 6.12 左图示；
- 当 a · b = 0 时，向量 a 和 b 的夹角 θ 为直角（因为 Math . PI / 2 的余弦值等于 0），可以认为两个向量相互垂直，如图 6.12 中图示；
- 当 a · b < 0 时，向量 a 和 b 的夹角 θ 为钝角（因为 Math . PI / 2 $< \theta \leqslant$ Math . PI 的余弦值小于 0），可以认为两个向量方向基本相反，如图 6.12 右图示。

如果向量 a、b 中任意一个向量为零向量，则 $a \cdot b$ 的结果也为 0，这意味着零向量和其他任意向量都是相互垂直的。

最后看一下 TSM 数学库中静态点乘方法，其方法原型如下：

```
static dot(vector: vec3, vector2: vec3): number
```

6.3.10　向量的叉乘

向量的叉乘，如图 6.13 所示。

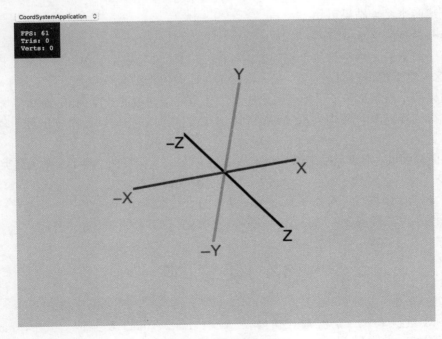

图 6.13　向量的叉乘

向量的另外一种乘法称为叉乘（也可以称为叉积或外积），向量的叉乘只可用于 3D 向量。一般使用符号 $\otimes$ 表示向量的叉乘。叉乘与点乘相比，最大的区别在于：

- 两个向量点乘的结果是一个 number 类型的标量，而两个向量叉乘的结果返回一个新的向量，并且返回的向量和参与计算的两个向量相互垂直；
- 两个向量点乘满足交换律，既 $a \cdot b = b \cdot a$，但是两个向量的叉乘不满足交换律，它们之间的关系是 $a \otimes b = -(b \otimes a)$。

接下来看一下向量叉乘的公式，具体如下：

$$\begin{bmatrix} x_1 \\ y_1 \\ z_1 \end{bmatrix} \otimes \begin{bmatrix} x_2 \\ y_2 \\ z_2 \end{bmatrix} = \begin{bmatrix} y_1 z_2 - z_1 y_2 \\ z_1 x_2 - x_1 z_2 \\ x_1 y_2 - y_1 x_2 \end{bmatrix} \qquad （公式 6-6）$$

如图 6.13 所示，根据公式 6-6 求 $x \otimes y$ 的值，示例如下：

$$\begin{bmatrix} 1 \\ 0 \\ 0 \end{bmatrix} \otimes \begin{bmatrix} 0 \\ 1 \\ 0 \end{bmatrix} = \begin{bmatrix} 0 \times 0 - 0 \times 1 \\ 0 \times 0 - 1 \times 0 \\ 1 \times 1 - 0 \times 0 \end{bmatrix} = \begin{bmatrix} 0 \\ 0 \\ 1 \end{bmatrix}$$

再来求 $y \otimes x$ 的值，示例如下：

$$\begin{bmatrix} 0 \\ 1 \\ 0 \end{bmatrix} \otimes \begin{bmatrix} 1 \\ 0 \\ 0 \end{bmatrix} = \begin{bmatrix} 1 \times 0 - 0 \times 0 \\ 0 \times 1 - 0 \times 0 \\ 0 \times 0 - 1 \times 1 \end{bmatrix} = \begin{bmatrix} 0 \\ 0 \\ -1 \end{bmatrix}$$

从上述两个叉乘结果可知：

- 两个向量的叉乘 $x \otimes y = -(y \otimes x)$　　　　　　　　　　　　　　　（公式 6-7）
- 两个向量的叉乘符合右手螺旋定则（6.1.2 节中右手定则的第二种方式）规律，当 $x \otimes y$ 时大拇指指向 z 向量，而当 $y \otimes x$ 时，大拇指指向 $-z$ 向量。
- 如果两个向量 x 和 y 平行或两个向量中任意一个向量的长度为 0，那么当 $x \otimes y$ 时，将得到零向量。两个向量叉乘得到零向量的几何解释是：零向量平行于任意其他向量。
- 上面提到过，对于点乘来说：$a \cdot b = \| a \| \| b \| \cos\theta$。同样的，对于叉乘也有类似公式：$a \otimes b = \| a \| \| b \| \sin\theta$　　　　　　　　　　　　　　　　　　　　　（公式 6-8）

TSM 数学库中提供了静态叉乘方法，具体的方法原型如下：

```
static cross(vector: vec3, vector2: vec3, dest?: vec3): vec3
```

6.4　矩　　阵

在 TSM 数学库中，与矩阵相关的有 3 个类：mat2、mat3 及 mat4。其中，mat2 可以表示二维空间中的旋转（具有 rotate 方法）和缩放矩阵（具有 scale 方法），mat3 和 mat4

表示三维空间中的矩阵。mat3 和 mat4 的区别在于：mat3 表示的是三维空间中的旋转矩阵（仅有 rotate 方法），而 mat4 表示的三维空间中的仿射矩阵（即具有 translate、rotate 及 scale 方法）。

除此之外，mat4 矩阵还可以表示三维中的视（图）矩阵（View Matrix）及投影矩阵（Projection Matrix），因此本节是以 mat4 为代表讲解的相关示例。

6.4.1　矩阵的定义

矩阵（Matrix）是 m 个行（Row）和 n 个列（Column）构成的数组。我们将矩阵用大写的粗体英文字母表示，如 $\boldsymbol{M}$。

m 行 n 列的矩阵被称为 $m \times n$ 矩阵，$m = n$ 的矩阵称为方矩阵（Square Matrix）。

对于 3D 图形开发来说，仅需要方矩阵，例如，TSM 数学库中的 mat4，表示的是 4×4 矩阵。而 mat2 和 mat3 类似。来看一下 mat4 矩阵的数学表达形式，具体如下：

$$\boldsymbol{M} = \begin{bmatrix} m00 & m01 & m02 & m03 \\ m10 & m11 & m12 & m13 \\ m20 & m21 & m22 & m23 \\ m30 & m31 & m32 & m33 \end{bmatrix}$$

在上式中，大写黑斜体表示 mat4 矩阵 $\boldsymbol{M}$，该矩阵有 4 行 4 列，合计 16 个分量（或元素）。矩阵中的每个分量 m 使用索引下标标明当前分量的行列号。我们使用 TS / JS 中数组 0 Base 的索引方式来标记矩阵 $\boldsymbol{M}$ 中各个分量的索引号，例如，$m00$ 表示当前分量 m 对应矩阵 $\boldsymbol{M}$ 的第 0 行第 0 列。$m33$ 表示当前分量 m 对应矩阵 $\boldsymbol{M}$ 的第 3 行第 3 列。

6.4.2　矩阵的乘法

矩阵的乘法是矩阵最关键的一个操作，矩阵的加法和减法都可以转换成矩阵的乘法表示（这一点后续了解），因此本节来关注矩阵的乘法操作。

理解方矩阵乘法最简单的方式是将参与计算的两个矩阵分别理解成行、列向量的集合，然后分别进行向量的点乘法操作。

以 2×2 矩阵为例，假设有如下两个矩阵 $\boldsymbol{A}$ 和 $\boldsymbol{B}$：

$$\boldsymbol{A} = \begin{bmatrix} a00 & a01 \\ a10 & a11 \end{bmatrix} \qquad \boldsymbol{B} = \begin{bmatrix} b00 & b01 \\ b10 & b11 \end{bmatrix}$$

要计算 $\boldsymbol{M} = \boldsymbol{A} \times \boldsymbol{B}$，则其计算步骤如下：

$$\boldsymbol{M} = \begin{bmatrix} a00 & a01 \\ a10 & a11 \end{bmatrix} \times \begin{bmatrix} b00 & b01 \\ b10 & b11 \end{bmatrix} = \begin{bmatrix} a00 \cdot b00 + a01 \cdot b10 & a00 \cdot b01 + a01 \cdot b11 \\ a10 \cdot b00 + a11 \cdot b10 & a10 \cdot b01 + a11 \cdot b11 \end{bmatrix}$$

由上述计算步骤可知：要计算矩阵 $M=A×B$，那么矩阵 M 的第 i 行第 j 列的值是矩阵 A 的第 i 行向量与矩阵 B 的第 j 列向量的点乘。例如，$m01$ 的值是矩阵 A 的第 0 行向量[$a00$，$a01$]与矩阵 B 的第 1 列向量[$b01$，$b11$]的点乘。

矩阵相乘有如下两个重要的规律：

- 矩阵乘法不符合交换律，即：$A×B≠B×A$，因此在进行矩阵乘法运算时必须要一直注意乘法的顺序。
- 矩阵乘法符合分配律，即：$A×(B+C)=A×B+A×C$。
- 矩阵乘法符合结合律，即：$(A×B)×C=A×(B×C)$。

在 TSM 数学库中，使用了如下两个方法定义矩阵乘法：

```
multiply(matrix: mat4): mat4
static product(m1: mat4, m2: mat4, result: mat4): mat4
```

其中，product 是静态方法，multiply 是实例方法。

🔖 注意：矩阵还有加法、减法、矩阵与标量相乘运算等，由于这些运算在 3D 图形开发中基本不会用到，因而可以忽略这些操作。

6.4.3　单位矩阵

在标量乘法中，任何数乘以 1，不会改变该标量的值。同样的，在矩阵中也存在着这样一种矩阵，我们称为单位矩阵，一般使用大写黑斜体 I 来标记单位矩阵。任何矩阵和单位矩阵 I 相乘，矩阵保持不变，其公式如下：

$$M×I=M \qquad\qquad （公式 6-9）$$

从数学的定义来说，当方矩阵 M 的成员 $mij=1$（$i=j$ 时），$mij=0$（$i≠j$ 时），被称为单位矩阵（Identity Matrix）。以 mat4 为例，其单位矩阵如下，除了对角线上的元素为 1 外，其他元素都为 0：

$$M=\begin{bmatrix} 1 & 0 & 0 & 0 \\ 0 & 1 & 0 & 0 \\ 0 & 0 & 1 & 0 \\ 0 & 0 & 0 & 1 \end{bmatrix}$$

TSM 数学库中，提供了如下方法将矩阵设置为单位矩阵：

```
setIdentity(): mat4
```

调用 setIdentity 方法后，会将 this 矩阵设置为单位矩阵并返回 this 指针，这样能进行矩阵的链式方法调用，该方法最大的作用是将矩阵进行重置操作。

6.4.4　矩阵的转置

矩阵的转置就是将一个矩阵的行变为转置矩阵的列。矩阵 M 的转置矩阵用 M^{T} 表示，其计算过程如下：

$$
M = \begin{bmatrix} m00 & m01 & m02 & m03 \\ m10 & m11 & m12 & m13 \\ m20 & m21 & m22 & m23 \\ m30 & m31 & m32 & m33 \end{bmatrix}
\qquad
M^{\mathrm{T}} = \begin{bmatrix} m00 & m10 & m20 & m30 \\ m01 & m11 & m21 & m31 \\ m02 & m12 & m22 & m32 \\ m03 & m13 & m23 & m33 \end{bmatrix}
$$

在 TSM 数学库中，提供了如下方法进行矩阵转置操作：

```
transpose(): mat4
```

调用 transpose 方法后，会将 this 矩阵的行列进行转置操作，然后返回 this 指针，这样有利于 mat4 矩阵的链式方法调用。

6.4.5　矩阵的行列式与求逆

只有方矩阵才有矩阵的行列式（Determinant）与矩阵的逆（Inverse Matrix）。在 3D 图形中，矩阵的行列式主要用于矩阵求逆操作（矩阵行列式具有一些重要的性质，但是在本书中并不会用到这些性质，如果读者感兴趣，可以自行查阅相关资料）。

关于矩阵的行列式和求逆算法，已超出了本书的范围，我们只需要知道常用的有两种矩阵求逆算法，即高斯消元法（Gauss Elimination）及伴随矩阵（Adjoint Matrix）求逆算法。TSM 数学库中的矩阵求逆使用的是伴随矩阵求逆算法，来看一下 TSM 数学库中实现的求矩阵行列式和逆的方法，其原型如下：

```
determinant(): number
inverse(): mat4
```

伴随矩阵求逆算法会先调用 determinant 方法求该矩阵的行列式，如果行列式的值为 0，则表示该矩阵是不可求逆的奇异矩阵（Singlular Matrix）。只有在行列式的值不为 0 的情况下，才能正确地求出矩阵的逆。inverse 方法会修改 this 矩阵中的数据，最后返回 this 指针，这样有利于 mat4 矩阵的链式方法调用。

关于矩阵的逆，有如下几个重要的性质：

- 方矩阵 M 的逆矩阵可以被记作 M^{-1}，也是一个方矩阵；
- $I = M \times M^{-1} = M^{-1} \times M$，矩阵 M 和它的逆矩阵 M^{-1} 相乘的结果是一个单位矩阵，并且符合矩阵乘法的交换律（通过 6.4.2 节知道，矩阵相乘不符合乘法交换律）；
- 方矩阵 M 的逆的逆等于原矩阵 M，即：$(M^{-1})^{-1} = M$；

- 单位矩阵 I 的逆矩阵是它本身，即：$\mathbf{I}^{-1} = \mathbf{I}$；
- 矩阵乘积的逆等于每个矩阵的逆的相反顺序的乘积。例如，$(\boldsymbol{A} \times \boldsymbol{B} \times \boldsymbol{C})^{-1} = \boldsymbol{C}^{-1} \times \boldsymbol{B}^{-1} \times \boldsymbol{A}^{-1}$，可以扩展到 n 多个矩阵的情况下。

矩阵求逆算法非常复杂，是 4×4 矩阵中最耗时的一个方法，但也是一个最常用的方法。

6.5　仿射变换

仿射变换是指在几何空间中，当物体平移（Translation）、旋转（Rotation）、放大缩小（Scale）、错切（Shear）或镜像/翻转/反射（Mirror / Flip / Reflection）时，在局部坐标系定义的点（或向量）x，经过某种变换后得到点（或向量）x'，其变换形式可以使用公式 $x' = \boldsymbol{A}x + v$ 表示，其中，$\boldsymbol{A}$ 为 3×3 矩阵，v 为三维向量。

从另外一个角度来解释上述仿射变换的公式，可以将仿射变换看成向量 x 经过一次线性变换（3×3 线性变换矩阵）后，紧接着再进行一次平移操作（即与三维向量 v 进行一次向量加法运算）。

由此又引导出线性变换的概念，可以将标准的 4×4 矩阵分解成如图 6.14 所示的四个部分。其中左上的 3×3 矩阵表示的是线性变换矩阵（即上述线性变换公式中的 $\boldsymbol{A}$ 矩阵），常用的线性变换矩阵包括：旋转（Rotation）、放大缩小（Scale）、错切（Shear）或镜像/翻转/反射（Mirror / Flip / Reflection）等，本书后续仅关注缩放和旋转这两种线性变换矩阵。

$$\boldsymbol{M} = \left[\begin{array}{ccc|c} m00 & m01 & m02 & m03 \\ m10 & m11 & m12 & m13 \\ m20 & m21 & m22 & m23 \\ \hline m30 & m31 & m32 & m33 \end{array}\right]$$

图 6.14　4×4 变换矩阵

在图 6.14 中，右上部分表示的是平移部分数据（即上述线性变换公式中的 v 向量），当我们将矩阵 $\boldsymbol{M}$ 中左下部分的 3 个分量设置为[0 , 0 , 0]，右下部分的分量设置为 1 后，就得到了如下表示的标准的 4×4 仿射变换矩阵。

$$\textbf{AffineMatrix} = \begin{bmatrix} m00 & m01 & m02 & m03 \\ m10 & m11 & m12 & m13 \\ m20 & m21 & m22 & m23 \\ 0 & 0 & 0 & 1 \end{bmatrix}$$

你会发现，当使用上述矩阵与向量相乘时，就会获得与公式 $x' = Ax + v$ 一致的结果。通过仿射变换矩阵，可以将平移、旋转、缩放、错切（Shear）、镜像/翻转/反射等操作全部放在一个 4×4 矩阵中，并且统一使用矩阵与向量的乘法操作来进行向量的空间变换。

除了可以使用矩阵和向量乘法来统一表示各种空间变换外，仿射变换还能保持变换后的平直性（Straightness），即线段变换到线段，仍旧是一条直线，变换前的线段中心点就是变换后的线段的中心点。同理，三角形变换后，原三角形的重心仍旧是变换后新三角形的重心。

在 TSM 数学库中，mat4 矩阵类提供如下方法原型进行矩阵与向量相乘的操作，其作用就是进行 $x' = Ax + v$ 公式的操作。

```
multiplyVec3(vector: vec3): vec3
```

multiplyVec3 方法会将 this 矩阵乘以参数 vector，并返回一个新的 vec3 类型的变量，表示变换后的点（或向量）的坐标。

6.5.1　平移矩阵

可以使用如下矩阵来表示平移：

$$Translation = \begin{bmatrix} 1 & 0 & 0 & x \\ 0 & 1 & 0 & y \\ 0 & 0 & 1 & z \\ 0 & 0 & 0 & 1 \end{bmatrix}$$

在 TSM 数学库中，使用如下原型方法来表示平移变换矩阵：

```
translate(vector: vec3): mat4
```

translate 方法是一个实例方法，该方法内部首先创建一个 *Translation* 矩阵，然后会将 this 矩阵和新创建的 *Translation* 矩阵相乘，合成新的仿射矩阵，接着更新 this 矩阵为刚才合成的新矩阵，并返回 this 矩阵。

注意：由此可见，TSM 数学库中的矩阵是累积矩阵，是对上一次仿射矩阵的再次叠加，不需要我们自己手动进行矩阵合成操作，和 OpenGL 1.x 版本中的 translate 具有类似效果，但与 OpenGL 1.x 中的 translate 的最大区别在于，不存在矩阵堆栈。本章后续会实现矩阵堆栈相关的操作。

6.5.2　缩放矩阵

可以使用如下矩阵来表示缩放：

$$Scale = \begin{bmatrix} s_x & 0 & 1 & 0 \\ 0 & s_y & 0 & 0 \\ 0 & 0 & s_z & 0 \\ 0 & 0 & 0 & 1 \end{bmatrix}$$

在 TSM 数学库中，可以使用如下原型方法来表示缩放矩阵：

```
scale(vector: vec3): mat4
```

scale 方法是一个实例方法，该方法内部首先创建一个 Scale 矩阵，然后会将 this 矩阵和新创建的 Scale 矩阵相乘，合成新的仿射矩阵，接着更新 this 矩阵为刚才合成的新矩阵，并返回 this 矩阵。

🔔注意：由此可见，TSM 数学库中的矩阵是累积矩阵，是对上一次仿射矩阵的再次叠加，不需要我们自己手动进行矩阵合成操作，和 OpenGL 1.x 中的 scale 具有类似效果，但与 OpenGL 1.x 中的 scale 的最大区别在于，不存在矩阵堆栈。本章后续会实现矩阵堆栈相关的操作。

6.5.3　绕任意轴旋转矩阵

可以使用如下方式来表示绕任意轴旋转的矩阵 *Rotation*：

$$\begin{bmatrix} u_x^2 + \cos\theta(1 - u_x^2) & u_x u_y(1 - \cos\theta) - u_z \sin\theta & u_z u_x(1 - \cos\theta) + u_y \sin\theta & 0 \\ u_x u_y(1 - \cos\theta) + u_z \sin\theta & u_y^2 + \cos\theta(1 - u_y^2) & u_y u_z(1 - \cos\theta) - u_x \sin\theta & 0 \\ u_z u_x(1 - \cos\theta) - u_y \sin\theta & u_y u_z(1 - \cos\theta) + u_x \sin\theta & u_z^2 + \cos\theta(1 - u_z^2) & 0 \\ 0 & 0 & 0 & 1 \end{bmatrix}$$

在 TSM 数学库中，使用如下原型方法表示上述旋转矩阵：

```
rotate(angle: number, u: vec3): mat4
```

rotate 方法是一个实例方法，其参数 angle 是以弧度表示的旋转角度，相当于上述 Rotation 矩阵中的 θ 参数。而参数 *u* 是个 3D 向量，表示要绕 *u* 轴旋转 θ 弧度。

rotate 方法内部首先判断向量轴 *u* 是否是个零向量，如果是零向量则矩阵错误；然后再判断向量轴 *u* 是否是单位向量。如果不是单位向量，内部会自动将其变成长度为 1 的单位向量，接着根据上述的矩阵来表示构建旋转矩阵，并且将 this 矩阵与刚才构建的旋转矩阵相乘操作，合成新的仿射矩阵，接着更新 this 矩阵为刚才合成的新矩阵，并返回 this 矩阵。

注意：由此可见，TSM 数学库中的矩阵是累积矩阵，是对上一次仿射矩阵的再次叠加，不需要我们自己手动进行矩阵合成操作，和 OpenGL 1.x 中的 rotate 具有类似效果，但与 OpenGL 1.x 中的 rotate 的最大区别在于，不存在矩阵堆栈。本章后续将会实现矩阵堆栈的相关操作。

再来看一下单位向量 u 的一些特殊值，如果 $u = [\,1\,,\,0\,,\,0\,]$，则表示绕 x 轴旋转的矩阵，其简化形式如下：

$$RotationX = \begin{bmatrix} 1 & 0 & 0 & 0 \\ 0 & \cos\theta & -\sin\theta & 0 \\ 0 & \sin\theta & \cos\theta & 0 \\ 0 & 0 & 0 & 1 \end{bmatrix}$$

同样，如果 $u = [\,0\,,\,1\,,\,0\,]$，则表示绕 y 轴旋转的矩阵，其简化形式如下：

$$RotationY = \begin{bmatrix} \cos\theta & 0 & \sin\theta & 0 \\ 0 & 1 & 0 & 0 \\ -\sin\theta & 0 & \cos\theta & 0 \\ 0 & 0 & 0 & 1 \end{bmatrix}$$

最后，如果 $u = [\,0\,,\,0\,,\,1\,]$，则表示绕 z 轴旋转的矩阵，其简化形式如下：

$$RotationZ = \begin{bmatrix} \cos\theta & -\sin\theta & 0 & 0 \\ \sin\theta & \cos\theta & 0 & 0 \\ 0 & 0 & 1 & 0 \\ 0 & 0 & 0 & 1 \end{bmatrix}$$

注意：由此可见，分别绕 x、y、z 轴的旋转矩阵都是绕任意轴旋转矩阵的特殊情况。参考图 6.2，该图演示了绕 y 轴旋转和绕任意轴（$[\,1\,,\,1\,,\,1\,]$）旋转后的效果。由于 3D 中的仿射变换非常重要且常用，后续章节将会大量使用本章相关的知识点。

6.6　视图矩阵与投影矩阵

在第 4 章 4.3.1 节中曾经说过，将一个 3D 物体显示出来需要经历 3 个步骤，其中，第一个步骤就是坐标系变换，将局部坐标系表示的点变换到世界坐标系中，然后再变换到视图坐标系（或叫摄像机坐标系），接着继续变换到裁剪坐标系（投影坐标系）。

其中，将一个点从局部坐标系变换到世界坐标系是通过上一节中提供的平移、缩放及旋转矩阵进行的。

若将世界坐标系中的一个点变换到视图坐标系（摄像机坐标系），则可以使用视图矩阵进行操作。

最后将视图坐标系（摄像机坐标系）中的一个点变换到裁剪坐标系（投影坐标系），则可以使用投影矩阵进行操作。

本节就来介绍视图矩阵（View Matrix，又可以称为摄像机矩阵）和投影矩阵（Projection Matrix）的相关内容。

6.6.1　视图（摄像机）矩阵

假设摄像机坐标系的原点为世界坐标系中的观察位置 *position*，然后其朝着目标 *target*，则摄像机的 *zAxis* 轴方向为：

```
let zAxis = vec3.difference( position, target ).normalize();
```

仅由一个位置点 *position* 和计算出来的 *zAxis* 轴方向并不能完全确定一个坐标系，因此需要增加一个 *yAxis* 轴表示向上的方向。一般情况下，*yAxis* 轴方向都是使用世界坐标系中的[0，1，0]表示，因此会看到 lookAt 方法中第三个参数默认为 vec3.up 常量，该常量表示的是[0，1，0]轴。

有了 *yAxis* 轴（*up*）向量，就可以计算出摄像机坐标系的 *xAxis* 轴向量，使用如下的算法：

```
let xAxis = vec3.cross( up, zAxis ).normalize();
```

你会看到，摄像机的 **xAxis** 轴向量是 *up* 向量叉乘 *zAxis* 向量，可以使用右手螺旋定则明确 *xAxis* 轴向量的正方向。

有了摄像机 *zAxis* 轴和 *xAxis* 轴向量，那么可以计算出摄像机的 *yAxis* 轴向量，其算法如下：

```
let yAxis = vec3.cross( zAxis, xAxis ).normalize();
```

至此，通过上述算法，获得了摄像机本身坐标系的 *xAxis*、*yAxis* 和 *zAxis* 轴，我们可以构建摄像机坐标系三个轴组成的正交矩阵：

$$CameraAxisMatrix = \begin{bmatrix} xAxis.x & xAxis.y & xAxis.z & 0 \\ yAxis.x & yAxis.y & yAxis.z & 0 \\ zAxis.x & zAxis.y & zAxis.z & 0 \\ 0 & 0 & 0 & 1 \end{bmatrix}$$

接下来要将在世界坐标系中表示的原点变换到视图坐标系（摄像机坐标系）中，可以使用如下矩阵：

$$CameraPositionMatrix = \begin{bmatrix} 1 & 0 & 0 & -position.x \\ 0 & 1 & 0 & -position.y \\ 0 & 0 & 1 & -position.z \\ 0 & 0 & 0 & 1 \end{bmatrix}$$

最后合成的视图矩阵为：

$$ViewMatrix = CameraAxisMatrix * CameraPositionMatrix$$

$$= \begin{bmatrix} xAxis.x & xAxis.y & xAxis.z & 0 \\ yAxis.x & yAxis.y & yAxis.z & 0 \\ zAxis.x & zAxis.y & zAxis.z & 0 \\ 0 & 0 & 0 & 1 \end{bmatrix} * \begin{bmatrix} 1 & 0 & 0 & -position.x \\ 0 & 1 & 0 & -position.y \\ 0 & 0 & 1 & -position.z \\ 0 & 0 & 0 & 1 \end{bmatrix}$$

$$= \begin{bmatrix} xAxis.x & xAxis.y & xAxis.z & -dot(xAxis,position) \\ yAxis.x & yAxis.y & yAxis.z & -dot(yAxis,position) \\ zAxis.x & zAxis.y & zAxis.z & -dot(zAxis,position) \\ 0 & 0 & 0 & 1 \end{bmatrix}$$

在 TSM 数学库中，使用 lookAt 静态方法来获得上述摄像机矩阵（视图矩阵），该矩阵用来将世界坐标系中表示的点变换为视图坐标系（摄像机坐标系）中表示的点。lookAt 静态方法的原型如下：

```
static lookAt ( position: vec3, target: vec3, up: vec3 = vec3.up ): mat4
```

6.6.2　投影矩阵

当一个位于视图坐标系（或摄像机坐标系）中的点要变换到裁剪坐标系（投影坐标系）时，需要使用投影矩阵。

在 3D 中，常用的投影包括透视投影和正交投影两种，其中，透视投影矩阵表示如下：

$$FrustumMatrix = \begin{bmatrix} \dfrac{2n}{r-l} & 0 & \dfrac{r+l}{r-l} & 0 \\ 0 & \dfrac{2n}{t-b} & \dfrac{t+b}{t-b} & 0 \\ 0 & 0 & \dfrac{-(f+n)}{f-n} & \dfrac{-2fn}{f-n} \\ 0 & 0 & -1 & 1 \end{bmatrix}$$

在 TSM 数学库中，mat4 类的静态方法 frustum 实现了上述矩阵，其方法原型如下：

```
static frustum(left: number, right: number, bottom: number, top: number,
near: number, far: number): mat4
```

frustum 方法参数众多，用起来比较麻烦。因此在 OpenGL 1.x 版本的 GLU 扩展库中提供了 gluPerspective 方法，这是一个非常好用的方法。在 TSM 数学库中也提供了类似方法的实现，其源码如下：

```
static perspective ( fov: number, aspect: number, near: number, far: number ):
mat4 {
    let top = near * Math.tan( fov * 0.5 ),
        right = top * aspect;

    return mat4.frustum( -right, right, -top, top, near, far );
}
```

由此可见，perspective 是对 frustum 方法的二次封装，关于该方法的应用，我们会在后续的摄像机类相关代码中讲解。

另外一种是正交投影，其矩阵表示如下：

$$OrthoMatrix = \begin{bmatrix} \dfrac{2}{r-l} & 0 & 0 & -\dfrac{r+l}{r-l} \\ 0 & \dfrac{2}{t-b} & 0 & -\dfrac{t+b}{t-b} \\ 0 & 0 & \dfrac{-2}{f-n} & -\dfrac{f+n}{f-n} \\ 0 & 0 & 0 & 1 \end{bmatrix}$$

在 TSM 数学库中提供了 orthographic 静态方法实现上述正交矩阵，其方法原型如下：

```
static orthographic ( left: number, right: number, bottom: number, top:
number, near: number, far: number ): mat4
```

6.7　四　元　数

四元数（Quaternion）是另外一种高效的表示旋转的数学工具，相比矩阵，四元数仅需要 4 个浮点数来表示旋转，因此比矩阵占用更少的内存。如果三维物体需要进行多次旋转变换，那么使用四元数所做的计算要小于矩阵。此外，在做骨骼动画关键帧插值时，利用四元数进行插值更加有效。因此现在很多的 3D 图形引擎都在内部使用四元数表示旋转。

注意：如果使用 TSM mat4 矩阵，则需要 16 个浮点数表示分量。如果使用 mat3 矩阵表示旋转，则需要使用 9 个分量，而四元数表示旋转时只需要 4 个浮点数分量。

四元数背后的数学知识非常复杂，超出了本书的范围，本书只关注四元数的具体应用。在 TSM 数学库中提供了 quat 类来表示四元数，如表 6.1 所示为四元数和旋转矩阵的异同点。

表 6.1　四元数与旋转矩阵对比表

操　作	四 元 数	旋 转 矩 阵	说　明
从轴角对（axis / angle）构造绕任意轴旋转表示	quat.fromAxis (axis,angle)	new mat4().rotate(axis,angle)	四元数使用静态fromAxis方法，而矩阵使用rotate方法，其中angle都是弧度表示
构造绕x轴旋转表示	quat.fromAxis (vec3.right,angle)	new mat4() .rotate(vec3.right,angle)	欧拉角方式构造旋转矩阵，绕x轴旋转又可以称为Pitch
构造绕y轴旋转表示	quat.fromAxis (vec3.up,angle)	new mat4() .rotate(vec3.up,angle)	欧拉角方式构造旋转矩阵，绕y轴旋转又可以称为Yaw
构造绕z轴旋转表示	quat.fromAxis (vec3.forward,angle)	new mat4() .rotate(vec3.forward,angle)	欧拉角方式构造旋转矩阵，绕z轴旋转又可以称为Roll
多次旋转合成实例方法	multiply	multiply	实例方法
多次旋转合成静态方法	product	product	静态方法
YawPtichRoll合成	yaw.multiply(pitch). multiply(roll)	yaw.multiply(pitch). multiply(roll)	矩阵和四元数使用相同的合成（乘）顺序
求逆操作	inverse	inverse	作用相同
重置操作	setIdentity	setIdentity	作用相同
单位化	normalize	无	四元数需要单位化后表示旋转，fromAxis方法返回的是单位化后的四元数表示
旋转插值	shortMix（slerp插值算法）	无	使用四元数的主要目的之一是为了方便顺滑的插值运算
互相转换	toMat3 / toMat4	toQuat	mat3提供toQuat方法，但是mat4无toQuat方法
变换顶点	multiplyVec3	multiplyVec3	旋转一个点

6.8　平　　面

　　TSM 数学库并没有包含平面（Plane）相关的数据结构，而平面是 3D 中最常用的几个数学类之一，因此本节来实现平面相关的一些常用方法。

6.8.1　构造平面

如图 6.15 所示，共面不共线的三个点（三个点不在一条直线上）可以确定一个平面。

图 6.15　三个点形成一个平面

对于三角形的三个顶点 *a*、*b*、*c* 所构成的平面，可以使用如下代码计算平面：

```
// 平面的隐式方程：ax+by+cz+d=0
// a / b / c 表示共面不共线的三个顶点
public static planeFromPoints(a: vec3, b: vec3, c: vec3, result: vec4 | null
= null): vec4 {
    if (!result) result = new vec4();
    let normal: vec3 = new vec3();
    // 计算三个点构成的三角形的法线
    MathHelper.computeNormal(a, b, c, normal);
    // 计算 ax+by+cz+d=0 中的 d
    let d: number = -vec3.dot(normal, a);
    result.x = normal.x;              // ax+by+cz+d=0 中的 x
    result.y = normal.y;              // ax+by+cz+d=0 中的 y
    result.z = normal.z;              // ax+by+cz+d=0 中的 z
    result.w = d;                     // ax+by+cz+d=0 中的 d
    return result;
}
```

上面代码用到了三角形法线计算的方法，其代码如下：

```
// 计算三角形的法向量
// 其公式为: cross ( b-a , c-a ).normalize()
public static computeNormal(a: vec3, b: vec3, c: vec3, result: vec3 | null):
vec3 {
    if (!result) result = new vec3();
    let l0: vec3 = new vec3();
    let l1: vec3 = new vec3();
    vec3.difference(b, a, l0);
    vec3.difference(c, a, l1);
    vec3.cross(l0, l1, result);
    result.normalize();
    return result;
}
```

⚠️注意：首先 TSM 数学库中没有提供平面相关操作，而平面使用了 4 个浮点数表示，因此直接使用
TSM 数学库中现有的 vec4 作为平面数据结构的表示；其次这些附加的数学相关的操作方法都
将成为 MathHelper 类的静态方法。

　　除了三个共面不共线的点构造一个平面外，还可以通过一条法线和一个点来构造一个
平面，该方法在后续代码中也经常使用，因此一并在此实现，具体源码如下：

```
// 平面的隐式方程：ax+by+cz+d=0
public static planeFromPointNormal(point: vec3, normal: vec3, result: vec4
| null = null): vec4 {
    if (!result) result = new vec4();
    result.x = normal.x;
    result.y = normal.y;
    result.z = normal.z;
    result.w = -vec3.dot(normal, point);
    return result;
}
```

6.8.2　平面的单位化

　　如果平面中的法向量（即 vec4 中的 x、y、z 分量部分）为单位向量，那么这个平面被
称为单位化平面，可以使用如下方法将一个平面单位化。

```
public static planeNormalize ( plane: vec4 ): number {
    let length: number, ilength: number;
    length = Math.sqrt( plane.x * plane.x + plane.y * plane.y + plane.z *
plane.z );
    if ( length === 0 ) {
        throw new Error( "面积为 0 的平面!!!" );
    }
    ilength = 1.0 / length;
    plane.x = plane.x * ilength;
    plane.y = plane.y * ilength;
    plane.z = plane.z * ilength;
    plane.w = plane.w * ilength;
    return length;
}
```

⚠️注意：务必使用单位化平面，因为容易计算点到平面的有向距离。

6.8.3　点与平面的距离与关系

　　当使用单位化平面后，我们可以使用如下代码计算出三维空间中任意一个点与平面之
间的有向距离：

```
public static planeDistanceFromPoint ( plane: vec4, point: vec3 ): number {
    return ( point.x * plane.x + point.y * plane.y + point.z * plane.z +
```

```
plane.w );
}
```

然后可以根据三维空间中任意一个点与平面之间的有向距离，来判断该点与平面之间的关系，其关系使用如下枚举表示：

```
export enum EPlaneLoc{
    FRONT,                    // 在平面的正面
    BACK,                     // 在平面的背面
    COPLANAR                  // 与平面共面
}
```

接着实现一个名为 planeTestPoint 的方法来判断一个点是在平面的正面、反面还是该点在平面上，具体代码如下：

```
public static planeTestPoint ( plane: vec4, point: vec3 ): EPlaneLoc {
    // 三维空间中任意一个点与平面的有向距离
    let num: number = MathHelper.planeDistanceFromPoint( plane, point );
    if ( num > EPSILON ) {             // 大于正容差数（+0.0001），点在平面的正面
        return EPlaneLoc.FRONT;
    } else if ( num < - EPSILON ) { // 小于负容差数（-0.0001），点在平面的背面
        return EPlaneLoc.BACK;
    } else {
        return EPlaneLoc.COPLANAR;   // 有向距离在-0.0001~+0.0001之间，表示点
                                     // 与平面共面
    }
}
```

6.9 矩 阵 堆 栈

前面一直提到，在 OpenGL 1.x 版本中，内置了笔者很喜欢的矩阵堆栈。但是自从 OpenGL 2.x（WebGL 1.0 是基于 OpenGLES 2.0 规范，而 OpenGLES 2.0 是基于 OpenGL 2.0 规范，使用 GPU 可编程管线代替了固定管线）开始，取消了矩阵堆栈。

在 OpenGL 1.x 版本中，其矩阵堆栈包含三个堆栈，即投影矩阵堆栈、纹理矩阵堆栈及模型视图（Model View）矩阵堆栈。但是本书的实现有所不同，本书中只实现一个名为 GLWorldMatrixStack 的类，该类用于将局部坐标系表示的顶点变换到世界坐标系，而世界坐标系中的点变换到视图坐标系（或摄像机坐标系）以及再变换到裁剪坐标系（或投影坐标系）的相关操作由摄像机（Camera）类来实现。

因此，本书的策略是忽略纹理矩阵堆栈，拆分 Model View 堆栈，将 Model 堆栈部分使用 GLWorldMatrixStack 表示，将 View 部分和投影堆栈部分的功能由摄像机类承担。

6.9.1　构造函数与 worldMatrix 属性

先来看一下 GLWorldMatrixStack 的成员变量、构造函数及获取矩阵堆栈栈顶矩阵的属性，代码如下：

```
export class GLWorldMatrixStack {
// 内置一个矩阵数组
private _worldMatrixStack: mat4[];
// 构造函数
public constructor () {
    //初始化时矩阵栈先添加一个正交单位化后的矩阵
    this._worldMatrixStack = [];
    this._worldMatrixStack.push( new mat4().setIdentity() );
}
// 获取堆栈顶部的世界矩阵
public get worldMatrix(): mat4 {
    if ( this._worldMatrixStack.length <= 0 ) {
        throw new Error( " model matrix stack 为空! " );
    }
    return this._worldMatrixStack[ this._worldMatrixStack.length - 1 ];
}
```

6.9.2　矩阵的入栈、出栈及 load 方法

当初始化矩阵堆栈后，可以使用如下几个方法来操作矩阵堆栈及 load 矩阵数据，代码如下：

```
// 在矩阵堆栈中添加一个矩阵
public pushMatrix (): GLWorldMatrixStack {
    let mv: mat4 = new mat4();
    // 要新增的矩阵复制了父矩阵的值
    this.worldMatrix.copy( mv );
    // 然后添加到堆栈的顶部
    this._worldMatrixStack.push( mv );
    return this;                   // 返回 this，可用于链式操作
}
// remove 掉堆栈顶部的矩阵并返回 this
public popMatrix (): GLWorldMatrixStack {
    this._worldMatrixStack.pop();
    return this;                   // 返回 this，可用于链式操作
}
// 将栈顶的矩阵重置为单位矩阵
public loadIdentity (): GLWorldMatrixStack {
    this.worldMatrix.setIdentity();
    return this;                   // 返回 this，可用于链式操作
}
// 将参数矩阵 mat 的值复制到栈顶矩阵
```

```
public loadMatrix ( mat: mat4 ): GLWorldMatrixStack {
    mat.copy( this.worldMatrix );
    return this;                            // 返回 this, 可用于链式操作
}
// 栈顶矩阵 = 栈顶矩阵 * 参数矩阵 mat
public multMatrix ( mat: mat4 ): GLWorldMatrixStack {
    this.worldMatrix.multiply( mat );
    return this;                            // 返回 this, 可用于链式操作
}
```

6.9.3　仿射变换操作

最后提供三个常用的基于矩阵堆栈的仿射变换操作方法, 具体代码如下:

```
// 栈顶矩阵 = 栈顶矩阵 * 平移矩阵
public translate ( pos: vec3 ): GLWorldMatrixStack {
    this.worldMatrix.translate( pos );
    return this;                            // 返回 this, 可用于链式操作
}
// 栈顶矩阵 = 栈顶矩阵 * 轴角对表示的旋转矩阵
public rotate ( angle: number, axis: vec3, isRadians: boolean = false ):
GLWorldMatrixStack {
    if ( isRadians === false ) {
        angle = MathHelper.toRadian( angle );
    }
    this.worldMatrix.rotate( angle, axis );
    return this;                            // 返回 this, 可用于链式操作
}
// 栈顶矩阵 = 栈顶矩阵 * 缩放矩阵
public scale ( s: vec3 ): GLWorldMatrixStack {
    this.worldMatrix.scale( s );
    return this;                            // 返回 this, 可用于链式操作
}
```

至此, 实现了一个简单的 GLWorldMatrixStack 类, 后续会经常使用该类来简化变换相关的操作。

6.10　摄　像　机

接下来实现一个摄像机类。摄像机类的基本功能有如下几点:

- 生成视图矩阵(摄像机矩阵)与投影矩阵;
- 提供多视口显示支持;
- 摄像机场景漫游和旋转;
- 抽取视截体 6 个平面信息(在第 9 章 9.5 节中实现)。

接下来看一下摄像机类的实现过程。

6.10.1　成员变量和构造函数

先来看一下摄像机类的成员变量及各个变量的具体含义，相关代码如下：

```
export class Camera {
    // 提供一个 WebGLRenderingContext 的成员变量，这样可以直接和 WebGL 交互
    public gl: WebGLRenderingContext;
    // 下面是摄像机相关的成员变量
    private _type: ECameraType = ECameraType.FLYCAMERA;       // 摄像机类型
    private _position: vec3 = new vec3();
                      // 摄像机在世界坐标系中的位置，初始化时为世界坐标系的原点处
    private _xAxis: vec3 = new vec3( [ 1, 0, 0 ] );
                      // 摄像机在世界坐标系中的 x 轴方向
    private _yAxis: vec3 = new vec3( [ 0, 1, 0 ] );
                      // 摄像机在世界坐标系中的 y 轴方向
    private _zAxis: vec3 = new vec3( [ 0, 0, 1 ] );
                      // 摄像机在世界坐标系中的 z 轴方向
    private _viewMatrix: mat4;        // 每帧更新时会根据上述参数计算出视图矩阵
    // 下面是投影相关的成员变量
    private _near: number;            // 投影的近平面距离
    private _far: number;             // 投影的远平面距离
    private _fovY: number;
                      // 上下视场角的大小，内部由弧度表示，输入时由角度表示
    private _aspectRatio: number;     // 视野的纵横比
    private _projectionMatrix: mat4;
                      // 每帧更新时会根据上述参数计算出投影矩阵
    // 投影矩阵 * 摄像机矩阵以及其逆矩阵
    private _viewProjMatrix: mat4;
                      // 每帧更新时会计算出 view_matrix 矩阵及其逆矩阵
    private _invViewProjMatrix: mat4;
}
```

其中，ECameraType 是个枚举类，关于该枚举值的含义，在控制摄像机运动时将会介绍，目前只需要了解 ECameraType 有如下两个枚举值：

```
export enum ECameraType {
    FPSCAMERA,                        // 第一人称运动摄像机
    FLYCAMERA                         // 自由运动摄像机
}
```

接下来看一下摄像机类的构造函数，其代码如下：

```
public constructor ( gl: WebGLRenderingContext, width: number, height:
number, fovY: number = 45.0, zNear: number = 1, zFar: number = 1000 ) {
    this.gl = gl;
    this._aspectRatio = width / height;             // 纵横比
    this._fovY = MathHelper.toRadian( fovY );
                  // 我们的摄像机默认 fovY 参数是以角度表示,TSM 数学库的 perspective
```

```
                            静态方法使用的是弧度表示，因此需要进行转换操作
    this._near = zNear;
    this._far = zFar;
    // 初始化时，矩阵设置为单位矩阵
    this._projectionMatrix = new mat4();
    this._viewMatrix = new mat4();
    this._viewProjMatrix = new mat4();
    this._invViewProjMatrix = new mat4();
}
```

6.10.2　摄像机的移动和旋转

本节实现的摄像机类具有两种类型：FPSCAMERA 和 FLYCAMERA。其中，FPSCamera 表示第一人称摄像机，可以把该摄像机当成你自己，能够前进、后退，能够左移、右移，还能够站起来或蹲下来，这样视线高度会发生变化；还可以上下左右转动你的脖子，从而产生不同的视野。

另外一种称为 FLYCAMERA，表示自由飞翔的摄像机，你可以将其看成拍摄电影的那种摄像机，可以做任何无拘束的拍摄效果。

接下来就来看一下如何实现上述两种效果的摄像机。首先实现摄像机的移动效果，代码如下：

```
//局部坐标系下的前后运动
public moveForward ( speed: number ): void {
    // 对于第一人称摄像机来说，你双脚不能离地，因此运动时不能变动 y 轴上的数据
    if ( this._type === ECameraType.FPSCAMERA ) {
        this._position.x += this._zAxis.x * speed;
        this._position.z += this._zAxis.z * speed;
    } else {
        // 对于自由摄像机来说，它总是沿着当前的 z 轴方向前进或后退
        this._position.x += this._zAxis.x * speed;
        this._position.y += this._zAxis.y * speed;
        this._position.z += this._zAxis.z * speed;
    }
}

//局部坐标系下的左右运动
public moveRightward ( speed: number ): void {
    // 对于第一人称摄像机来说，你双脚不能离地，因此运动时不能变动 y 轴上的数据
    if ( this._type === ECameraType.FPSCAMERA ) {
        this._position.x += this._xAxis.x * speed;
        this._position.z += this._xAxis.z * speed;
    } else {
        // 对于自由摄像机来说，它总是沿着当前的 x 轴方向左右运动
        this._position.x += this._xAxis.x * speed;
        this._position.y += this._xAxis.y * speed;
        this._position.z += this._xAxis.z * speed;
    }
}
```

```
//局部坐标系下的上下运动
public moveUpward ( speed: number ): void {
    // 对于第一人称摄像机来说，只调整上下的高度，目的是模拟眼睛的高度
    if ( this._type === ECameraType.FPSCAMERA ) {
        this._position.y += speed;
    } else {
        // 对于自由摄像机来说，它总是沿着当前的 y 轴方向上下运动
        this._position.x += this._yAxis.x * speed;
        this._position.y += this._yAxis.y * speed;
        this._position.z += this._yAxis.z * speed;
    }
}
```

接下来看一下如何旋转摄像机，其代码如下：

```
//局部坐标轴的左右旋转，以角度表示
public yaw ( angle: number ): void {
    // 重用矩阵
    mat4.m0.setIdentity();
    angle = MathHelper.toRadian( angle );
    // 调用 mat4 的 rotate 方法生成旋转矩阵，注意不同摄像机类型绕不同轴旋转
    if ( this._type === ECameraType.FPSCAMERA ) {
        // 对于 FPS 摄像机来说，我们总是水平旋转摄像机，避免产生斜视现象
        mat4.m0.rotate( angle, vec3.up );
    } else {
        // 对于自由摄像机来说，镜头可以任意倾斜
        mat4.m0.rotate( angle, this._yAxis );
    }
    // 对于绕 y 轴的旋转，你会发现 y 轴不变，变动的是其他两个轴
    // 因此我们需要获取旋转 angle 后，另外两个轴的方向，可以使用 multiplyVec3 方法
       实现
    mat4.m0.multiplyVec3( this._zAxis, this._zAxis );
    mat4.m0.multiplyVec3( this._xAxis, this._xAxis );
}
//局部坐标轴的上下旋转
public pitch ( angle: number ): void {
    // 两种摄像机都可以使用 pitch 旋转
    mat4.m0.setIdentity();
    angle = MathHelper.toRadian( angle );
    mat4.m0.rotate( angle, this._xAxis );
    // 对于绕 x 轴的旋转，你会发现 x 轴不变，变动的是其他两个轴
    // 因此我们需要获取旋转 angle 后，另外两个轴的方向，可以使用 multiplyVec3 方法
       实现
    mat4.m0.multiplyVec3( this._zAxis, this._zAxis );
    mat4.m0.multiplyVec3( this._yAxis, this._yAxis );
    mat4.m0.multiplyVec3( this._zAxis, this._zAxis );
}
//局部坐标轴的滚转
public roll ( angle: number ): void {
    // 只支持自由摄像机
    if ( this._type === ECameraType.FLYCAMERA ) {
        angle = MathHelper.toRadian( angle );
        mat4.m0.setIdentity();
```

```
            mat4.m0.rotate( angle, this._zAxis );
            // 对于绕 z 轴的旋转,你会发现 z 轴不变,变动的是其他两个轴
            // 因此我们需要获取旋转 angle 后另外两个轴的方向,可以使用 multiplyVec3 方法
               实现
            mat4.m0.multiplyVec3( this._xAxis, this._xAxis );
            mat4.m0.multiplyVec3( this._yAxis, this._yAxis );
        }
    }
```

摄像机的控制代码即简单又重要,关键点都已经详细注释,希望读者能理解并掌握。

6.10.3　摄像机的更新

当我们对摄像机进行移动或旋转操作时,或者改变投影的一些属性后,需要更新摄像机的视图矩阵和投影矩阵。本书为了简单起见,并不对这些操作进行优化,而是采取最简单直接的方式,每帧都自动计算相关矩阵,代码如下:

```
public update ( intervalSec: number ): void {
    // 使用 mat4 的 perspective 静态方法计算投影矩阵
    this._projectionMatrix = mat4.perspective( this._fovY, this._aspectRatio,
    this._near, this._far );
    // 计算视图矩阵
    this._calcViewMatrix();
    // 使用 _projectionMatrix * _viewMatrix 顺序合成 _viewProjMatrix,注意矩阵
       相乘的顺序
    mat4.product( this._projectionMatrix, this._viewMatrix, this._
       viewProjMatrix );
    // 然后再计算出 _viewProjMatrix 的逆矩阵
    this._viewProjMatrix.inverse( this._invViewProjMatrix );
}
```

摄像机的 update 需要每帧被调用,因此其最好的调用时机点是在 Application 及其子类的 update 虚方法中。

你会看到 update 方法中调用了 _calcViewMatrix 这个私有方法,实现代码如下:

```
//从当前轴及 postion 合成 view 矩阵
private _calcViewMatrix (): void {
    //固定 forward 方向
    this._zAxis.normalize();
    //forward 叉乘 right = up
    vec3.cross( this._zAxis, this._xAxis, this._yAxis );
    this._yAxis.normalize();
    //up 叉乘 forward = right
    vec3.cross( this._yAxis, this._zAxis, this._xAxis );
    this._xAxis.normalize();
    // 将世界坐标系表示的摄像机位置投影到摄像机的 3 个轴上
    let x: number = -vec3.dot( this._xAxis, this._position );
    let y: number = -vec3.dot( this._yAxis, this._position );
    let z: number = -vec3.dot( this._zAxis, this._position );
```

```
// 合成视图矩阵（摄像机矩阵）
this._viewMatrix.values[ 0 ] = this._xAxis.x;
this._viewMatrix.values[ 1 ] = this._yAxis.x;
this._viewMatrix.values[ 2 ] = this._zAxis.x;
this._viewMatrix.values[ 3 ] = 0.0;
this._viewMatrix.values[ 4 ] = this._xAxis.y;
this._viewMatrix.values[ 5 ] = this._yAxis.y;
this._viewMatrix.values[ 6 ] = this._zAxis.y;
this._viewMatrix.values[ 7 ] = 0.0;
this._viewMatrix.values[ 8 ] = this._xAxis.z;
this._viewMatrix.values[ 9 ] = this._yAxis.z;
this._viewMatrix.values[ 10 ] = this._zAxis.z;
this._viewMatrix.values[ 11 ] = 0.0;
this._viewMatrix.values[ 12 ] = x;
this._viewMatrix.values[ 13 ] = y;
this._viewMatrix.values[ 14 ] = z;
this._viewMatrix.values[ 15 ] = 1.0;
}
```

你会发现 _calcViewMatrix 的代码和 mat4.lookAt 的源码极其相似。它们之间的区别是，_calcViewMatrix 是从 forward（即 z 轴）方向向量构建视图矩阵，而 mat4.lookAt 则是使用两个点确定一个方向，然后再从确定的方向构造视图矩阵。在某些情况下也是需要这种操作，因此在 Camera 类中也提供了 lookAt 支持，代码如下：

```
//从当前 postition 和 target 获得 view 矩阵
//并且从 view 矩阵抽取 forward、up、right 方向矢量
public lookAt ( target: vec3, up: vec3 = vec3.up ): void {
    this._viewMatrix = mat4.lookAt( this._position, target, up );
    // 从抽摄像机矩阵中抽取世界坐标系中表示的 3 个轴
    // 我们需要使用世界坐标表示的轴进行有向运动
    this._xAxis.x = this._viewMatrix.values[ 0 ];
    this._yAxis.x = this._viewMatrix.values[ 1 ];
    this._zAxis.x = this._viewMatrix.values[ 2 ];
    this._xAxis.y = this._viewMatrix.values[ 4 ];
    this._yAxis.y = this._viewMatrix.values[ 5 ];
    this._zAxis.y = this._viewMatrix.values[ 6 ];
    this._xAxis.z = this._viewMatrix.values[ 8 ];
    this._yAxis.z = this._viewMatrix.values[ 9 ];
    this._zAxis.z = this._viewMatrix.values[ 10 ];
}
```

你会看到，calcViewMatrix 私有方法是通过摄像机的 postion 和 3 个方向轴合成视图矩阵，而 Camera 的 lookAt 公开方法，则使用摄像机的位置和世界坐标系中的任意一个点来构建视图矩阵，然后再从视图矩阵中抽取 x、y、z 轴的信息，目的是为了实现摄像机的移动和旋转（因为摄像机的运动代码是建立在 position 和 3 个轴向量上的）。

6.10.4　摄像机的相关属性

最后提供了一些摄像机的属性，用来设置摄像机的相关信息，代码如下：

```
public get fovY (): number {
    return this._fovY;
}
public set fovY ( value: number ) {
    this._fovY = value;
}
public get near (): number {
    return this._near;
}
public set near ( value: number ) {
    this._near = value;
}
public get far (): number {
    return this._far;
}
public set far ( value: number ) {
    this._far = value;
}
public get aspectRatio (): number {
    return this._aspectRatio;
}
public set aspectRatio ( value: number ) {
    this._aspectRatio = value;
}
public get position (): vec3 {
    return this._position;
}
public set position ( value: vec3 ) {
    this._position = value;
}
public set x ( value: number ) {
    this._position.x = value;
}
public set y ( value: number ) {
    this._position.y = value;
}
public set z ( value: number ) {
    this._position.z = value;
}
public get x (): number {
    return this._position.x;
}
public get y (): number {
    return this._position.y;
}
public get z (): number {
    return this._position.z;
}
public get xAxis (): vec3 {
    return this._xAxis;
}
public get yAxis (): vec3 {
    return this._yAxis;
}
public get zAxis (): vec3 {
```

```
    return this._zAxis;
}
public get type (): ECameraType {
    return this._type;
}
public set type ( value: ECameraType ) {
    this._type = value;
}
public setViewport ( x: number, y: number, width: number, height: number ):
void {
    this.gl.viewport( x, y, width, height );
}
public getViewport (): Int32Array {
    return this.gl.getParameter( this.gl.VIEWPORT );
}
```

摄像机属性代码很简单，需要注意的是 setViewport 和 getViewport 方法，如图 6.2 和图 6.5 的绘制是建立在 setViewport 的基础上，实现了多视口（这里是四个视口）的绘制，我们将在下一章中通过 Demo 来详解。

6.11 WebGLCoordSystem 类

图 6.2 和图 6.5 中显示了坐标系的绘制，都使用了 WebGLCoordSystem 这个辅助类来抽象表示，该类支持多视口的绘制，我们来看一下这个类的实现细节，代码如下：

```
export class GLCoordSystem {
    public viewport: number[] = []; // 当前坐标系被绘制在哪个视口中
    public axis: vec3;               // 当前坐标系绕哪个轴旋转
    public angle: number;            // 当前坐标系的旋转角度（不是弧度）
    public pos: vec3;                // 当前坐标系的位置，如果是多视口渲染的话，
                                     //   就为[0,0,0]
    public isDrawAxis: boolean;      // 是否绘制旋转轴
    public isD3D: boolean;           // 是否绘制为 D3D 左手系
    public constructor ( viewport: number[], pos: vec3 = vec3.zero, axis:
vec3 = vec3.up, angle: number = 0, isDrawAxis: boolean = false, isD3D:
boolean = false ) {
        this.viewport = viewport;
        this.angle = angle;
        this.axis = axis;
        this.pos = pos;
        this.isDrawAxis = isDrawAxis;
        this.isD3D = isD3D;
    }
}
```

6.12　本 章 总 结

本章主要介绍了与 3D 图形开发相关的一些数学基础。首先从坐标系开始，介绍了 OpenGL / WebGL 中的坐标系与 D3D 坐标系之间的区别，接着引入了坐标系的手向性及左右手定则相关的知识点。

有了坐标系的概念，还需要一整套相对应的数学类来描述和操作坐标系，例如需要移动、旋转及缩放坐标系等，这涉及向量、矩阵和四元数等数学概念。由于这些数学类是如此通用，因此选择开源的 TSM 库作为本书及各个 Demo 的基础数学类库。

接着介绍了向量的相关知识。理解向量最关键的步骤是理解向量各个操作背后的几何含义，因此在 6.3 节中用了大量篇幅来介绍向量的大小、方向、单位化、加、减、缩放、取负，以及点乘与叉乘背后的几何含义。再次强调，向量是 2D / 3D 图形编程的核心基础之一，一定要掌握上述向量常用操作背后的几何含义。

然后介绍了矩阵的相关知识点，包括矩阵是如何定义的，矩阵乘法的作用，什么是单位矩阵，以及矩阵的转置、行列式和矩阵求逆操作。

在 3D 图形中，矩阵主要用来表示仿射变换及投影变换，其中仿射变换矩阵包括平移矩阵、旋转矩阵、缩放矩阵、镜像（反射）矩阵及错切矩阵等。本章只介绍了平移矩阵、旋转矩阵、缩放矩阵这 3 个仿射矩阵。在了解仿射变换后，你会发现视图矩阵也是仿射矩阵，因为视图矩阵是由旋转矩阵与平移矩阵合成的，符合仿射变换矩阵的定义，并且进一步可以了解到旋转矩阵和缩放矩阵属于线性变换。在 6.5 节的最后部分介绍了视图矩阵和投影矩阵，而投影矩阵包括正交投影矩阵和透视投影矩阵，本书后续的 Demo 仅使用透视投影矩阵。

3D 中表示旋转方式有轴角对方式、旋转矩阵方式、欧拉角（Yaw / Pitch / Roll）方式及四元数方式。在生成绕任意轴旋转的矩阵时，使用了轴角对作为参数。如果轴角对中的轴是 X、Y、Z 轴的话，则可以看成是使用欧拉角生成旋转矩阵。在 3D 图形中，最终总是使用矩阵作为空间变换的工作，但是表示旋转时，需要使用 9 或 16 个分量，并且使用矩阵进行旋转插值不方便，因此引入了内存占用更小、方便进行 slerp 插值的四元数。

在四元数一节中，主要提供了一张与旋转矩阵的对比表来介绍四元数相关的操作。四元数的特点是数学推导过程非常复杂，但是使用起来非常方便，支持 slerp 插值，并且能避免恼人的欧拉角万向节死锁（Gimbal Lock）问题。

⚠注意：欧拉角万向节死锁相关的知识点请读者自行查阅相关资料阅读。

接下来介绍的是平面，在 2D 中无限长的线段将整个空间分成线段的左侧、线段的右侧，以及是否在线段上。而在 3D 中，进行空间分割需要使用平面。我们可以通过共面不共线的 3 个点来生成平面，也可以直接使用法向量与空间中的任意一个点来生成平面。平面具有无限大小，通过单位化的平面，快速地判断空间中任意点是在平面的正面、反面还是共面这三种情况，这个操作是很多空间分割（为了加速碰撞检测或渲染，需要对空间进行某些有意义的分割）算法的基础。

为了方便后续的 Demo 演示，本章实现了 OpenGL 1.x 版本中的矩阵堆栈。在 OpenGL 1.x 中，其矩阵堆栈包含 3 个堆栈，即投影矩阵堆栈、纹理矩阵堆栈及模型视图（Model View）矩阵堆栈。但是本章中只实现了一个名为 GLWorldMatrixStack 的类，该类用于将局部坐标系表示的顶点变换到世界坐标系，而世界坐标系中的点变换到视图坐标系（或摄像机坐标系）以及再变换到裁剪坐标系（或投影坐标系）的相关操作由摄像机（Camera）类来实现。

矩阵堆栈和摄像机类用来合成 OpenGL 中经典的 model_view_projection 矩阵，将 3D 场景中的图形物体从局部坐标系转换到裁剪坐标系，而我们实现的摄像机类还支持设置视口，这样又将裁剪坐标系中相关的点映射到屏幕坐标系，从而正确地显示在计算机屏幕上。当然，摄像机还支持三个局部方向轴的正、负移动和旋转操作。

本章最后实现了一个 WebGLCoordSystem 的类，用来表示本章第一节所介绍的坐标系。通过 WebGLCoordSystem 类，我们可以形象化坐标系变换，将坐标系变换时的要点通过 WebGL 绘制出来，从而更加形象化地理解变换的过程，后续章节将会使用 WebGLCoordSystem 来演示一些重要的数学操作。

上述就是本章的主要内容，希望读者能理解并掌握。

第 7 章 多视口渲染基本几何体、坐标系及文字

通过前面 6 章的学习，我们构建了一个基于 TypeScript 语言的 WebGL 渲染框架体系。接下来的几章将会使用该框架体系（WebGLUtilLib）来实现一些关键技术的 Demo。本章的重点就是使用 WebGLUtilLib 来实现多视口渲染，由如下两个部分组成：

- GLMeshBuilder 类多视口渲染旋转中的基本几何体；
- 多视口渲染坐标系及三维物体绕各种旋转轴的旋转效果。

第一个 Demo 演示的重点在于如何实现多视口渲染及 GLMeshBuilder 三种不同的顶点存储方式（EVertexLayout 枚举结构的三个枚举值），以及使用颜色和纹理渲染相关内容。

第二个 Demo 则是在使用多视口渲染的基础上，让大家更进一步了解坐标系及与变换相关的数学概念。同时在该 Demo 中还会涉及一个如何将局部坐标系中的点变换到屏幕坐标系表示的算法。通过这个点变换算法，我们可以实现将 Canvas2D 中的文字正确地呈现在 WebGL 中，从而解决 WebGL 文字绘制的短板。

7.1 使用 GLMeshBuilder 多视口渲染基本几何体

在第 4 章的图 4.13、图 4.15、图 4.16 及第 6 章的图 6.2 和图 6.5 的演示效果中，都使用了多视口渲染技术，将多种图形效果显示在同一个窗口的不同视口中，每一个视口中显示的都是一个独立的场景，具有独立的几何变换流水线（顶点从局部坐标系-全局坐标系-摄像机坐标系-裁剪坐标系-屏幕坐标系的变换流程）。下面就来了解如何使用 GLMeshBuiler 对象实现多视口多种基本几何体的渲染。

7.1.1 Demo 的需求描述

先来了解一下使用 GLMeshBuilder 对象进行多视口基本几何体渲染的相关需求描述，具体内容如下：

（1）本 Demo 分为如图 7.1 和图 7.2 所示的两个部分，页面（或称为场景）之间通过键"1"（页面 1，如图 7.1 所示）和键"2"（页面 2，如图 7.2 所示）进行切换。

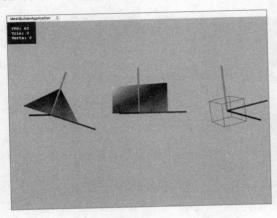

图 7.1　使用平移后的绘制效果

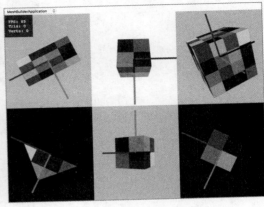

图 7.2　使用多视口后的绘制效果

（2）在页面 1 中，使用矩阵的平移操作来绘制不停旋转的使用颜色着色器的三角形、四边形及线框模式显示的立方体。

（3）页面 2 中，将整个显示窗口分成多个视口，每个视口显示单独的一个场景，例如沿着不同旋转轴旋转的三角形、四边形及立方体。每个视口可以具有不同的背景色。与页面 1 不同，页面 2 中使用的是纹理贴图着色器进行渲染，并且模拟 Atlas 纹理贴图技术（将纹理的不同子区域分别映射到立方体的 6 个不同面上）。

（4）在实现本 Demo 的过程中，使用了 3 个基于颜色着色器的 GLMeshBuilder 对象和 3 个基于纹理着色器的 GLMeshBuilder 对象，分别用来演示 EVertexLayout. INTERLEAVED、EVertexLayout.SEQUENCE 及 EVertexLayout.SEPARATED 这 3 种类型的顶点存储格式。

（5）可以使用摄像机进行移动和旋转效果。

7.1.2　Demo 的成员变量和构造函数

首先来看一下 Demo 的成员变量，代码如下：

```
export class MeshBuilderApplicaton extends CameraApplication
{
    public colorShader: GLProgram;        // 颜色着色器
    public textureShader: GLProgram;      // 纹理着色器
    public texture: GLTexture;            // 纹理着色器所使用的纹理对象
    public builder0: GLMeshBuilder;
                // 使用 EVertexLayout.INTERLEAVED 存储顶点数据的基于颜色着
                   色器的 MeshBuilder 对象
```

```
        public builder1: GLMeshBuilder;
                        // 使用 EVertexLayout.SEQUENCED 存储顶点数据的基于颜色着色器的
                        MeshBuilder 对象
        public builder2: GLMeshBuilder;
                        // 使用 EVertexLayout.SEPARATED 存储顶点数据的基于颜色着色器的
                        MeshBuilder 对象
        public tbuilder0: GLMeshBuilder;
                        // 使用 EVertexLayout.INTERLEAVED 存储顶点数据的基于纹理着色器
                        的 MeshBuilder 对象
        public tbuilder1: GLMeshBuilder;
                        // 使用 EVertexLayout.SEQUENCED 存储顶点数据的基于纹理着色器的
                        MeshBuilder 对象
        public tbuilder2: GLMeshBuilder;
                        // 使用 EVertexLayout.SEPARATED 存储顶点数据的基于纹理着色器的
                        MeshBuilder 对象
        public angle: number = 0;           // 用来更新旋转角度
        public coords: GLCoordSystem[];
                        // 用于多视口渲染使用的 GLCoordSystem 对象

        // 用于切换页面 1 和页面 2 的绘制函数, 类型是一个函数对象
        public currentDrawMethod: Function;
}
```

成员变量的相关注释很详细。但需要注意的是, currentDrawMethod 这个成员变量的类型为 Function, 实际上也可以使用更清晰的回调函数签名方式来声明, 代码如下:

```
public currentDrawMethod: ( ) => void ;
```

声明 MeshBuilderApplicaton 这个 Demo 的成员变量后, 接着来看一下其构造函数, 代码如下:

```
public constructor ( canvas: HTMLCanvasElement )
    {
        super( canvas );
        // 使用 default 纹理和着色器
        this.texture = GLTextureCache.instance.getMust( "default" );
        this.colorShader = GLProgramCache.instance.getMust( "color" );
        this.textureShader = GLProgramCache.instance.getMust( "texture" );
        // 创建不同 EVertexLayout 的颜色着色器
        this.builder0 = new GLMeshBuilder( this.gl, GLAttribState.POSITION_
BIT | GLAttribState.COLOR_BIT, this.colorShader, null,EVertexLayout.
INTERLEAVED );
        this.builder1 = new GLMeshBuilder( this.gl, GLAttribState.POSITION_
BIT | GLAttribState.COLOR_BIT, this.colorShader, null,EVertexLayout.
SEQUENCED );
        this.builder2 = new GLMeshBuilder( this.gl, GLAttribState.POSITION_
BIT | GLAttribState.COLOR_BIT, this.colorShader, null,EVertexLayout.
SEPARATED );
        // 创建不同 EVertexLayout 的纹理着色器
        this.tbuilder0 = new GLMeshBuilder( this.gl, GLAttribState.
POSITION_BIT | GLAttribState.TEXCOORD_BIT, this.textureShader, this.texture.
texture, EVertexLayout.INTERLEAVED );
        this.tbuilder1 = new GLMeshBuilder( this.gl, GLAttribState.
```

```
POSITION_BIT | GLAttribState.TEXCOORD_BIT, this.textureShader, this.texture.
texture, EVertexLayout.SEQUENCED );
        this.tbuilder2 = new GLMeshBuilder( this.gl, GLAttribState.POSITION_
BIT | GLAttribState.TEXCOORD_BIT, this.textureShader, this.texture.texture,
 EVertexLayout.SEPARATED );
        this.camera.z = 4;                    // 调整摄像机位置
        // 可以随便改行列数量，用于多视口渲染使用
 this.coords = GLCoordSystem.makeViewportCoordSystems( this.canvas.width,
this.canvas.height, 2, 3 );
        // 初始化时指向页面 1 的绘图函数
        this.currentDrawMethod = this.drawByMatrixWithColorShader;
    }
```

上述代码主要做了如下 3 件事：

- 创建不同 EVertexLayout 枚举类型分别使用颜色和纹理着色器的 MeshBuilder 对象。
- 使用 GLCoordSystem 的静态方法 makeViewportCoordSystems 创建多个 GLCoordSystem 对象，每个 GLCoordSystem 对象包含一个坐标系描述及对应一个 Viewport 数据，用于后续的多视口渲染。
- 将当前的 currentDrawMethod 函数指针指向使用颜色着色器并使用矩阵平移绘制多个几何体的函数对象（drawByMatrixWithColorShader）。

7.1.3　drawByMatrixWithColorShader 方法绘制流程

看一下 drawByMatrixWithColorShader 方法的实现。该方法内部通过使用基类 WebGL Application 内置的 matStack 矩阵堆栈，使用平移方式将三个基本几何体绘制到当前窗口的不同区域中。先看一下该方法的整体流程，代码如下：

```
public drawByMatrixWithColorShader (): void
    {
        // 很重要，由于我们后续使用多视口渲染，因此必须要调用 camera 的 setviewport
          方法
        this.camera.setViewport( 0, 0, this.canvas.width, this.canvas.
height );
        // 使用 cleartColor 方法设置当前颜色缓冲区背景色是什么颜色
        this.gl.clearColor(0.8,0.8,0.8,1);
        // 调用 clear 清屏操作
        this.gl.clear( this.gl.COLOR_BUFFER_BIT | this.gl.DEPTH_BUFFER_
BIT );
        // 关闭三角形背面剔除功能，这是因为在初始化时，我们是开启了该功能
        // 但是由于我们下面会渲染三角形和四边形这两个 2d 形体，所以要关闭，否则不会显
          示三角形或四边形的背面部分
        this.gl.disable( this.gl.CULL_FACE );
        // 具体的绘制代码
        ……
        // 恢复三角形背面剔除功能
```

```
            this.gl.enable( this.gl.CULL_FACE );
    }
```

上述代码去除掉具体的绘制代码，仅演示了 WebGL 中绘制流程的经典步骤。

注意：由于 WebGL 本身就是渲染状态机实现，因此每次绘制时总是需要按需设置开启或关闭某些渲染状态。在绘制完成后，最好将渲染状态恢复到 WebGL 上下文对象创建时的初始化状态，这样才不会干扰后续的绘制操作。

MeshBuilderApplicaton 的基类（WebGLApplication）构造函数中初始化 WebGL 上下文对象时，使用了 GLHelper.setDefaultState(this.gl)这句代码来设置默认渲染状态。下面来看一个 GLHelper.setDefaultState 静态方法的实现，代码如下：

```
public static setDefaultState ( gl: WebGLRenderingContext ): void
{
    // default [r=0,g=0,b=0,a=0]
    gl.clearColor( 0.0, 0.0, 0.0, 0.0 );          // 每次清屏时，将颜色缓冲区设
                                                     置为全透明黑色
    gl.clearDepth( 1.0 );                    // 每次清屏时，将深度缓冲区设置为 1.0
    gl.enable( gl.DEPTH_TEST );              //开启深度测试
    gl.enable( gl.CULL_FACE );              //开启背面剔除
    gl.enable( gl.SCISSOR_TEST );          //开启裁剪测试
}
```

注意：请牢记初始化的渲染状态设置，每次进行绘制操作后，将渲染状态恢复到初始化状态。

7.1.4　使用 INTERLEAVED 顶点存储格式绘制三角形

在 drawByMatrixWithColorShader 中会基于矩阵平移的方式绘制三种基本几何体，每种几何体的绘制使用不同的顶点存储布局方式。先看一下使用 EVertexLayout.INTERLEAVED 这种顶点存储格式绘制绕 z 轴旋转的三角形，代码：

```
// EVertexLayout.INTERLEAVED 顶点存储格式绘制绕 x 轴旋转的三角形
this.matStack.pushMatrix();          // 每次绘制时，一般总是先进行矩阵进栈操作
{
    this.matStack.translate( new vec3( [ -1.5, 0, 0 ] ) );
                                // 将坐标系左移 1.5 个单位（右移为正，左移为负）
    this.matStack.rotate( this.angle, vec3.forward );
                                // 绕着 right 轴每帧旋转 this.angle 数量,单位为
                                   度而不是弧度
    // 合成 model-view-projection 矩阵，存储到 mat4 的静态变量中，减少内存的重新
       分配
    mat4.product( this.camera.viewProjectionMatrix, this.matStack.worldMatrix,
mat4.m0 );
```

```
this.builder0.begin( this.gl.TRIANGLES );    // 在使用 GLMeshBuilder 时,
                                                必须要调用 beging 方法
this.builder0.color( 1, 0, 0 ).vertex( -0.5, 0, 0 );    // 顶点 0 为红色
this.builder0.color( 0, 1, 0 ).vertex( 0.5, 0, 0 );     // 顶点 1 为绿色
this.builder0.color( 0, 0, 1 ).vertex( 0, 0.5, 0 );     // 顶点 2 为蓝色
this.builder0.end( mat4.m0 );    // 在使用 GLMeshBuilder 时,必须要调用 end
                                    方法进行真正的绘制提交命令
this.matStack.popMatrix();            // 矩阵出堆栈,一定要注意堆栈的平衡性问题
}
```

上述代码绘制一个顶点顺序为逆时针方向、左右对称、原点在底部中心的三角形,其效果如图 7.3 和图 7.4 所示。

图 7.3　初始化时三角形与坐标系

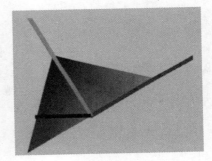

图 7.4　旋转后的三角形与坐标系

7.1.5　使用 SEQUENCED 顶点存储格式绘制四边形

接下来看使用 EVertexLayout.SEQUENCED 这种顶点存储格式绘制绕 *y* 轴旋转的三角形的代码,具体如下:

```
// EVertexLayout.SEQUENCED 顶点存储格式绘制绘制绕 y 轴旋转的四边形
this.matStack.pushMatrix();        // 矩阵堆栈进栈
{
    this.matStack.rotate( this.angle, vec3.up );
                                    // 在窗口中心绘制,因此不需要平移,只需要旋转
    // 合成 model-view-projection 矩阵,存储到 mat4 的静态变量中,减少内存的重新
        分配
    mat4.product( this.camera.viewProjectionMatrix, this.matStack.
worldMatrix, mat4.m0 );
    this.builder1.begin( this.gl.TRIANGLE_FAN );
                                    // 注意这里我们使用 TRIANGLE_FAN 图元而不是
                                        TRIANGLES 图元绘制
    this.builder1.color( 1, 0, 0 ).vertex( -0.5, 0, 0 );
                                    // 顶点 0 为红色  左下
    this.builder1.color( 0, 1, 0 ).vertex( 0.5, 0, 0 );
                                    // 顶点 1 为绿色  右下
```

```
        this.builder1.color( 0, 0, 1 ).vertex( 0.5, 0.5, 0 );
                                        // 顶点 2 为蓝色　右上
        this.builder1.color( 1, 1, 0 ).vertex( -0.5, 0.5, 0 );
                                        // 顶点 3 为黄色 左上
        this.builder1.end( mat4.m0 );        // 向 GPU 提交绘制命令
        this.matStack.popMatrix();           // 矩阵出堆栈
    }
```

上述代码绘制了一个顶点顺序为逆时针方向、左右对称、原点在底部中心的正四边形，其效果如图 7.5 和图 7.6 所示。

图 7.5　初始化时正四边形与坐标系　　　　　图 7.6　旋转后的正四边形与坐标系

7.1.6　使用 SEPARATED 顶点存储格式绘制立方体

本节使用 EVertexLayout.SEPARATED 顶点存储格式绘制绕[1 , 1 , 1]轴旋转的线框立方体，其实现代码如下：

```
// EVertexLayout.SEPARATED 顶点存储格式绘制绕[ 1 , 1 , 1 ]轴旋转的立方体
this.matStack.pushMatrix();        // 矩阵堆栈进栈
{
    this.matStack.translate( new vec3( [ 1.5, 0, 0 ] ) );
                                // 将坐标系右移 1.5 个单位（右移为正，左移为负）
    this.matStack.rotate( -this.angle, new vec3( [1,1,1] ).normalize() );
                                // 绕[ 1 , 1 , 1 ]轴旋转，主要轴调用 normalize
                                    方法进行单位化
    // 合成 model-view-projection 矩阵，存储到 mat4 的静态变量中，减少内存的重新
        分配
    mat4.product( this.camera.viewProjectionMatrix, this.matStack.
worldMatrix, mat4.m0 );
    DrawHelper.drawWireFrameCubeBox( this.builder2, mat4.m0, 0.2 );
                            // 调用 DrawHelper 类的静态 drawWireFrameCubeBox 方法
    this.matStack.popMatrix(); // 矩阵出堆栈
}
```

上面的代码中将绘制线框立方体的代码封装在一个名为 DrawHelper 类的 drawWireFrameCubeBox 方法中，该方法内部又调用了 DrawHelper 类的 drawBoundBox 静态方法。

下面来看这两个静态方法的实现，drawWireFrameCubeBox 代码如下：

```
public static drawWireFrameCubeBox ( builder: GLMeshBuilder, mat: mat4,
halfLen: number = 0.2, color: vec4 = vec4.red ): void
{
    let mins: vec3 = new vec3( [ -halfLen, -halfLen, -halfLen ] );
    let maxs: vec3 = new vec3( [ halfLen, halfLen, halfLen ] );
    DrawHelper.drawBoundBox( builder, mat, mins, maxs, color );
}
```

drawBoundBox 方法的实现代码如下：

```
//
/*

        /3--------/7  |
       / |       /   |
      /  |      /    |
     1---------5     |
     |  /2- - -|- -6
     | /       | /
     |/        |/
     0---------4/

*/
// 根据 mins 点（上图中的顶点 2，左下后）和 maxs（上图中的顶点 5，右上前）点的坐标，使
用参数指定的颜色绘制线框绑定盒，它是一个立方体
// GLMeshBuilder 的 begin / end 被调用了三次
public static drawBoundBox ( builder: GLMeshBuilder, mat: mat4, mins: vec3,
maxs: vec3, color: vec4 = vec4.red ): void
{
    // 使用 LINE_LOOP 绘制底面，注意顶点顺序，逆时针方向，根据右手螺旋定则可知，法线
        朝外
    builder.begin( builder.gl.LINE_LOOP ); // 使用的是 LINE_LOOP 图元绘制模式
    {
        builder.color( color.r, color.g, color.b ).vertex( mins.x, mins.y,
mins.z ); // 2 - - -
        builder.color( color.r, color.g, color.b ).vertex( mins.x, mins.y,
maxs.z ); // 0 - - +
        builder.color( color.r, color.g, color.b ).vertex( maxs.x, mins.y,
maxs.z ); // 4 + - +
        builder.color( color.r, color.g, color.b ).vertex( maxs.x, mins.y,
mins.z ); // 6 + - -
        builder.end( mat );
    }

    // 使用 LINE_LOOP 绘制顶面，注意顶点顺序，逆时针方向，根据右手螺旋定则可知，法线
        朝外
    builder.begin( builder.gl.LINE_LOOP ); // 使用的是 LINE_LOOP 图元绘制模式
    {
        builder.color( color.r, color.g, color.b ).vertex( mins.x, maxs.y,
mins.z ); // 3 - + -
        builder.color( color.r, color.g, color.b ).vertex( maxs.x, maxs.y,
mins.z ); // 7 + + -
        builder.color( color.r, color.g, color.b ).vertex( maxs.x, maxs.y,
maxs.z ); // 5 + + +
```

```
        builder.color( color.r, color.g, color.b ).vertex( mins.x, maxs.y,
maxs.z );  // 1 - + +
        builder.end( mat );
    }

    // 使用 LINES 绘制
    builder.begin( builder.gl.LINES );          // 使用的是 LINES 图元绘制模式
    {
        builder.color( color.r, color.g, color.b ).vertex( mins.x, mins.y,
mins.z );   // 2 - - -
        builder.color( color.r, color.g, color.b ).vertex( mins.x, maxs.y,
mins.z );   // 3 - + -

        builder.color( color.r, color.g, color.b ).vertex( mins.x, mins.y,
maxs.z );   // 0 - - +
        builder.color( color.r, color.g, color.b ).vertex( mins.x, maxs.y,
maxs.z );   // 1 - + +

        builder.color( color.r, color.g, color.b ).vertex( maxs.x, mins.y,
maxs.z );   // 4 + - +
        builder.color( color.r, color.g, color.b ).vertex( maxs.x, maxs.y,
maxs.z );   // 5 + + +

        builder.color( color.r, color.g, color.b ).vertex( maxs.x, mins.y,
mins.z );   // 6 + - -
        builder.color( color.r, color.g, color.b ).vertex( maxs.x, maxs.y,
mins.z );   // 7 + + -
        builder.end( mat );
    }
}
```

上述代码绘制了一个顶点顺序为逆时针方向、对称的并且原点在中心的立方体，其效果如图 7.7 和图 7.8 所示。

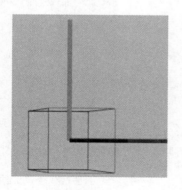

图 7.7　初始化时立方体与坐标系

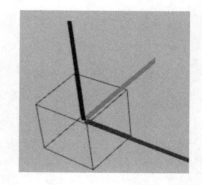

图 7.8　旋转后的立方体与坐标系

至此完成了使用 3 种不同的顶点存储方式来绘制基本几何体的源码解析。接下来，只要在覆写基类的 update 方法来更新旋转角度，以及覆写基类的 render 方法进行重绘操作，就可以让三个基本几何体沿着不同的旋转轴不停地转动，代码如下：

```
public update ( elapsedMsec: number, intervalSec: number ): void
{
    // 每帧旋转 1°
    this.angle += 1;
    // 调用基类方法，这样就能让摄像机进行更新
    super.update( elapsedMsec, intervalSec );
}

public render (): void
{
    // 调用的 currentDrawMethod 这个回调函数，该函数指向当前要渲染的页面方法
    this.currentDrawMethod();
}
```

7.1.7　创建多视口的方法

使用 drawByMatrixWithColorShader 方法绘制页面 1 时，存在一个很大的问题，就是无法将整个窗口按比例或等分来分成多个区域。

例如在 drawByMatrixWithColorShader 方法中，三角形是沿着世界坐标系左移 1.5 个单位后绘制的，而线框立方体是沿着世界坐标系右移 1.5 个单位。这 1.5 个单位是笔者自己预估的，并不能精确地将整个窗口按左、中、右进行三等分。

从数学上来说，可以计算出基于屏幕坐标系表示的像素单位与 3D 世界坐标系中单位之间的比例关系，从而将整个窗口进行精确地等分，但是这超出了本书的范围。我们换个思路，使用多视口渲染技术，就能很方便地解决上述问题。

7.1.2 节中，在 MeshBuilderApplication 类的构造函数中调用了 GLCoordSystem 类的静态方法 makeViewportCoordSystems，生成了 2 行 3 列，共计 6 个 GLCoordSystem 对象，而每个 GLCoordSystem 对象包含一个视口相关数据。来看一下该方法的实现细节，代码如下：

```
public static makeViewportCoordSystems ( width: number, height: number, row:
number = 2, colum: number = 2 ): GLCoordSystem[]
{
    let coords: GLCoordSystem[] = [];
    let w: number = width / colum;      // 一行有多少个
    let h: number = height / row;       // 一列有多少个
    // 循环生成 GLCoordSystem 对象，每个 GLCoordSystem 内置了表示 viewport 的数组
    for ( let i: number = 0; i < colum; i++ )
    {
        for ( let j: number = 0; j < row; j++ )
        {
            // viewport 是[ x , y , width , height ]格式
            coords.push( new GLCoordSystem( [ i * w, j * h, w, h ] ) );
        }
    }
    // 将生成的 GLCoordSystem 数组返回
```

```
    return coords;
}
```

为了方便地将 GLCoorSystem 中的 viewport 数据设置到 WebGL 上下文对象中，在 MeshBuilderApplication 类中实现一个名为 setViewport 的私有辅助方法，代码如下：

```
private setViewport ( coord: GLCoordSystem ): void
{
    // camera 的 setViewport 方法内部会调用下面两个方法
    // 1. gl.viewport ( x , y , width , height )方法
    // 2. gl.scissor ( x , y , width , height )方法
    //而在 WebGLApplication 的构造函数调用的 GLHelper.setDefaultState 方法中已经开
    启了 SCISSOR_TEST 测试，因此可以进行视口大小的裁剪操作了，超出视口部分的内容都被
    裁剪掉了
    this.camera.setViewport( coord.viewport[ 0 ], coord.viewport[ 1 ],
    coord.viewport[ 2 ], coord.viewport[ 3 ] );
}
```

7.1.8 WebGL 中的纹理坐标系

一旦初始化好所有的 GLCoordSystem 对象，并且有了 setViewport 辅助方法后，就可以实现 drawByMultiViewportsWithTextureShader 方法来绘制图 7.2 所示的页面。在了解 drawByMultiViewportsWith TextureShader 这个方法之前，先来看一下 WebGL 中的纹理坐标相关的知识点。

如图 7.9 所示，将使用了 GLTexture 的 createDefaultTexutre 静态方法所创建的 16 种不同颜色的纹理绘制到了一个正方形上，并且标记出了 9 个纹理坐标。你会发现，WebGL 中的纹理坐标系的原点在左下角，纹理坐标系的 x 轴朝右，y 轴朝上，符合右手坐标系的特点（D3D 使用的是左手系，其纹理坐标系的原点在左上角，x 轴向右，y 轴向下）。

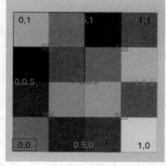

图 7.9 WebGL 中的纹理坐标系

7.1.9 drawByMultiViewportsWithTextureShader 方法绘制流程

接着看 drawByMultiViewportsWithTextureShader 方法的绘制流程，代码如下：

```
// tbuilder0 是 EVertexLayout.INTERLEAVED 顶点存储格式
// tbuilder1 是 EVertexLayout.SEQUENCED 顶点存储格式
// tbuilder2 是 EVertexLayout.SEPARATED 顶点存储格式
public drawByMultiViewportsWithTextureShader (): void
{
    // 第 1 步：设置 viewport
    this.setViewport( this.coords[ 0 ] );
```

```
// 第 2 步：设置 viewport 的背景色（可选，如果你不想使用 default 深灰色的背景色）
this.gl.clearColor( 0.0, 0, 0, 1 );
// 第 3 步：将 viewport 设置为第 2 步设置的背景色（可选，如果你不想使用 default 深
   灰色的背景色）
this.gl.clear( this.gl.COLOR_BUFFER_BIT | this.gl.DEPTH_BUFFER_BIT );
this.matStack.pushMatrix();
{
    // viewport0 中的绘制代码在此处
    this.matStack.popMatrix();
}
// 使用 default 深灰色的背景色，所以只使用第 1 步设置了 viewport，忽略第 2 步和第
   3 步
this.setViewport( this.coords[ 1 ] );
this.matStack.pushMatrix();
{
    // viewport1 中的绘制代码在此处
    this.matStack.popMatrix();
}
this.setViewport( this.coords[ 2 ] );
this.matStack.pushMatrix();
{
    // viewport2 中的绘制代码在此处
    this.matStack.popMatrix();
}
this.setViewport( this.coords[ 3 ] );
this.gl.clearColor( 1.0, 1, 1, 1 );
this.gl.clear( this.gl.COLOR_BUFFER_BIT | this.gl.DEPTH_BUFFER_BIT );
this.matStack.pushMatrix();
{
    // viewport3 中的绘制代码在此处
    this.matStack.popMatrix();
}
this.setViewport( this.coords[ 4 ] );
this.gl.clearColor( 0.0, 0, 0, 1 );
this.gl.clear( this.gl.COLOR_BUFFER_BIT | this.gl.DEPTH_BUFFER_BIT );
this.matStack.pushMatrix();
{
    // viewport4 中的绘制代码在此处
    this.matStack.popMatrix();
}

this.setViewport( this.coords[ 5 ] );
this.matStack.pushMatrix();
{
    // viewport5 中的绘制代码在此处
    this.matStack.popMatrix();
}
}
```

7.1.10　绘制纹理立方体

参考图 7.2，左边一列演示的是使用 default 纹理绘制的三角形（使用 INTERLEAVED 顶点存储格式）和四边形（使用 SEQUENCED 顶点存储格式），右边两列分别是显示绕不同旋转轴旋转的纹理立方体。

由于三角形和四边形的绘制和 drawByMatrixWithColorShader 方法中的实现类似，此处不再演示。直接来看纹理立方体的绘制，实现代码如下（实现在 DrawHelper 类中）：

```
/*
      /3--------/7 |
     / |       /   |
    /  |      /    |
   1---------5     |
   |  /2- - -|- -6
   | /       |  /
   |/        | /
   0---------4/
*/
public static drawTextureCubeBox ( builder: GLMeshBuilder, mat: mat4,
halfLen: number = 0.2, tc: number[] = [
     0, 0, 1, 0, 1, 1, 0, 1,              // 前面
     0, 0, 1, 0, 1, 1, 0, 1,              // 右面
     0, 0, 1, 0, 1, 1, 0, 1,              // 后面
     0, 0, 1, 0, 1, 1, 0, 1,              // 左面
     0, 0, 1, 0, 1, 1, 0, 1,              // 上面
     0, 0, 1, 0, 1, 1, 0, 1,              // 下面
   ] ): void
{
// 前面
builder.begin( builder.gl.TRIANGLE_FAN );
builder.texcoord( tc[ 0 ], tc[ 1 ] ).vertex( -halfLen, -halfLen, halfLen );
   // 0  - - +
   builder.texcoord( tc[ 2 ], tc[ 3 ] ).vertex( halfLen, -halfLen, halfLen );
   // 4  + - +
   builder.texcoord( tc[ 4 ], tc[ 5 ] ).vertex( halfLen, halfLen, halfLen );
   // 5  + + +
   builder.texcoord( tc[ 6 ], tc[ 7 ] ).vertex( -halfLen, halfLen, halfLen );
   // 1  - + +
   builder.end( mat );
   // 右面
   builder.begin( builder.gl.TRIANGLE_FAN );
   builder.texcoord( tc[8], tc[9] ).vertex( halfLen, -halfLen, halfLen );
   // 4  + - +
   builder.texcoord( tc[ 10 ], tc[ 11 ] ).vertex( halfLen, -halfLen,
-halfLen );  // 6  + - -
   builder.texcoord( tc[ 12 ], tc[ 13 ] ).vertex( halfLen, halfLen,
-halfLen );    // 7  + + -
   builder.texcoord( tc[ 14 ], tc[ 15 ] ).vertex( halfLen, halfLen,
```

```
halfLen );    // 5 + + +
    builder.end( mat );
    // 后面
    builder.begin( builder.gl.TRIANGLE_FAN );
    builder.texcoord( tc[ 16 ], tc[ 17 ] ).vertex( halfLen, -halfLen,
-halfLen ); // 6 + - -
    builder.texcoord( tc[ 18 ], tc[ 19 ] ).vertex( -halfLen, -halfLen,
-halfLen ); // 2 - - -
    builder.texcoord( tc[ 20 ], tc[ 21 ] ).vertex( -halfLen, halfLen,
-halfLen ); // 3 - + -
    builder.texcoord( tc[ 22 ], tc[ 23 ] ).vertex( halfLen, halfLen,
-halfLen );   // 7 + + -
    builder.end( mat );
    // 左面
    builder.begin( builder.gl.TRIANGLE_FAN );
    builder.texcoord( tc[ 24 ], tc[ 25 ] ).vertex( -halfLen, -halfLen,
-halfLen ); // 2 - - -
    builder.texcoord( tc[ 26 ], tc[ 27 ] ).vertex( -halfLen, -halfLen,
halfLen );    // 0 - - +
    builder.texcoord( tc[ 28 ], tc[ 29 ] ).vertex( -halfLen, halfLen,
halfLen );    // 1 - + +
    builder.texcoord( tc[ 30 ], tc[ 31 ] ).vertex( -halfLen, halfLen,
-halfLen );   // 3 - + -
    builder.end( mat );
    // 上面
    builder.begin( builder.gl.TRIANGLE_FAN );
    builder.texcoord( tc[ 32 ], tc[ 33 ] ).vertex( -halfLen, halfLen,
halfLen );    // 1 - + +
    builder.texcoord( tc[ 34 ], tc[ 35 ] ).vertex( halfLen, halfLen,
halfLen );     // 5 + + +
    builder.texcoord( tc[ 36 ], tc[ 37 ] ).vertex( halfLen, halfLen,
-halfLen );    // 7 + + -
    builder.texcoord( tc[ 38 ], tc[ 39 ] ).vertex( -halfLen, halfLen,
-halfLen );    // 3 - + -
    builder.end( mat );
    // 下面
    builder.begin( builder.gl.TRIANGLE_FAN );
    builder.texcoord( tc[ 40 ], tc[ 41 ] ).vertex( -halfLen, -halfLen,
halfLen );  // 0 - - +
    builder.texcoord( tc[ 42 ], tc[ 43 ] ).vertex( -halfLen, -halfLen,
-halfLen ); // 2 - - -
    builder.texcoord( tc[ 44 ], tc[ 45 ] ).vertex( halfLen, -halfLen,
-halfLen );  // 6 + - -
    builder.texcoord( tc[ 46 ], tc[ 47 ] ).vertex( halfLen, -halfLen,
halfLen );   // 4 + - +
    builder.end( mat );
}
```

7.1.11 实现 Atlas 纹理贴图效果

上一节在 DrawHelper 类中增加 drawTextureCubeBox 的静态方法，该方法最后一个参数是一个纹理坐标数组，该数组保存 48 个 number 类型，共 6 组纹理坐标，每组 8 个纹理坐标值，可以映射到立方体的某个面上，其顺序是前、右、后、左、上、下。通过数组传输方式，我们可以灵活地指定纹理坐标，从而实现 Atlas 方式的贴图，接下来看实现细节。

先来声明一个纹理数组，该数组存储立方体 6 个面的纹理坐标，代码如下：

```
private cubeTexCoords: number[] = [
    0, 0.5, 0.5, 0.5, 0.5, 1, 0, 1,              // 0 区映射到立方体的前面
    0.5, 0.5, 1, 0.5, 1, 1, 0.5, 1,              // 1 区映射到立方体的右面
    0, 0, 0.5, 0, 0.5, 0.5, 0, 0.5,              // 2 区映射到立方体的后面
    0.5, 0, 1, 0, 1, 0.5, 0.5, 0.5,              // 3 区映射到立方体的左面
    0.25, 0.25, 0.75, 0.25, 0.75, 0.75, 0.25, 0.75,
                                                 // 4 区映射到立方体的上面
    0, 0, 1, 0, 1, 1, 0, 1                       // 整个贴图映射到立方体的下面
];
```

结合图 7.9，就能很容易地理解上述代码的作用。接下来看一下图 7.2 中所示的立方体的渲染，代码如下：

```
// 在 viewport2 中绘制绕 y 轴旋转、使用 cubeTexCoords 的立方体
this.setViewport( this.coords[ 2 ] );
this.matStack.pushMatrix();
{
    this.matStack.rotate( this.angle, vec3.up );
    mat4.product( this.camera.viewProjectionMatrix, this.matStack.
worldMatrix, mat4.m0 );
    DrawHelper.drawTextureCubeBox( this.tbuilder0, mat4.m0, 0.5, this.
cubeTexCoords );
    this.matStack.popMatrix();
    DrawHelper.drawCoordSystem( this.builder0, mat4.m0, EAxisType.NONE, 1.5 );
}

// 在 viewport3 中绘制绕 x 轴旋转、使用 cubeTexCoords 的立方体
this.setViewport( this.coords[ 3 ] );
this.gl.clearColor( 1.0, 1, 1, 1 );
this.gl.clear( this.gl.COLOR_BUFFER_BIT | this.gl.DEPTH_BUFFER_BIT );
this.matStack.pushMatrix();
{
    this.matStack.rotate( this.angle, vec3.right );
    mat4.product( this.camera.viewProjectionMatrix, this.matStack.
worldMatrix, mat4.m0 );
    DrawHelper.drawTextureCubeBox( this.tbuilder1, mat4.m0, 0.5, this.
cubeTexCoords );
    this.matStack.popMatrix();
    DrawHelper.drawCoordSystem( this.builder0, mat4.m0, EAxisType.NONE, 1.5 );
}

// 在 viewport4 中绘制绕 z 轴旋转、使用 cubeTexCoords 的立方体
this.setViewport( this.coords[ 4 ] );
this.gl.clearColor( 0.0, 0, 0, 1 );
this.gl.clear( this.gl.COLOR_BUFFER_BIT | this.gl.DEPTH_BUFFER_BIT );
this.matStack.pushMatrix();
{
    this.matStack.rotate( this.angle, vec3.forward );
```

```
    mat4.product( this.camera.viewProjectionMatrix, this.matStack.
worldMatrix, mat4.m0 );
    DrawHelper.drawTextureCubeBox( this.tbuilder0, mat4.m0, 0.5, this.
cubeTexCoords );
    this.matStack.popMatrix();
    DrawHelper.drawCoordSystem( this.builder0, mat4.m0, EAxisType.NONE, 1.5 );
}

// 在 viewport5 中绘制绕[ 1 , 1 , 1 ]轴旋转、使用默认贴图坐标的立方体
this.setViewport( this.coords[ 5 ] );
this.matStack.pushMatrix();
{
    this.matStack.rotate( this.angle, new vec3( [ 1, 1, 1 ] ).normalize() );
    mat4.product( this.camera.viewProjectionMatrix, this.matStack.
worldMatrix, mat4.m0 );
    DrawHelper.drawTextureCubeBox( this.tbuilder0, mat4.m0, 0.8 );
    this.matStack.popMatrix();
    DrawHelper.drawCoordSystem( this.builder0, mat4.m0, EAxisType.NONE, 1.5 );
}
```

运行上述代码，就能够获得围绕各种轴旋转的立方体。

7.1.12 收尾工作

最后看一下使用键盘事件来切换页面的代码，实现如下：

```
public onKeyPress ( evt: CanvasKeyBoardEvent ): void
{
    super.onKeyPress( evt );      // 调用基类方法，这样摄像机键盘事件全部有效了
    if ( evt.key === "1" )
    {
        // 将 currentDrawMethod 函数指针指向 drawByMatrixWithColorShader 方法
        this.currentDrawMethod = this.drawByMatrixWithColorShader;
    } else if ( evt.key === "2" )
    {
        // 将 currentDrawMethod 函数指针指向 drawByMultiViewportsWithTexture
            Shader 方法
        this.currentDrawMethod = this.drawByMultiViewportsWithTextureShader;
    }
}
```

在 MeshBuilderApplication 的 onKeyPress 事件中，实现了按 1 键和 2 键切换对应的场景绘制函数，以及调用基类 CameraApplication 的 onKeyPress 方法，这样也获得了使用键盘操控摄像机的功能，需要注意的是按键冲突问题（子类使用了基类已经使用过的键值）。

如图 7.10 所示，将摄像机向前移动后，各个视口中的物体由于离摄像机更近了，所有物体变大了，符合透视投影近大远小的特点。

整个 Demo 中，我们使用的是一个摄像机切换多个视口的实现方法，因此当你操控摄像机时，每个视口中的场景都是联动效果。摄像机和视口之间可以多种匹配关系，例如一

对一、一对多、多对一、多对多，一切依赖于你的需求。

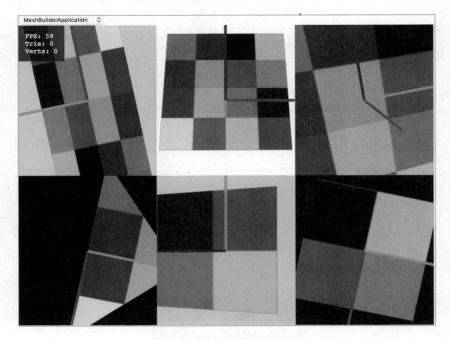

图 7.10 　摄像机前移后的效果

　　最后了解一下多视口渲染的使用场景，最经典的莫过于 3ds Max、Maya 等 3D 建模软件，其标准界面都是使用 4 个视口显示正视、顶视、侧视及透视效果。通过多视口渲染，我们还可以模拟电视机的画中画功能及多路摄像机同屏监视功能等。

7.2 　坐标系、文字渲染及空间变换 Demo

接下来看第 2 个 Demo，该 Demo 用来演示图形数学相关的知识点，其内容包括：
- 绘制 WebGL 坐标系。
- 绘制绕着各个轴平移、旋转的仿射变换效果。
- 将局部坐标系中的点变换到屏幕坐标系。
- 将 Canvas2D 中的文字绘制应用到 WebGL 中。

7.2.1 　Demo 的需求描述

参考图 7.11，我们来了解下 Demo 的一些主要需求，具体内容如下：

- 整个坐标系可以分别沿着 x 轴、y 轴、z 轴及[1 , 1 , 1]轴旋转。
- x 轴、y 轴、z 轴及[1 , 1 , 1]轴分别有个线框立方体，这些立方体绕着对应的轴做不同的旋转，例如 z 轴立方体中心对称旋转（可以看成自转），而其他轴立方体则绕对应轴公转的同时进行自转。
- 每个轴都使用文字绘制出正负性名称，例如 X 和-X 等。
- 本 Demo 可以使用 C 键切换是 4 视口渲染还是单视口渲染。
- 本 Demo 可以使用数字键 1、2、3 切换不同的坐标系。

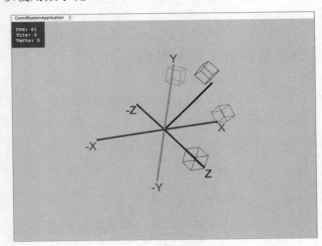

图 7.11 Demo 效果图

7.2.2 Demo 的成员变量和构造函数

了解了需求后，接着来看本 Demo 有哪些成员变量及初始化时的构造函数，代码如下：

```
export class CoordSystemApplication extends CameraApplication
{
    // 存储当前使用的坐标系、视口及旋转轴、旋转角度等信息的数组
    // 可以使用 makeOneGLCoorSystem 和 makeFourGLCoordSystems 方法来切换
    public coordSystems: CoordSystem[] = [];
    public mvp: mat4 = new mat4();
                // 当前要绘制的坐标系的 model-view-project 矩阵
    public cubeMVP: mat4 = new mat4();
                // 当前要绘制的绕坐标系某个轴的立方体的 model-view-project 矩阵

    // 下面两个成员变量排列组合后，形成 6 种不同的绘制方式
    public currentDrawMethod: ( s: GLCoordSystem ) => void;
                // 用于切换 3 种不同的绘制方法
    public isOneViewport: boolean = false;
                // 用来切换是单视口还是多视口（4 个视口）绘制
```

```
    public speed: number = 1;                // 旋转速度
    public isD3dMode: boolean = false;       // 用来标记是 D3D 坐标系

    public constructor ( canvas: HTMLCanvasElement )
    {
        super( canvas, { preserveDrawingBuffer: false }, true );
                                             // 调用基类构造函数
        this.makeFourGLCoordSystems();
        this.currentDrawMethod = this.drawCoordSystem;
    }
}
```

7.2.3　生成单视口或多视口坐标系数组

在上节的构造函数代码中调用了 makeFourGLCoordSystems 方法，该方法将整个窗口（或 HTMLCanvasElement 元素所占区域）平分为上、下、左、右 4 个视口，代码如下：

```
public makeFourGLCoordSystems (): void
{
    this.coordSystems = [];              // 清空坐标系数组内容，用于按需重新生成
    let hw: number = this.canvas.width * 0.5;
    let hh: number = this.canvas.height * 0.5;
    let dir: vec3 = new vec3( [ 1, 1, 1 ] ).normalize();
    // 对于 4 视口渲染来说，将整个窗口平分成 2*2 的 4 个视口表示
    this.coordSystems.push( new CoordSystem( [ 0, hh, hw, hh ], vec3.zero,
 vec3.up, 0 ) );                           // 左上，旋转轴为 y 轴
    this.coordSystems.push( new CoordSystem( [ hw, hh, hw, hh ], vec3.zero,
vec3.right, 0 ) );                         // 右上，旋转轴为 x 轴
    this.coordSystems.push( new CoordSystem( [ 0, 0, hw, hh ], vec3.zero,
vec3.forward, 0 ) );                       // 左下，旋转轴为 z 轴
    this.coordSystems.push( new CoordSystem( [ hw, 0, hw, hh ], vec3.zero,
dir, 0, true ) );                          // 右下，旋转轴为 [ 1 , 1 , 1 ]
    this.isD3dMode = false;
}
```

根据需求的第 4 条，可以使用 C 键来切换单视口渲染或多（4）视口渲染，因此还需要提供一个名为 makeOneGLCoordSystem 的方法，代码如下：

```
public makeOneGLCoorSystem (): void
    {
        this.coordSystems = [];          // 清空坐标系数组内容，用于按需重新生成
        // 如果只有一个坐标系的话，其视口和裁剪区与 canvas 元素尺寸一致
        this.coordSystems.push( new CoordSystem( [ 0, 0, this.canvas.width,
this.canvas.height ], vec3.zero, new vec3( [ 1, 1, 0 ] ).normalize(), 45,
true ) );                                // 右下
        this.isD3dMode = false;
    }
```

7.2.4　覆写（override）更新和渲染虚方法

接着看本 Demo 的更新流程，代码如下：

```
public update ( elapsedMsec: number, intervalSec: number ): void
{
    // 遍历所有坐标系
    for ( let i: number = 0; i < this.coordSystems.length; i++ )
    {
        let s: CoordSystem = this.coordSystems[ i ];
        // 更新每个坐标系的当前帧的角位移
        s.angle += this.speed;
    }
    // 我们在 CameraApplication 中也覆写（override）的 update 方法
    // CameraApplication 的 update 方法用来计算摄像机的投影矩阵及视图矩阵
    // 所以我们必须要调用基类方法，用于控制摄像机更新
    // 否则你将什么都看不到，切记
    super.update( elapsedMsec, intervalSec );
}
```

由以上代码可知，本 Demo 使用了 GLCoordSystem 中的 angle 属性记录了当前坐标系的旋转角度，因此更加灵活，每个坐标系可以有不同的旋转速度。

再来看一下整体的渲染流程，代码如下：

```
public render (): void
{
    // 使用了 preserveDrawingBuffer: false 创建 WebGLRenderingContext，因此
       可以不用每帧调用 clear 方法清屏
    // this.gl.clear( this.gl.COLOR_BUFFER_BIT | this.gl.DEPTH_BUFFER_BIT );

    // 由于要使用 Canvs2D 绘制文字，所以必须要有 ctx2D 对象
    if ( this.ctx2D === null )
    {
        return;
    }
    // 对 Canvas2D 上下文渲染对象进行清屏操作
    this.ctx2D.clearRect( 0, 0, this.canvas.width, this.canvas.height );

    // 遍历整个坐标系视口数组
    for ( let i: number = 0; i < this.coordSystems.length; i++ )
    {
        let s: CoordSystem = this.coordSystems[ i ];
        // 使用当前的坐标系及视口数据作为参数，调用 currentDrawMethod 回调函数
        this.currentDrawMethod( s );
    }
}
```

7.2.5　覆写（override）键盘事件处理虚方法

在上一节的 render 方法中，为了方便切换各种渲染效果，使用了 currentDrawMethod 这个回调函数作为成员变量，用来指向本 Demo 中如下 3 个绘制方法：

- drawCoordSystem；
- drawFullCoordSystem；
- drawFullCoordSystemWithRotatedCube。

关于上述 3 个绘制方法，我们在后续章节中再了解，本节主要关注如何实现 7.2.1 节中的第 4 条和第 5 条需求，相关的实现代码如下：

```
public onKeyPress ( evt: CanvasKeyBoardEvent ): void
{
    super.onKeyPress( evt );      // 调用基类方法，这样摄像机键盘事件全部有效了
    if ( evt.key === "1" )
    {
        // 将 currentDrawMethod 函数指针指向 drawCoordSystem
        this.currentDrawMethod = this.drawCoordSystem;
    } else if ( evt.key === "2" )
    {
        // 将 currentDrawMethod 函数指针指向 drawFullCoordSystem
        this.currentDrawMethod = this.drawFullCoordSystem;
    } else if ( evt.key === "3" )
    {
        // 将 currentDrawMethod 函数指针指向 drawFullCoordSystemWithRotatedCube
        this.currentDrawMethod = this.drawFullCoordSystemWithRotatedCube;
    } else if ( evt.key === "c" )
    {
        this.isOneViewport = !this.isOneViewport;
        if ( this.isOneViewport === true )
        {
            this.makeOneGLCoorSystem();          // 切换到单视口渲染
        } else
        {
            this.makeFourGLCoordSystems();        // 切换到多视口渲染
        }
    }
}
```

至此，我们完成了本 Demo 的更新、渲染及事件响应的整个流程，完成了 7.2.1 节的需求 4 和 5，剩下的则都是实际绘制的相关细节，也就是 3 个绘制函数的实现。

7.2.6　drawFullCoordSystem 方法

接着看 drawFullCoordSystem 方法的实现，该方法用来绘制包含正负 x、y、z 轴的坐

标系，代码如下：

```
// 绘制带文字指示的六轴坐标系
public drawFullCoordSystem ( s: CoordSystem ): void
{
    // 设置当前的视口
    this.camera.setViewport( s.viewport[ 0 ], s.viewport[ 1 ], s.viewport
[ 2 ], s.viewport[ 3 ] );
    // 1. 绘制六轴坐标系
    this.matStack.pushMatrix();            // 矩阵进栈
    {
        this.matStack.translate( s.pos );   // 将坐标系平移到 s.pos 位置
        this.matStack.rotate( s.angle, s.axis, false );
                                           // 坐标系绕着 s.axis 轴旋转 s.angle 度
        // 合成 model-view-project 矩阵
        mat4.product( this.camera.viewProjectionMatrix, this.matStack.
worldMatrix, this.mvp );
        // 使用 mvp 矩阵绘制六轴坐标系，调用的是 DrawHelper.drawFullCoordSystem
            的静态辅助方法
        DrawHelper.drawFullCoordSystem( this.builder, this.mvp, 1,
s.isDrawAxis ? s.axis : null );
        this.matStack.popMatrix();          // 矩阵出栈
    }

    // 绘制坐标系的标示文字，调用的是本类的 drawText 方法
    this.drawText( vec3.right, EAxisType.XAXIS, this.mvp, false );  // X
    this.drawText( new vec3( [ -1, 0, 0 ] ), EAxisType.XAXIS, this.mvp,
true ); // -X

    this.drawText( vec3.up, EAxisType.YAXIS, this.mvp, false ); // Y
    this.drawText( new vec3( [ 0, -1, 0 ] ), EAxisType.YAXIS, this.mvp,
true ); // -Y

    if ( this.isD3dMode === false )
    {
        this.drawText( vec3.forward, EAxisType.ZAXIS, this.mvp, false );
 // Z
        this.drawText( new vec3( [ 0, 0, -1 ] ), EAxisType.ZAXIS, this.mvp,
true ); // -Z
    }
}
```

drawFullCoordSystem 做了两件事情：绘制 6 个坐标轴，并给 6 个坐标轴绘制对应的标示文字。drawCoordSystem 与 drawFullCoordSystem 类似，只是绘制 3 个正方向的坐标轴和对应的文字。当调用这两个方法后，会得到如图 7.12 和图 7.13 所示的效果（黑色无文字标示的轴为当前坐标系的旋转轴）。

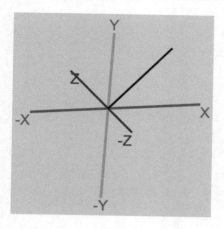

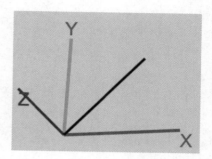

图 7.12　drawFullCoordSystem 的绘制效果　　　　图 7.13　drawCoordSystem 的绘制效果

7.2.7　drawFullCoordSystemWithRotatedCube 方法

相对来说，drawFullCoordSystemWithRotatedCube 方法比较复杂，其效果参考图 7.11 所示，实现代码如下：

```
public drawFullCoordSystemWithRotatedCube ( s: CoordSystem ): void
{
    // 设置当前的视口
    this.camera.setViewport( s.viewport[ 0 ], s.viewport[ 1 ], s.viewport
[ 2 ], s.viewport[ 3 ] );
    this.matStack.pushMatrix();
    {
        // 第 1 步：绘制旋转的坐标系
        this.matStack.translate( s.pos );    // 平移到当前坐标系的原点
        this.matStack.rotate( s.angle, s.axis, false );
                                             // 绕着当前坐标系的轴旋转 angle 度
        // 合成坐标系的 model-view-project 矩阵
        mat4.product( this.camera.viewProjectionMatrix, this.matStack.
worldMatrix, this.mvp );
        // 绘制坐标系
        DrawHelper.drawFullCoordSystem( this.builder, this.mvp, 1, s.
isDrawAxis ? s.axis : null );

        // 第 2 步：绘制绕 x 轴旋转的线框立方体
        this.matStack.pushMatrix();
        {
            this.matStack.rotate( s.angle, vec3.right, false );
            this.matStack.translate( new vec3( [ 0.8, 0.4, 0 ] ) );
            this.matStack.rotate( s.angle * 2, vec3.right, false );
            mat4.product( this.camera.viewProjectionMatrix, this.matStack.
worldMatrix, this.cubeMVP );
            DrawHelper.drawWireFrameCubeBox( this.builder, this.cubeMVP, 0.1 );
```

```
            this.matStack.popMatrix();
        }

        // 第 3 步: 绘制绕 y 轴旋转的线框立方体
        this.matStack.pushMatrix();
        {
            this.matStack.rotate( s.angle, vec3.up, false );
            this.matStack.translate( new vec3( [ 0.2, 0.8, 0 ] ) );
            this.matStack.rotate( s.angle * 2, vec3.up, false );
            mat4.product( this.camera.viewProjectionMatrix, this.matStack.
worldMatrix, this.cubeMVP );
            DrawHelper.drawWireFrameCubeBox( this.builder, this.cubeMVP,
0.1, vec4.green );
            this.matStack.popMatrix();
        }

        // 第 4 步: 绘制绕 z 轴旋转的线框立方体
        this.matStack.pushMatrix();
        {
            this.matStack.translate( new vec3( [ 0.0, 0.0, 0.8 ] ) );
            this.matStack.rotate( s.angle * 2, vec3.forward, false );
            mat4.product( this.camera.viewProjectionMatrix, this.matStack.
worldMatrix, this.cubeMVP );
            DrawHelper.drawWireFrameCubeBox( this.builder, this.cubeMVP,
0.1, vec4.blue );
            this.matStack.popMatrix();
        }

        // 第 5 步: 绘制绕坐标系旋转轴（s.axis）旋转的线框立方体
        this.matStack.pushMatrix();
        {
            let len: vec3 = new vec3();
            this.matStack.translate( s.axis.scale( 0.8, len ) );
            this.matStack.translate( new vec3( [ 0, 0.3, 0 ] ) );
            this.matStack.rotate( s.angle, s.axis, false );
            mat4.product( this.camera.viewProjectionMatrix, this.matStack.
worldMatrix, this.cubeMVP );
            DrawHelper.drawWireFrameCubeBox( this.builder, this.cubeMVP,
0.1, new vec4() );
            this.matStack.popMatrix();
        }
        this.matStack.popMatrix();
    }

    // 第 6 步: 绘制坐标系的标示文字
    this.drawText( vec3.right, EAxisType.XAXIS, this.mvp, false );  // X
    this.drawText( new vec3( [ -1, 0, 0 ] ), EAxisType.XAXIS, this.mvp,
true ); // -X

    this.drawText( vec3.up, EAxisType.YAXIS, this.mvp, false ); // Y
    this.drawText( new vec3( [ 0, -1, 0 ] ), EAxisType.YAXIS, this.mvp,
true ); // -Y

    if ( this.isD3dMode === false )
```

```
    {
        this.drawText( vec3.forward, EAxisType.ZAXIS, this.mvp, false );
// Z
        this.drawText( new vec3( [ 0, 0, -1 ] ), EAxisType.ZAXIS, this.mvp, true );
// -Z
    }
}
```

到目前为止，本 Demo 的需求已经全部实现，你可以运行代码，然后试着按 1、2、3、C 键进行排列组合的切换，就能得到 6 个不同的渲染页面效果。其中一个页面效果如图 7.14 所示。

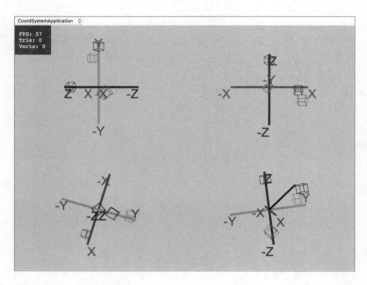

图 7.14　四视口调用 drawFullCoordSystemWithRotatedCube 方法的效果

7.2.8　DrawHelper 类的 drawFullCoordSystem 方法

在上述代码中，实际坐标系绘制是通过调用 DrawHelper 类的静态辅助方法 drawCoordSystem 及 drawFullCoordSystem 方法而实现。由于这两个实现方法类似，因此这里仅关注 drawFullCoordSystem 方法的实现，代码如下：

```
public static drawFullCoordSystem ( builder: GLMeshBuilder, mat: mat4, len:
number = 1, rotateAxis: vec3 | null = null ): void
{
    builder.gl.lineWidth( 5 );              // 用 5 个像素大小的直径绘制线段，但目前
                                            //   仅 Safari 浏览器实现
    builder.gl.disable( builder.gl.DEPTH_TEST );    // 关闭帧缓存深度测试
    builder.begin( builder.gl.LINES );
    // 正 x 轴
```

```
{
    builder.color( 1.0, 0.0, 0.0 ).vertex( 0.0, 0.0, 0.0 );
    builder.color( 1.0, 0.0, 0.0 ).vertex( len, 0, 0 );
}
// 负 x 轴
{
    builder.color( 1.0, 0.0, 0.0 ).vertex( 0.0, 0.0, 0.0 );
    builder.color( 1.0, 0.0, 0.0 ).vertex( -len, 0, 0 );
}
// 正 y 轴
{
    builder.color( 0.0, 1.0, 0.0 ).vertex( 0.0, 0.0, 0.0 );
    builder.color( 0.0, 1.0, 0.0 ).vertex( 0.0, len, 0.0 );
}
// 负 y 轴
{
    builder.color( 0.0, 1.0, 0.0 ).vertex( 0.0, 0.0, 0.0 );
    builder.color( 0.0, 1.0, 0.0 ).vertex( 0.0, -len, 0.0 );
}
// 正 z 轴
{
    builder.color( 0.0, 0.0, 1.0 ).vertex( 0.0, 0.0, 0.0 );
    builder.color( 0.0, 0.0, 1.0 ).vertex( 0.0, 0.0, len );

}
// 负 z 轴
{
    builder.color( 0.0, 0.0, 1.0 ).vertex( 0.0, 0.0, 0.0 );
    builder.color( 0.0, 0.0, 1.0 ).vertex( 0.0, 0.0, -len );
}

if ( rotateAxis !== null )
{
    // 如果要绘制旋转轴，则绘制出来
    let scale: vec3 = rotateAxis.scale( len );
    builder.color( 0.0, 0.0, 0.0 ).vertex( 0, 0, 0 );
    builder.color( 0.0, 0.0, 0.0 ).vertex( scale.x, scale.y, scale.z );
}
builder.end( mat );                          // 将渲染数据提交给 GPU 进行渲染
builder.gl.lineWidth( 1 );                    // 恢复线宽为 1 个像素
builder.gl.enable( builder.gl.DEPTH_TEST );   // 恢复开始帧缓存深度测试
}
```

7.2.9　深度测试对坐标系绘制的影响

在 DrawHelper 类的 drawFullCoordSystem 实现代码中，需要强调的一个细节是帧缓存深度测试的开启与关闭对坐标系绘制的影响。参考图 7.2 会发现，当关闭深度测试后，坐标系总是可见的。如果开启深度测试，那么将会得到如图 7.15 所示的效果。在这种情况下，坐标系部分可见。

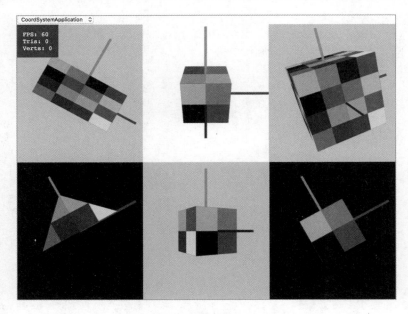

图 7.15　开启深度测试后坐标系的绘制效果

7.2.10　drawText 方法

在 OpenGL（ES）中绘制文字一直是个比较棘手的问题。而在 WebGL 中，由于 HTML CanvasElement 元素允许同时拥有 WebGLRenderingContext 对象和 CanvasRendering Context2D 对象，这意味我们可以同时使用 Canvas2D 上下文对象和 WebGL 上下文对象来对同一个帧缓存进行写操作（绘制操作）。通过使用 Canvas2D 来绘制文字，解决 WebGL 中绘制文字的难点。绘制文字的代码如下：

```
public drawText ( pos: vec3, axis: EAxisType, mvp: mat4, inverse: boolean
= false ): void
    {
        if ( this.ctx2D === null )
        {
            return;
        }

        let out: vec3 = new vec3();
        // 调用 MathHelper.obj2ScreenSpace 核心函数，将局部坐标系标示的一个点变
            换到屏幕坐标系上
        if ( MathHelper.obj2ScreenSpace( pos, mvp, this.camera.getViewport(),
out ) )
        {
            out.y = this.canvas.height - out.y;
            this.ctx2D.save();                              // 渲染状态进栈
```

```
        this.ctx2D.font = "30px Arial";          // 使用大一点的Arial字体对象
        if ( axis === EAxisType.XAXIS )
        {
            this.ctx2D.textBaseline = 'top';        // Y轴为top对齐
            this.ctx2D.fillStyle = "red";           // 红色
            if ( inverse === true )
            {
                this.ctx2D.textAlign = "right";
                this.ctx2D.fillText( "-X", out.x, out.y );
                                                    // 进行文字绘制
            } else
            {
                this.ctx2D.textAlign = "left";    // X轴居中对齐
                this.ctx2D.fillText( "X", out.x, out.y );
                                                    // 进行文字绘制
            }
        } else if ( axis === EAxisType.YAXIS )
        {
            this.ctx2D.textAlign = "center";        // X轴居中对齐
            this.ctx2D.fillStyle = "green";         // 绿色
            if ( inverse === true )
            {
                this.ctx2D.textBaseline = 'top';// -Y轴为top对齐
                this.ctx2D.fillText( "-Y", out.x, out.y );
                                                    // 进行文字绘制
            } else
            {
                this.ctx2D.textBaseline = 'bottom'; // Y轴为bottom对齐
                this.ctx2D.fillText( "Y", out.x, out.y );
                                                    // 进行文字绘制
            }
        } else
        {
            this.ctx2D.fillStyle = "blue";          // 绿色

            this.ctx2D.textBaseline = 'top';        // Y轴为top对齐
            if ( inverse === true )
            {
                this.ctx2D.textAlign = "right"; // X轴居中对齐
                this.ctx2D.fillText( "-Z", out.x, out.y );
                                                    // 进行文字绘制
            } else
            {
                this.ctx2D.textAlign = "left";  // X轴居中对齐
                this.ctx2D.fillText( "Z", out.x, out.y );
                                                    // 进行文字绘制
            }
        }

        this.ctx2D.restore();                       // 恢复原来的渲染状态
    }
}
```

7.2.11　MathHelper 类的 obj2GLViewportSpace 方法

在上面的 drawText 方法中，最关键的操作是 MathHelper 类的 obj2ScreenSpace 方法。通过 obj2GLViewportSpace 方法，可以将当前 3D 坐标系中的一个点变换到 WebGL 的 Viewport 坐标系（右手系，原点在左下角，x 轴指向右，y 轴指向上），而 Canvas2D 中的文字绘制时也是基于屏幕坐标系的，这样就能精确地将 2D 文字绘制坐标和 3D 坐标系匹配起来。显而易见，只有在同一个坐标系下，才有相同的坐标刻度。

obj2ScreenSpace 方法的实现代码如下：

```
public static obj2GLViewportSpace ( localPt: vec3, mvp: mat4, viewport:
Int32Array | Float32Array, outPt: vec3 ): boolean
  {
      let v: vec4 = new vec4( [ localPt.x, localPt.y, localPt.z, 1.0 ] );
      mvp.multiplyVec4( v, v );            // 将顶点从 local 坐标系变换到投影坐标
                                           //    系或裁剪坐标系
      if ( v.w === 0.0 )                   // 如果变换后的 w 为 0，则返回 false
      {
          return false;
      }
      // 将裁剪坐标系的点的 x / y / z 分量除以 w，得到 normalized 坐标值
      v.x /= v.w;
      v.y /= v.w;
      v.z /= v.w;
      // 将 normalized device 坐标值变换为 WebGL 的 Viewport 坐标系
      v.x = v.x * 0.5 + 0.5;
      v.y = v.y * 0.5 + 0.5;
      v.z = v.z * 0.5 + 0.5;
      outPt.x = v.x * viewport[ 2 ] + viewport[ 0 ];
      outPt.y = v.y * viewport[ 3 ] + viewport[ 1 ];
      outPt.z = v.z;
      return true;
  }
```

至此，完成了本 Demo 的所有实现细节。当运行 CoordSystemApplicationDemo 后，就能获得所需的效果。

7.2.12　3D 图形中的数学变换流水线

上一节通过 MathHelper 的 obj2GLViewportSpace 方法实现了 3D 图形经典的数学变换流水线，其变换流程如图 7.16 所示。

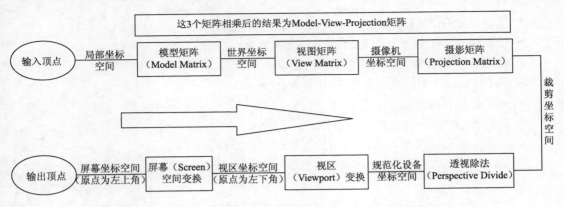

图 7.16 MathHelper.obj2GLViewportSapce 方法的数学变换流水线

注意：MathHelper.obj2GLViewportSpace 方法中的 mvp 参数就是 model-view-projection 合成的矩阵。该矩阵将基于局部空间表示的点 localPt 变换到齐次裁剪空间，然后除以 w 分量，获得 Normalized Device 空间表示的点，接着再使用参数 viewport，将 Normalized Device 空间表示的点变换到 WebGL 的 Viewport 空间中，而 WebGL 的 Viewport 坐标系的原点在左下角，x 轴指向右，y 轴指向上。

而屏幕坐标系（Canvas2D 是基于屏幕坐标系的）原点在左上角，x 轴指向右，y 轴指向下。如果我们要使用 Canvas2D 绘图（Canvas2D 是基于屏幕坐标系），必须要将 WebGL 的 Viewport 坐标系中的点再变换到屏幕坐标系。这一步是通过 drawText 方法中的 out.y = this.canvas.height - out.y 这句代码实现的。这样就将局部坐标系中的 localPt 点完整地变换到了屏幕坐标系的点（变量 out）。这是一个完美的 3D 图形数学变换过程，体现了 3D 图形中的数学之美。

7.3 本 章 总 结

本章使用前面 6 章的相关技术进行了 3D 图形编程的实践操作，通过讲解两个 Demo 介绍了如下一些技术要点：

- 用 GLMeshBuilder 不同的顶点存储格式绘制基于颜色或纹理的 2D 或 3D 几何体；
- 使用函数对象来切换不同的渲染页面（或场景）；
- 进行多视口的渲染；
- 理解 WebGL 中的纹理坐标系；
- 绘制三角形、四边形及立方体；
- 使用 Atlas 贴图；

- 绘制 WebGL 坐标系；
- 绘制绕着各个轴平移、旋转的仿射变换效果；
- 将局部坐标系中的点变换到屏幕坐标系；
- 将 Canvas2D 中的文字绘制应用到 WebGL 中；
- 理解帧缓存深度测试；
- 理解核心的 3D 数学变换流水线。

以上就是本章的主要内容，希望读者能理解并掌握。

第 3 篇
开发实战

第 8 章 解析与渲染 Quake3 BSP 场景

上一章中使用了 GLMeshBuilder 对象绘制了多个基本几何体,包括三角形、四边形、立方体和坐标系等。本章将使用 GLStaticMesh 对象绘制原 id Software 公司经典的 Quake3 引擎(雷神之锤 3)游戏场景(或关卡地图)。

之所以选择 id Software 公司相关的技术来演示 GLStaticMesh 的用法,一个主要的原因是 Quake3 BSP 关卡地图(或场景)使用二进制存储方式,能够让大家了解 TS / JS 中如何进行二进制文件的解析。

3D 图形编程是一个非常庞大的主题,从宏观角度,笔者将整个 3D 图形编程分为三个层次,即画出来、画得美及画得快。而本书的定位仅仅是画出来这个层次,因此并不实现 BSP 的材质渲染系统(属于画得美范畴)和场景管理系统(属于画得快范畴)。

所以本章定位很明确,就是将 Quake3 BSP 场景画出来。

8.1 Q3BspApplication 入口类

Quake3 的关卡地图(或场景)是以二进制的形式存储在后缀名为.bsp 的文件中。Quake3 的 BSP 文件不仅包含渲染用的顶点、索引、材质等数据,而且还包含其光照图或加速渲染及碰撞检测等相关数据。关于 Quake3 BSP 的文件格式,可以通过以下两种方式来获取相关的重要信息:

- 访问 https://github.com/id-Software/Quake-III-Arena,然后打开 code/render/tr_local.h 文件,该文件种包含了 Quake3 BSP 文件中用到的使用 C 语言描述的数据结构,但是这种方式需要熟悉 Quake3 引擎的源码与 C 语言编程基础。
- 访问 http://www.mralligator.com/q3/,该网页包含了 Quake3 BSP 格式的详细描述。本节渲染 Quake3 BSP 场景时所定义的数据结构主要参考了该文档的相关描述。

整个 Quake3 BSP 场景的渲染由 3 个类组成,其中,Q3BspApplication 类是入口类,继承自 CameraApplication 类。下面来看一下该类除了 run 方法之外的所有实现,代码如下:

```
import { CameraApplication } from "../lib/CameraApplication";
import { GLProgram } from "../webgl/WebGLProgram";
import { HttpRequest } from "../common/utils/HttpRequest";
```

```
import { Quake3BspScene } from "../lib/Quake3BspScene";
import { Q3BspParser as Quake3BspParser } from "../lib/Quake3BspParser";
import { GLProgramCache } from "../webgl/WebGLProgramCache";

export class Q3BspApplication extends CameraApplication
{
    public bspScene: Quake3BspScene;          // 引用了 Quake3BspScene 类
    public program: GLProgram;                // 引用了一个 GLProgram 类

    public constructor ( canvas: HTMLCanvasElement )
    {
        super( canvas );
        this.bspScene = new Quake3BspScene( this.gl );
                                              // 创建 Quake3BspScene 对象
// 获取默认的纹理着色器对象
        this.program = GLProgramCache.instance.getMust( "texture" );
        this.camera.y = 6;                    // 设置摄像机的高度
    }

    public render (): void
{
    // 调用的是 bspScene 的 draw 方法
        this.bspScene.draw( this.camera, this.program );
    }
}
```

由上述代码可知，关键的渲染操作是委托调用了 Quake3BspScene 类的 draw 方法，而 Quake3BspScene 类是操作和渲染 Quake3 BSP 场景的核心类。

接下来看 Q3BSPApplication 的 run 虚方法，代码如下：

```
public async run (): Promise<void>
{
    // 1. 创建 Quake3BspParser 对象，用来解析二进制的 BSP 文件格式
    let parser: Quake3BspParser = new Quake3BspParser();
    // 2. 使用 HttpRequest 的 loadArrayBufferAsync 静态方法从服务器某个路径载
       入.bsp 文件
    let buffer: ArrayBuffer = await HttpRequest.loadArrayBufferAsync
( this.bspScene.pathPrifix + "test.bsp" );
    // 3. 注意上面载入 bsp 二进制数据时使用了 await 关键字对资源进行同步
    // 因此确保 parse 方法调用时，buffer 是有数据的
    // 如果上面方法不使用 await，那么 loadArrayBufferAsync 是异步调用
    // parse 方法调用时，buffer 有极大几率是个空对象，切记
    parser.parse( buffer );
    // 4. 当解析完 bsp 文件后，调用 bspScene 的 loadTextures 方法从服务器上载入相应
       的各种纹理
    // 需要注意的是，这里也使用了 await 关键字
    await this.bspScene.loadTextures( parser );
    //5. 一旦所有纹理都载入后，就调用 bspScene 的 compileMap 方法生成 GLStaticMesh
       对象
    this.bspScene.compileMap( parser );
    // 6. 资源全局加载完成及渲染数据都组装完成后，进入游戏循环
```

```
    super.run();
}
```

🔔**注意**：关于 async 与 await 和 HttpRequest 类的相关知识点，请参考 3.5 节的内容。

通过上述代码可知，涉及 Quake3 BSP 场景渲染的有 3 个类：

- Q3BspApplication 类为入口类，继承自 CameraApplication 类，因此可以使用键盘来控制摄像机在场景中的旋转和漫游。
- Quake3BspScene 类用来从服务器异步加载纹理（loadTextures 方法）、编译 BSP 渲染相关数据为 GLStaticMesh 对象存储格式（compileMap 方法），以及整个场景的绘制（draw 方法）。
- Quake3BspParser 类使用 DataView 对象将从服务器获得的二进制（ArrayBuffer）BSP 数据解析成预先定义的一些数据结构。

接下来看 Quake3BspParser 类的实现细节。

8.2　解析 Quake3 BSP 二进制文件

Quake3 BSP 场景数据是以二进制格式存储在文件系统中的。如果我们要使用 BSP 文件进行渲染，那么第一步就是要将以二进制方式存储的数据解析成适合 WebGL 渲染的数据格式。在 JS / TS 中，可以使用 ArrayBuffer 对象和 DataView 对象来进行二进制数据的解析操作。本节就来了解 Quake3 BSP 二进制数据块有哪些，以及如何将这些数据解析成我们自己定义的渲染用数据结构。

8.2.1　Quake3BspParser 类的常量定义

先来看一下 Quake3BspParser 类预先定义的静态只读变量，代码如下：

```
// IBSP int 类型 占 4 字节 使用左移操作将 IBSP 四个字符写入到一个 32 位整数中去
public static readonly BSPID: number = ( ( "P".charCodeAt( 0 ) << 24 ) +
( "S".charCodeAt( 0 ) << 16 ) + ( "B".charCodeAt( 0 ) << 8 ) + "I".charCodeAt( 0 ) );

// BSP 版本号 int 类型 占 4 个字节，Quake3 BSP 版本编号值为 46
public static readonly BSPVER: number = 46;

// BSP 文件格式中所有的数据块名称和索引编号
// 编号必须是如下所设定的值，千万不能随便修改
public static readonly ENTITIES: number = 0;    // 本 DEMO 解析
public static readonly TEXTURES: number = 1;    // 本 DEMO 解析，shader，但是
                                                   我们只当纹理使用
public static readonly PLANES: number = 2;
```

```
public static readonly BSPNODES: number = 3;
public static readonly BSPLEAFS: number = 4;
public static readonly LEAFSURFACES: number = 5;
public static readonly LEAFBRUSHES: number = 6;
public static readonly MODELS: number = 7;
public static readonly BRUSHES: number = 8;
public static readonly BRUSHSIDES: number = 9;
public static readonly VERTS: number = 10;      // 所有可渲染顶点数据
public static readonly INDEXES: number = 11;     // 索引数据
public static readonly EFFECTS: number = 12;
public static readonly SURFACES: number = 13;    // 所有表面数据
public static readonly LIGHTMAPS: number = 14;
public static readonly LIGHTGRID: number = 15;
public static readonly VISIBILITY: number = 16;
public static readonly TOTALLUMPS: number = 17;
```

⚠注意：如果仅渲染 BSP 场景的话，只需要读取 VERTS 顶点数据、INDEXES 索引数据、SURFACES 渲染表面数据及 TEXTURES 纹理数据即可。而 ENTITIES 存储了字符串表示的一些可渲染实体的位置和方向等数据，本节也一并读取了。由此可见，本节仅解析这 5 个二进制块数据。

8.2.2　Q3BSPLump 结构定义

有了上面预先定义的这些常量，我们就可以开始解析 BSP 二进制文件格式了。一般而言，二进制文件格式总是存在一个文件头的数据块，该块用来描述一些关键信息及各个子数据块的偏移地址和字节数量，Quake3 BSP 文件格式也是如此。先来定义一个关键的数据结构 Q3BSPLump，代码如下：

```
class Q3BSPLump
{
    public offset: number;      // 表示当前 Lump 相对 BSP 文件首地址的偏移量，字
                                   节为单位
    public length: number;      // 表示当前 Lump 的字节数量，以字节为单位

    public constructor ( offset: number = 0, length: number = 0 )
    {
        this.offset = offset;
        this.length = length;
    }
}
```

通过 Q3BSPLump 这个数据结构，就能确定各个子数据块在 BSP 文件中的偏移量和大小（都是以字节为单位），这样我们就能随机读取二进制文件中的各个子数据块，而文本存储格式无法完成类似功能（除非你先完成全部的文本解析，具体方法将在 Doom3 场景解析中会讲解）。

注意：Q3BSPLump 类本身为 8 个字节，其中 offset 占 4 个字节，length 占 4 个字节。

8.2.3　解析 BSP 文件头

接下来就要进入 BSP 二进制文件解析阶段。第一件事就是解析 BSP 文件头到一个名为 Q3BSPHeader 的结构中。首先来看一下该结构的定义，代码如下：

```
class Q3BSPHeader
{
    public id: number = -1;
    public version: number = -1;
    public lumps: Q3BSPLump[] = new Array( Q3BspParser.TOTALLUMPS );
    public static readonly TOTALBYTES = 144; // 4 + 4 + 17 * 8 = 144 个字节
}
```

注意：Q3BSPHeader 中的 lumps 数组预先分配了 17 个 Q3BspLump 对象，lumps 数组中的索引号在 Quake3BspParser 类的静态只读变量中预先定义好了。

接下来在 Quake3BspParser 类中实现解析 BSP 文件头的方法，代码如下：

```
// 载入各个 lump 的偏移地址
    private _loadHeader ( view: DataView ): Q3BSPHeader
    {
        let header: Q3BSPHeader = new Q3BSPHeader();
        let offset: number = 0;
        // BSP 头的 ID 信息(4 字节 int 类型)，使用小端模式读取（Intel 系列 CPU 是小端
        模式）
        header.id = view.getInt32( offset, true );
        offset += 4;
        // 4 byte 整型 bsp 地图版本号
        header.version = view.getInt32( offset, true );
        offset += 4;
        for ( let i = 0; i < Q3BspParser.TOTALLUMPS; i++ )
        {
            let lump: Q3BSPLump = new Q3BSPLump();
            lump.offset = view.getInt32( offset, true );
            offset += 4;
            lump.length = view.getInt32( offset, true );
            offset += 4;
            // 不能使用 push，因为 BSPHeader 已经分配好 17 个 lump 的内存了
            header.lumps[ i ] = lump;
        }
        console.log( "sizeof(Q3BSPHeader) = ", offset );
        return header;
    }
```

注意：这里强调一下 DataView 对象的 getXXX 系列方法的最后一个参数，其表示的是使用小端（Little-Endian）还是大端（Big-Endian）模式来读取字节。关于大小端的相关知识，请读者自行查阅相关资料。

最后来看一下如何调用_loadHeader 私有方法，代码如下：

```
// Quake3BspParser 核心方法
public parse ( data: ArrayBuffer ): void
{
    // 参数 data 来自服务器，是一个 BSP 二进制文件数据
    // 要解析二进制数据，必须要用 DataView 对象
    let view: DataView = new DataView( data );
    // 调用_loadHeader 私有方法，解析 BSP 文件头
    let header: Q3BSPHeader = this._loadHeader( view );
    // 判断文件的 id 和版本号正确
    if ( header.id !== Q3BspParser.BSPID && header.version !== Q3BspParser.BSPVER )
    {
        alert( "Quake3 BSP 版本不正确！" );
        throw new Error( "Quake3 BSP 版本不正确！" );
    }
    // 一旦解析好文件头，有了各个 Lump 的偏移和大小数据后，我们就可以进行随机读取
    // BSP 中有 17 个数据 Lump,本节我们只使用如下 5 个数据块
    this._loadEntityString( header, view );
    this._loadTextures( header, view );
    this._loadVerts( header, view );
    this._loadIndices( header, view );
    this._loadSurfaces( header, view );
}
```

当调用上述方法后，将会获取到如图 8.1 所示的 Q3BSPHeader 数据。

```
sizeof(Q3BSPHeader) = 144                    Quake3BspParser.ts:172
Q3BSPHeader =                                Quake3BspParser.ts:173
{"id":1347633737,"version":46,"lumps":
[{"offset":218620,"length":2376},{"offset":144,"length":792},
{"offset":936,"length":3328},{"offset":8968,"length":3456},
{"offset":4264,"length":4704},{"offset":18904,"length":1268},
{"offset":20172,"length":868},{"offset":21040,"length":40},
{"offset":12424,"length":1104},{"offset":13528,"length":5376},
{"offset":21080,"length":72996},{"offset":220996,"length":13536},
{"offset":220996,"length":0},{"offset":94076,"length":15080},
{"offset":109500,"length":98304},{"offset":207804,"length":10816},
{"offset":109156,"length":344}]}
```

图 8.1　Q3BSPHeader 字节数与 17 个 Lump 的数据

8.2.4　解析实体字符串数据

在上面的 parser 方法中，依次调用了解析 5 个 Lump 的方法。我们先来看一下_loadEntityString 方法是如何实现的，代码如下：

```
private _loadEntityString ( header: Q3BSPHeader, view: DataView ): void
{
        // 使用 Q3BspParser.ENTITIES 索引号获取 EntityString 的 Lump
        let lump: Q3BSPLump = header.lumps[ Q3BspParser.ENTITIES ];
        // 获取 EntityString 块的字节偏移地址
        let offset: number = lump.offset;
        let charCode: number = 0;
        let strArr: string[] = [];  // 将以 char 表示的字符存储在 strArr 数组中
        // 很重要的一点,EntityString Lump 的 length 属性正好表示的是 char(1 byte)
           的数量
        // 所以遍历每个 char 数据
        for ( let j: number = 0; j < lump.length; j++ )
        {
            // 每个 char 是 1 个 byte,也就是 8 个 bit，所以要用 getInt8 方法
            charCode = view.getInt8( offset );
            offset += 1;      // 更新 offset 变量，让下一次读取的指针后移 1 字节
            // BSP 中存储的是 C 语言风格的字符数组表示，最后一个字符为 0，表示字符串
               的结尾
            // 因此需要判断不为 0，则添加到 TS / JS 的字符串数组中
            if ( charCode != 0 )
            {
                strArr[ j ] = String.fromCharCode( charCode );
            }
        }
        // 最后完全解析后，使用 Array 对象的 join 方法，并且注意参数为""，中间没有空格
        // 这样合成一个完整的 BSPEntityString，并且输出看看结果
        this.entities = strArr.join( "" );
        console.log( "---------------load BSPEntityString---------" );
        console.log( this.entities );
}
```

📖注意：该方法中需要关注的是如何将 C 语言中表示的字符数组解析并转换成 TS / JS 表示的字符串，注释非常详细。

当调用上述方法后，会得到如图 8.2 所示的效果。

```
---------------load BSPEntityString---------          Quake3BspParser.ts:202
{                                                     Quake3BspParser.ts:203
"classname" "worldspawn"
}
{
"classname" "light"
"origin" "-560 0 16"
"light" "300"
"_color" "0.8 0.9 2.0"
}
{
"classname" "light"
"origin" "744 -96 128"
"light" "300"
"_color" "0.9 0.7 0.3"
}
{
"angle" "135"
"origin" "745 -97 108"
"model" "models/mapobjects/storch/tall_torch.md3"
"classname" "misc_model"
}
```

图 8.2　Q3BSPEntityString 数据内容

EntityString 描述 BSP 场景中所有可渲染实体的相关属性，例如朝向、位置、模型路径和颜色等，具体内容依赖于具体每个实体所定义的相关属性，本书并不实现这些实体，仅演示静态场景的绘制。

8.2.5　解析材质数据

Quake3 引擎中实现了非常强大的材质系统，可以访问 http://www.heppler.com/shader/ 网页获取 Quake III Arena Shader Manual（Quake3 引擎 Shader 手册），该手册中罗列了 Quake3 中材质系统用到的所有关键字及作用，手册内容非常多。

对于本书来说，我们忽略 Quake3 本身的材质系统，而是直接使用纹理贴图来代替材质系统，这也符合本书的定位：画出来。

接下来看 Q3BSPTexture 数据结构的定义，代码如下：

```
export class Q3BSPTexture
{
    public name: string = "";          //quake bsp 中 name 都是定长字符串，包括
                                       //  null（0）结尾符，共 64 字节
    public flag: number = -1;          //本 Demo 没用到
    public content: number = -1;       //本 Demo 没用到
    public static readonly TOTALBYTES: number = 72;
                                       // 64 + 4 + 4 = 72 个字节

}
```

注意：对于我们的 Demo 来说，只需要用到 name 属性。而且需要强调的一点是，Quake3 引擎中 name 指向的是一个文本文件，该文件使用 Quake III Arena Shader Manual 中所定义的规则描述了各种渲染用材质属性，而本书为了简化，name 属性指向了后缀为.jpg 或.png 的图像名称。

继续看_loadTextures 方法，代码如下：

```
private _loadTextures ( header: Q3BSPHeader, view: DataView ): void
    {
        let lump: Q3BSPLump = header.lumps[ Q3BspParser.TEXTURES ];
        // 如何计算 Q3BSPTexture 数量：数据块字节数除以每个 Q3BSPTexture 本身的字节数
        let count: number = lump.length / Q3BSPTexture.TOTALBYTES;
        let offset: number = lump.offset;          // 获取当前的偏移量
        this.textures = new Array( count );        // 分配内存
        let strArr: string[] = new Array( 64 );// BPS 中 name 字符串最长 63 个
                                                //  char + '\0'结尾，合计 64 个

        let charCode: number = 0;
        // 遍历所有的 Q3BSPTexture
        for ( let i: number = 0; i < count; i++ )
        {
```

```
            // 遍历每个 name
            //64 定长字符串，不足 64 的部分 null 结尾
            for ( let j: number = 0; j < 64; j++ )
            {
                // 获取 char 表示的字符
                charCode = view.getInt8( offset );
                offset += 1;                          // 下一个偏移量
                if ( charCode != 0 )
                {
                    // 加载到 TS / JS 字符窜数组中
                    strArr[ j ] = String.fromCharCode( charCode );
                }
            }
            // 生成 Q3BSPTexture
            let texture: Q3BSPTexture = new Q3BSPTexture();
            texture.name = strArr.join( "" );    // 合成 TS / JS 字符串
            // 读取 flag，int 类型，4 个字节
            texture.flag = view.getInt32( offset, true );
            offset += 4;
            // 读取 context，int 类型，4 个字节
            texture.content = view.getInt32( offset, true );
            offset += 4;
            // 将 Q3BSPTexture 对象添加到 QuakeBspParser 类的 textures 数组中缓存
                起来，后续会使用
            this.textures[ i ] = texture;
        }
        // 最后输出纹理相关信息
        console.log( "-----------load BSPTexture-------------- " );
        console.log( this.textures );
    }
```

调用上述方法后，效果如图 8.3 所示。

图 8.3 Q3BSPTexture 数据内容

8.2.6　解析顶点数据

接下来解析用于渲染的顶点数据，其数据结构定义如下：

```
export class Q3BSPVertex
{
    // 位置坐标信息
    x: number = 0;
    y: number = 0;
    z: number = 0;
    // 贴图坐标信息
    u: number = 0;
    v: number = 0;
    // 光照贴图坐标信息，本书不使用
    lu: number = 0;
    lv: number = 0;
    // 法线坐标信息，本书不使用
    nx: number = 0;
    ny: number = 0;
    nz: number = 0;
    // rgba 颜色信息，本书也不使用
    r: number = 0;                      // byte
    g: number = 0;
    b: number = 0;
    a: number = 0;
    // [x,y,z,u,v,lu,lv,nx,ny,nz,r,g,b,a]  = 10 float * 4 + rgba (4) = 44
bytes
    public static VERTTOTALBYTES = 44;
}
```

🔈注意：在 Q3BSPVertex 结构中，r、g、b、a 颜色数据每个分量为 1 字节，合计 4 字节，其他数据都是 float 类型，每个占 4 个字节，因此整个顶点结构字节数总计为 44 个字节。

接下来解析渲染用的顶点数据，代码如下：

```
private _loadVerts ( header: Q3BSPHeader, view: DataView ): void
{
    let lump: Q3BSPLump = header.lumps[ Q3BspParser.VERTS ];
    let count: number = lump.length / Q3BSPVertex.VERTTOTALBYTES;
                                                // 计算出顶点总数
    let offset: number = lump.offset;
    this.vertices = new Array( count );
    let vert!: Q3BSPVertex;
    for ( let i: number = 0; i < count; i++ )
    {
        vert = new Q3BSPVertex();
        // 读取 x、y、z 坐标，每个分量都是 4 byte 浮点数
        vert.x = view.getFloat32( offset, true );
        offset += 4;
        vert.y = view.getFloat32( offset, true );
        offset += 4;
        vert.z = view.getFloat32( offset, true );
        offset += 4;
        // 读取 u v 纹理坐标，每个分量都是 4 byte 浮点数
        vert.u = view.getFloat32( offset, true );
```

```
        offset += 4;
        vert.v = view.getFloat32( offset, true );
        offset += 4;
        // 读取 lu lv 光照图纹理坐标，每个分量都是 4 byte 浮点数
        vert.lu = view.getFloat32( offset, true );
        offset += 4;
        vert.lv = view.getFloat32( offset, true );
        offset += 4;
        // 读取法向量，每个分量都是 4 byte 浮点数
        vert.nx = view.getFloat32( offset, true );
        offset += 4;
        vert.ny = view.getFloat32( offset, true );
        offset += 4;
        vert.nz = view.getFloat32( offset, true );
        offset += 4;
        // 读取 r / g / b / a 颜色，每个分量都是 1 byte 字节数
        vert.r = view.getUint8( offset );
        offset += 1;
        vert.g = view.getUint8( offset );
        offset += 1;
        vert.b = view.getUint8( offset );
        offset += 1;
        vert.a = view.getUint8( offset );
        offset += 1;
        // 转换为 opengl 坐标系
        Q3BspParser.toGLCoord( vert );
        // 添加到 vertices 数组中缓存起来
        this.vertices[ i ] = vert;
    }
    // 输出顶点信息
    console.log( "-----------load BSPVert------------- " );
    console.log( this.vertices );
}
```

调用上述方法后，效果如图 8.4 所示。

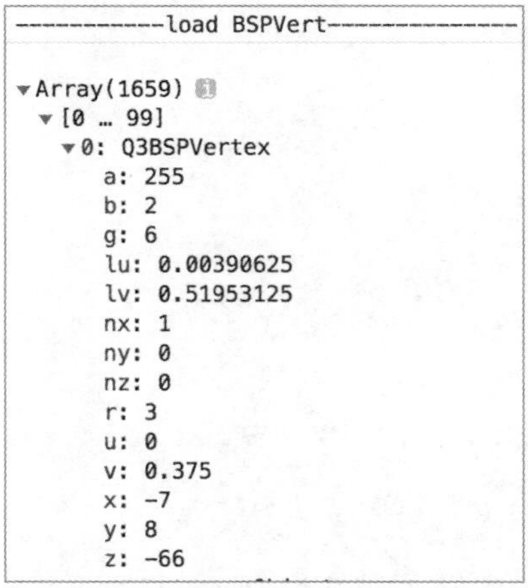

图 8.4　Q3BspVertex 数据内容

8.2.7 解析顶点索引数据

接下来解析顶点索引数据。由于 Quake3 BSP 文件中存储的索引数据类型为整型，因此并不需要额外定义相关结构，我们可以将所有顶点索引数据存储到 number 类型的数组中。解析代码如下：

```
private _loadIndices ( header: Q3BSPHeader, view: DataView ): void
{
    let lump: Q3BSPLump = header.lumps[ Q3BspParser.INDEXES ];
    let count: number = lump.length / 4;
                                        // 每个索引用 4 个字节表示(int 32 类型)
    let offset: number = lump.offset;
    this.indices = new Array( count );
    for ( let i = 0; i < count; i++ )
    {
        let value: number = view.getInt32( offset, true );
        this.indices[ i ] = value;
        offset += 4;
    }
    // 输出顶点索引数据
    console.log( "-----------load BSPIndices------------- " );
    console.log( this.indices );
}
```

注意：Quake3 BSP 文件格式中，顶点索引使用 int 类型，占 4 个字节。

8.2.8 解析渲染表面数据

Quake3 BSP 静态场景中，所有的可渲染数据使用 Q3BSPSurface 这个数据结构。其定义如下：

```
export class Q3BSPSurface
{
    public textureIdx: number = 0;      // 4 bytes 指向 textures 数组中的索引
    public effectIdx: number = -1;      // 4 bytes 本书没有使用该数据
    public faceType: EQ3BSPSurfaceType = EQ3BSPSurfaceType.BAD; // 4 bytes
    // 下面的 4 个变量是理解 BSP 场景渲染的关键，在 Quake3BSPScene 中了解
    public firstVertIdx: number = -1;   // 4 bytes 索引指向 vertArray 中的
                                                    offset 顶点
    public numVert: number = 0;         // 4 bytes 顶点数量通过 firstVertIdx
                                                    和 numVert 可以获得 vertex 数据
    public firstIndex: number = -1;     // 4 bytes 指向索引缓存
    public numIndex: number = 0;        // 4 bytes
    // 下面的数据本书没用使用
    public lightMapIdx: number = 0;     // 4 bytes
```

```
        public lightMapX: number = 0;                // 4 bytes
        public lightMapY: number = 0;                // 4 bytes
        public lightMapWidth: number = 0;            // 4 bytes
        public lightMapHeight: number = 0;           // 4 bytes
        public lightMapOrigin: vec3 = vec3.zero;     // 4 * 3 = 12 bytes
        public lightMapXAxis: vec3 = vec3.zero;      // 4 * 3 = 12 bytes
        public lightMapYAxis: vec3 = vec3.zero;      // 4 * 3 = 12 bytes
        public lightMapZAxis: vec3 = vec3.zero;      // 4 * 3 = 12 bytes
        public patchWidth: number = 0;               // 4 bytes
        public patchHeight: number = 0;              // 4 bytes
        // 合计每个表面所占字节数为 104
        public static TOTALBYETS: number = 104;      // （12 * 4 + 12 * 4 + 8 =
                                                     // 104 个字节）
    }
```

在 Quake BSP 场景渲染中，存在 4 种渲染表面类型，我们可以使用 enum 关键字来定义，其代码如下：

```
export enum EQ3BSPSurfaceType
{
    BAD,                    // 0 表示不符合渲染要求的表面
    PLANAR,                 // 1 表示 BSP 静态场景中的表面
    PATCH,                  // 2 表示二次贝塞尔曲面，本书不使用
    TRIANGLE,               // 3 表示模型中的三角形表面
    BILLBOARD               // 4 表示使用 billboard 技术渲染的表面，本书不使用
}
```

🔔注意：本书仅渲染 1 和 3 这两种常用类型表面。

有了上述的数据结构，就可以解析渲染表面相关的数据，代码如下：

```
private _loadSurfaces ( header: Q3BSPHeader, view: DataView ): void
    {
        let lump: Q3BSPLump = header.lumps[ Q3BspParser.SURFACES ];
        let count: number = lump.length / Q3BSPSurface.TOTALBYETS;
        let offset: number = lump.offset;

        for ( let i: number = 0; i < count; i++ )
        {
            let surface: Q3BSPSurface = new Q3BSPSurface();
            surface.textureIdx = view.getInt32( offset, true );
            offset += 4;
            surface.effectIdx = view.getInt32( offset, true );
            offset += 4;
            surface.faceType = Q3BspParser.toSurfaceType( view.getInt32
( offset, true ) );
            offset += 4;
            surface.firstVertIdx = view.getInt32( offset, true );
            offset += 4;
            surface.numVert = view.getInt32( offset, true );
            offset += 4;
            surface.firstIndex = view.getInt32( offset, true );
            offset += 4;
            surface.numIndex = view.getInt32( offset, true );
```

```
offset += 4;
surface.lightMapIdx = view.getInt32( offset, true );
offset += 4;
surface.lightMapX = view.getInt32( offset, true );
offset += 4;
surface.lightMapY = view.getInt32( offset, true );
offset += 4;
surface.lightMapWidth = view.getInt32( offset, true );
offset += 4;
surface.lightMapHeight = view.getInt32( offset, true );
offset += 4;
surface.lightMapOrigin = new vec3();
surface.lightMapOrigin.x = view.getFloat32( offset, true );
offset += 4;
surface.lightMapOrigin.y = view.getFloat32( offset, true );
offset += 4;
surface.lightMapOrigin.z = view.getFloat32( offset, true );
offset += 4;
surface.lightMapXAxis = new vec3();
surface.lightMapXAxis.x = view.getFloat32( offset, true );
offset += 4;
surface.lightMapXAxis.y = view.getFloat32( offset, true );
offset += 4;
surface.lightMapXAxis.z = view.getFloat32( offset, true );
offset += 4;
surface.lightMapYAxis = new vec3();
surface.lightMapYAxis.x = view.getFloat32( offset, true );
offset += 4;
surface.lightMapYAxis.y = view.getFloat32( offset, true );
offset += 4;
surface.lightMapYAxis.z = view.getFloat32( offset, true );
offset += 4;
surface.lightMapZAxis = new vec3();
surface.lightMapZAxis.x = view.getFloat32( offset, true );
offset += 4;
surface.lightMapZAxis.y = view.getFloat32( offset, true );
offset += 4;
surface.lightMapZAxis.z = view.getFloat32( offset, true );
offset += 4;
surface.patchWidth = view.getInt32( offset, true );
offset += 4;
surface.patchHeight = view.getInt32( offset, true );
offset += 4;
// 进行表面分类，根据类型添加到对应的表面数组中，目前只支持两种类型表面
switch ( surface.faceType )
{
    case EQ3BSPSurfaceType.PLANAR:
        this.mapSurfaces.push( surface );
        break;
    case EQ3BSPSurfaceType.TRIANGLE:
        this.meshSurfaces.push( surface );
        break;
    default:
        break;
}
```

```
    }
    // 排序整个表面，先按表面类型从小到大排序
    // 如果表面类型一致，则再按纹理从小到大排序
    // 按上述权重排序的目的是为了减少渲染状态的切换，加快渲染速度
    this.mapSurfaces.sort( ( a: Q3BSPSurface, b: Q3BSPSurface ): number =>
    {
        return a.textureIdx - b.textureIdx;
    } );

    this.meshSurfaces.sort( ( a: Q3BSPSurface, b: Q3BSPSurface ): number =>
    {
        return a.textureIdx - b.textureIdx;
    } );
    // 最后输出表面相关信息
    console.log( "-----------load BSPSurface------------- " );
    console.log( "Map Surfs: ",this.mapSurfaces );
    console.log(" Mesh Surfs: ", this.meshSurfaces);
}
```

由于数据量较大，所以请大家自己调用上述函数，然后查看一下输出的表面数据是否先按照表面类型排序，然后再按照纹理索引编号排序所有可渲染表面。

8.2.9　Quake3 与 WebGL 坐标系转换

如图 8.5 所示，WebGL 的坐标系 x 轴指向右，y 轴指向上，而 z 轴指向前。而图 8.6 中，Quake3 的坐标系 x 轴指向右，y 轴指向前，而 z 轴指向上，BSP 文件中定义的顶点的 $[x,y,z]$ 坐标是按照 Quake3 坐标系定义的，因此为渲染的正确性，我们要将 Quake3 坐标系转换为 WebGL 坐标系。

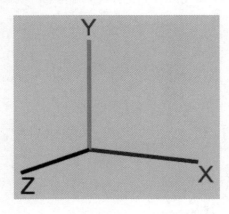

图 8.5　WebGL 坐标系

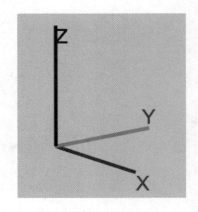

图 8.6　Quake3 坐标系

此外，Quake3 中定义的纹理坐标是 x 轴朝右，y 轴朝下，而 WebGL 的纹理坐标系是 y 轴朝上，因此也需要将 Quake3 纹理坐标系转换为 WebGL 纹理坐标系。

在 8.2.6 节中，当我们从 BSP 文件格式中解析出一个 Q3BspVertex 结构后，调用了 Q3BspParser.toGLCoord(vert)这个静态方法，该方法就是将 Quake3 引擎使用由顶点和纹理坐标系变换为 WebGL 的顶点与纹理坐标系，并且根据给定的缩放系数进行基于顶点的坐标缩放。接下来看一下 toGLCoord 方法的实现，代码如下：

```
public static toGLCoord ( v: Q3BSPVertex, scale: number = 8 ): void
{
    // 将 Q3 的顶点坐标变换为 WebGL 坐标系
    // 参考图 8.5 与图 8.6
    let f: number = v.y;      // 记录 Q3 的 y 坐标值
    v.y = v.z;                // WebGL 的 y 值相当于 Q3 的 z 值
    v.z = -f;                 // WebGL 的 z 值相当于 Q3 的-y 值，x 值不用变，都指向右

    // 进行顶点的缩放操作
    if ( !MathHelper.numberEquals( scale, 0 ) && !MathHelper.numberEquals
( scale, 1.0 ) )
    {
        v.x /= scale;
        v.y /= scale;
        v.z /= scale;
    }

    // 将 Q3 的纹理坐标系变换为 WebGL 的纹理坐标系
    v.lv = 1.0 - v.lv;
    v.v = 1.0 - v.v;
}
```

至此，用于 Quake3 BSP 场景绘制的必要数据解析都完成了，接下来我们来看一下渲染 BSP 场景的核心类：Quake3BspScene。

注意：之所以提供缩放系数，目的是调整场景的大小，因为 Quake3 编辑地图时使用的场景比例尺与我们目前的系统不一致，因此提供缩放系数，自行测试及调整该比例值。

8.3　渲染 Quake3 BSP 场景

将 Quake3 BSP 二进制文件中与渲染相关的数据解析成对应的数据结构后，接下来需要做的是将这些渲染数据适配成符合第 5 章实现的 WebGLUtilLib 库中的 GLStaticMesh 对象所需的存储格式，然后就能很容易地调用 GLStaticMesh 对象的 draw 或 drawRange 方法进行整个 BSP 场景的渲染。

8.3.1　Quake3BspScene 的初始化

先来看一下 Quake3BspScene 类的成员变量和构造函数，代码如下：

```
export class Quake3BspScene
{
    private _scene !: GLStaticMesh;            // 整个 quake3 BSP 场景都被编译成
                                               第 5 章中定义的 GLStaticMesh 对象
    public gl: WebGLRenderingContext;          // WebGL 上下文渲染对象
    public texDict: Dictionary<GLTexture>;     // 使用第 2 章封装的字典对象来存储
                                               加载的 GLTexture 对象
    // Q3 有 4 种渲染表面类型，本书只渲染如下两种
    // 其中，BSP 表面表示静态的房间的表面
    // 而 mesh 表面是例如椅子、凳子、灯等可独立添加的物体
    public bspSurfaces: DrawSurface[];         // 类型为 EQ3BSPSurfaceType.
                                               PLANAR 的 bsp 场景表面
    public meshSurfaces: DrawSurface[];
                    // 类型为类型为 EQ3BSPSurfaceType.TRIANGLE 静态物体表面
    private _defaultTexture: GLTexture;        // 如果没找到 BSP 文件中的纹理对象，
                                               那么使用我们自己提供的默认对象
    public pathPrifix: string = "./data/quake3/";
                    // 默认的 BSP 资源服务器端文件夹

    public constructor ( gl: WebGLRenderingContext )
    {
        this.gl = gl;
        this.texDict = new Dictionary<GLTexture>();
        this.bspSurfaces = [];
        this.meshSurfaces = [];
        this._defaultTexture = GLTextureCache.instance.getMust( "default" );
    }
}
```

8.3.2　DrawSurface 对象

在上节的代码中的 Quake3BspScene 成员变量中，bspSurfaces 和 meshSurfaces 的类型为 DrawSurface 类的数组。在 Quake3BspScene 中，使用 DrawSuface 对象来进行实际的绘制操作，我们来看一下 DrawSurface 对象是如何被定义的，代码如下：

```
class DrawSurface
{
    public texture: GLTexture;      // 当前要绘制的表面使用哪个纹理对象
    public byteOffset: number;
    public elemCount: number;

    public constructor ( texture: GLTexture, byteOffset: number = -1, count:
number = 0 )
```

```
            {
                this.texture = texture;
                this.byteOffset = byteOffset;
                this.elemCount = count;
            }
        }
```

🔔注意：DrawSurface 没用使用 export 关键字，说明是一个本 ts 文件内部使用的类。如何绘制 DrawSurface 的关键，是理解 byteOffset 和 elemCount 这两个成员变量，可以在 Quake3BspScene 类的 compileMap 和 draw 方法中了解到。

8.3.3　封装 Promise 加载所有纹理

在 8.2.5 节中，我们解析了 BSP 文件关于纹理相关部分的二进制数据，并将这些数据存储在 Quake3BspParser 类的 textures 成员变量中，其中数组中的每个元素的类型是 Q3BSPTexture，它只保存了纹理的名称，并没有实际载入这些数据。真正载入这些纹理数据的方法是 Quake3BspScene 类的 loadTextures 方法。

loadTextures 方法的实现代码如下：

```
// 使用 async 关键字，需要返回一个 Promise 对象
    // 说明本方法是一个异步加载方法，可以使用 await 关键字来同步资源
    public async loadTextures ( parser: Q3BspParser ): Promise<void>
    {
        // 封装 Promise 对象
        return new Promise( ( resolve, reject ): void =>
        {
            let _promises: Promise<ImageInfo | null>[] = [];
            for ( let i: number = 0; i < parser.textures.length; i++ )
            {
                // 仅加载一次，所以先查询 texDict 中是否存在已经加载的纹理名
                if ( this.texDict.contains( parser.textures[ i ].name ) )
                {
                    // 如果已经加载了，就跳过
                    continue;
                }
                _promises.push( HttpRequest.loadImageAsyncSafe( this.pat
hPrifix + parser.textures[ i ].name + ".jpg", parser.textures[ i ].name ) );
            }

            Promise.all( _promises ).then( ( images: ( ImageInfo | null )[] ) =>
            {
                for ( let i: number = 0; i < images.length; i++ )
                {
                    let img: ImageInfo | null = images[ i ];
                    if ( img !== null )
                    {
                        // 加载纹理
```

```
                            let tex: GLTexture = new GLTexture( this.gl, img.name );
                            tex.upload( img.image );
                            this.texDict.insert( img.name, tex );
                        }
                    }
                    console.log( this.texDict.keys );
                    resolve();
                } );
            } );
        }
```

🔔 **注意**：关于 Promise、await 及 async 等相关内容，请参考 3.5 节的内容。

8.3.4　生成 GLStaticMesh 对象

自第 5 章实现了 WebGLUtilLib 框架后，所有的 3D 图形绘制依赖于 GLMeshBase 的两个子类：GLMeshBuilder 和 GLStaticMesh。其中，GLMeshBuilder 类用于每帧动态绘制的情形，而像 Quake3 BSP 这种静态场景，更加适合 GLStaticMesh 的设计目的。本节要做的事情就是将 Quake3BspParser 解析完成的渲染数据转换成 GLStaticMesh 对象。下面就来看一下实现过程，代码如下：

```
public compileMap ( parser: Q3BspParser ): void
{
    // 所有的顶点都放入 vertices 中了
    // Q3BSPVertex 带有更多的信息，而我们目前的 BSP 场景渲染仅需要位置坐标信息（ x /
y / z ）和纹理坐标信息（ s / t ）
    // 因此每个渲染顶点占用 5 个 float
    let vertices: Float32Array = new Float32Array( parser.vertices.length * 5 );
    let j: number = 0;
    // 将 Q3BSPVertex 复制到渲染顶点中
    for ( let i: number = 0; i < parser.vertices.length; i++ )
    {
        vertices[ j++ ] = ( parser.vertices[ i ].x );
        vertices[ j++ ] = ( parser.vertices[ i ].y );
        vertices[ j++ ] = ( parser.vertices[ i ].z );
        vertices[ j++ ] = ( parser.vertices[ i ].u );
        vertices[ j++ ] = ( parser.vertices[ i ].v );
    }
    // 完成渲染用的顶点数据后，接着转换索引数据
    let indices: TypedArrayList<Uint16Array> = new TypedArrayList
( Uint16Array );
    // 重组索引，先 bsp 地图的索引缓存，遍历所有 Q3BSPSurface
    for ( let i: number = 0; i < parser.mapSurfaces.length; i++ )
    {
        // 逐表面
        let surf: Q3BSPSurface = parser.mapSurfaces[ i ];
                                    // 获取当前正在使用的 Q3BSPSurface 对象
        // 注意使用下面如何寻址纹理名
```

```
            let tex: GLTexture | undefined = this.texDict.find( parser.textures
[ surf.textureIdx ].name );
        if ( tex === undefined )
        {
            tex = this._defaultTexture;
        }
        // 起始地址和索引数量，这是关键点，地址用 byte 表示，每个索引使用 unsignedShort
            类型，所以占 2 个字节，所以要 indices.length*2
        let drawSurf: DrawSurface = new DrawSurface( tex, indices.length *
2, surf.numIndex );
        for ( let k: number = 0; k < surf.numIndex; k++ )
        {
            // 渲染 BSP 地图关键的索引寻址关系！！！！一定要理解下面的关系式
            let pos: number = surf.firstVertIdx + parser.indices[ surf.
firstIndex + k ];
            indices.push( pos );
        }
        this.bspSurfaces.push( drawSurf );
    }

    // 重组索引，静态物体的索引缓存
    for ( let i: number = 0; i < parser.meshSurfaces.length; i++ )
    {
        let surf: Q3BSPSurface = parser.meshSurfaces[ i ];
        // 可能存在的情况是，BSP 中有纹理名，但是服务器上不存在对应的图像，就需要先检
            测是否有该图像的存在
        let tex: GLTexture | undefined = this.texDict.find( parser.textures
[ surf.textureIdx ].name );
        if ( tex === undefined )
        {
            // 如果图像不存在，就使用默认纹理
            tex = this._defaultTexture;
        }
        // 起始地址和索引数量，这是关键点，地址用 byte 表示
        let drawSurf: DrawSurface = new DrawSurface( tex, indices.length *
2, surf.numIndex );
        for ( let k: number = 0; k < surf.numIndex; k++ )
        {
            // 渲染 BSP 地图关键的索引寻址关系！！！！一定要理解下面的关系式
            let pos: number = surf.firstVertIdx + parser.indices[ surf.
firstIndex + k ];
            indices.push( pos );
        }
        this.meshSurfaces.push( drawSurf );
    }
    // 合成一个庞大的顶点和索引缓存后，就可以生成 GLStaticMesh 对象了
    this._scene = new GLStaticMesh( this.gl, GLAttribState.POSITION_BIT |
GLAttribState.TEXCOORD_BIT, vertices, indices.subArray() );
}
```

8.3.5　绘制整个 BSP 场景

至此，已经完成了 GLStaticMesh 对象的创建，我们只需要做如下操作来绘制整个 Quake3 BSP 场景。实现代码如下：

```
public draw ( camera: Camera, program: GLProgram ): void
{
    // 绑定当前使用的 GLProgram 对象
    program.bind();
    // 设置当前的 mvp 矩阵
    program.setMatrix4( GLProgram.MVPMatrix, camera.viewProjectionMatrix );
    this._scene.bind();                    // 绑定场景 vao 对象
    // 遍历所有的 BSP 表面
    for ( let i: number = 0; i < this.bspSurfaces.length; i++ )
    {
        let surf: DrawSurface = this.bspSurfaces[ i ];
        surf.texture.bind();               // 绑定纹理对象
        program.loadSampler();             // 载入纹理 Sampler
        // 调用 drawRange 方法
        this._scene.drawRange( surf.byteOffset, surf.elemCount );
        surf.texture.unbind();             // 解除纹理对象的绑定
    }
    // 接下来绘制所有静态 mesh 对象的表面，其渲染流程同上
    for ( let i: number = 0; i < this.meshSurfaces.length; i++ )
    {
        let surf: DrawSurface = this.meshSurfaces[ i ];
        surf.texture.bind();
        program.loadSampler();
        this._scene.drawRange( surf.byteOffset, surf.elemCount );
        surf.texture.unbind();
    }
    // 最后解绑 vao 和 program 对象
    this._scene.unbind();
    program.unbind();
}
```

当调用上述方法后，你会发现存在一个严重的问题，即没能正确、完整地显示整个场景。之所以如此，是因为 Quake BSP 中存储的顶点索引顺序是顺时针方向的，而 WebGL 中默认情况下是逆时针方向，因此出现 Cull Face 错误。要解决这个问题可以使用如下两种方式：

- 在 draw 函数的 program.bind 方法前调用 this.gl.disable(this.gl.CULL_FACE)这句代码，关闭 WebGL 的背面剔除功能，双面渲染各个三角形。然后在最后的 program.unbind 代码后添加 this.gl.enable(this.gl.CULL_FACE)恢复 WebGL 的默认渲染状态。

这种方式的优点是，即使摄像机在整个场景外面，也能正确地渲染，缺点是需要双面绘制，效率较低。

- 在 draw 函数的 program.bind 方法前调用 this.gl.frontFace(this.gl.CW)，将 WebGL 的三角形正面设置为顺时针。然后在最后的 program.unbind 代码后添加 this.gl.frontFace(this.gl.CCW)，恢复 WebGL 的三角形正面为逆时针顺序。这种方式的优点是仅渲染顶点顺序为顺时针表示的三角形，剔除掉顶点顺序为逆时针方向的三角形。该方式的缺点是，如果摄像机不在室内，就会出现不能正确、完整地显示整个场景。关于是否使用背面剔除功能则依赖于你的需求。

⚠ 注意：Quake3 引擎的源码及文件格式是开源的，我们可以按照 BSP 文件格式编写解析和渲染代码，但是游戏资源（例如图片、BSP 关卡数据、各种音频和视频等数据）是有版权保护的。为了避免版权问题，本书只提供如何解析和渲染 Quake3 BSP 场景的代码实现，而不提供相关的场景渲染效果图及相关游戏资源。

8.4　本章总结

本章主要介绍了 3 个类的实现。首先是 Q3BspApplication，该类继承自 CameraApplication 类，因此可以任意移动或旋转摄像机，从而达到在 Quake3 BSP 场景中进行漫游的效果。Q3BspApplication 内部的 run 虚函数被覆写（override），从而从服务器载入 Quake3 BSP 二进制文件，然后调用 Quake3BspParser 类进行 Quake3 BSP 文件解析，当整个 BSP 文件解析完成后，再加载所有纹理，当整个渲染资源准备就绪后，就调用 Q3BspScene 的 draw 方法不停地渲染整个场景。

接着介绍了 Quake3BspParser 类的实现，该类使用 DataView 对象，将从服务器获得使用 ArrayBuffer 存储的 BSP 二进制文件解析成相关的渲染数据结构的数组集合，为 Quake3BspScene 的绘制提供渲染数据源。整个 BSP 文件具有 17 个二进制数据块，但是本书仅解析了与渲染绘制相关的数据，并没有涉及与场景管理、碰撞检测、光照图等相关的数据解析。

最后为了能让 Quake3BspParser 解析后的数据符合 GLStaticMesh 对象的存储结构，需要进行相关的数据转换操作，该操作通过 Quake3BspScene 类的 compileMap 方式实现。一旦生成 GLStaticMesh 对象后，我们就将整个 Quake3 BSP 渲染流程并入到第 5 章实现的 WebGLUtilLib 库架构中，这样就整合了整个代码流程。

最后来总结一下渲染 Quake3 BSP 场景需要思考的问题：

- 如何使用 DataView 对象来操作 ArrayBuffer 数据，特别是如何计算字节偏移量？

- Quake3 BSP 文件中的顶点坐标系和纹理坐标系与 WebGL 坐标系区别在哪里？如何进行转换？
- Quake3 BSP 三角形定义的手相性是顺时针还是逆时针？你将如何使用 WebGL 来处理三角形的背面剔除操作？
- 为了能够正确地绘制操作，如何寻址 Quake3 BSP 中的顶点数据和索引数据？

如果能解答上述 4 个问题，那么说明你已经掌握了本章的主要内容。

第 9 章　解析和渲染 Doom3 PROC 场景

上一章中解析和渲染了 id Software 公司 Quake3 引擎（雷神之锤 3）的 BSP 静态场景。本章将解析与渲染 id Software 公司 Doom3 引擎的 PRCO 静态场景。

Doom3（毁灭战士 3）是 id Software 于 2004 年发布的一款第一人称射击游戏（First Person Shot），并且于 2011 年以 GPL v3 协议开放源码。如果大家有兴趣，可以访问 https://github.com/TTimo/doom3.gpl 获取整个引擎的源代码进行研究。

9.1　Doom3Application 入口类

Doom3 引擎的关卡地图（或场景）是以文本字符串形式存储在后缀名为.proc 的文件中。关于.proc 文件的格式，会在后续的 Doom3ProcParser 类的源码解析中详细介绍，本节主要关注 Doom3 PROC 场景的整体运行流程，代码如下：

```
import { CameraApplication } from "../lib/CameraApplication";
import { GLProgram } from "../webgl/WebGLProgram";
import { Doom3ProcScene } from "../lib/Doom3ProcScene";
import { GLProgramCache } from "../webgl/WebGLProgramCache";
export class Doom3Application extends CameraApplication
{
    public program: GLProgram;                    // 使用纹理着色器
    public scene: Doom3ProcScene;

    public constructor ( canvas: HTMLCanvasElement )
    {
        super( canvas, { premultipliedAlpha: false }, true );
                                            // 调用基类构造函数
        this.program = GLProgramCache.instance.getMust( "texture" );
                                            // 获得纹理着色器引用
        this.scene = new Doom3ProcScene( this.gl );
                                            // 创建 Doom3ProcScene 对象
    }
    // 覆写（override）基类的异步 run 方法，加载本 Demo 所需的场景文件和渲染资源
    public async run (): Promise<void>
    {
    // await 同步等待资源解析和加载完毕
        await this.scene.parseDoom3Map( "./data/doom3/level.proc" );
```

```
    // await 成功后才会运行下面的代码
    this.camera.y = this.scene.mins.y + 5; // 设置摄像机的高度
    super.run();                  // 调用基类方法，从而进入不停地更新和渲染流程
  }
  public render (): void
{
  // 绘制操作委托给 Doom3ProcScene 类进行
    this.scene.draw( this.camera, this.program );
  }
}
```

通过上述代码会发现，Doom3Application 这个类非常简单，其继承自 Camera Application 基类，因此获得了摄像机运动和旋转浏览整个场景的功能。

然后在整个应用进入不间断刷新和渲染前，覆写（override）了基类的 run 函数，该方法内部使用 TypeScript 的 await 关键字来等待 Doom3ProcScene 类的 parseDoom3Map 方法加载整个场景和纹理资源，一旦资源全部加载完成（await 等待成功）后即进入整个应用的更新和渲染流程。

而在渲染过程中，所有的场景绘制是委托给 Doom3ProcScene 类的 draw 方法，因此解析和渲染整个 Doom3 场景的核心类是 Doom3ProcScene。

接下来再来看一下 Doom3ProcScene 类的 parseDoom3Map 方法的前半部分实现，代码如下：

```
public async parseDoom3Map ( url: string ): Promise<void> {
    let response: string = await HttpRequest.loadTextFileAsync( url );
    let parser: Doom3ProcParser = new Doom3ProcParser();
    parser.parse( response );
    ......
    ......
}
```

当我们查看 Doom3ProcScene 类的 parserDoom3Map 方法时会发现，该方法首先使用 await 方法等待服务器端的 Doom3 PROC 场景地图文件（字符串表示）的加载完成。

一旦获得要进行文本解析的 Doom3 场景文件中的所有字符串描述后，就会马上分配 Doom3ProcParser 类的内存，将要解析的字符串作为参数传递给 Doom3ProcParser 类的 parse 方法，这样就进入了 Doom3 PROC 场景解析流程。

由此可见，Doom3ProcScene 内部是使用 Doom3ProcParser 类来进行 Doom3 PROC 场景格式解析的。接下来看一下如何实现 Doom3ProcParser 类。

9.2　解析 Doom3 PROC 场景

Doom3ProcParser 类的作用是将 Doom3 PROC 地图场景格式解析成相关的数据结构，

然后将这些解析后的数据结构传递给 Doom3ProcScene 类进行编译转换成 GLStaticMesh 类，这样我们就能调用 GLStaticMesh 类的 draw 方法将整个场景绘制到屏幕上。

9.2.1　Doom3 词法解析规则

Doom3 PROC 场景地图是以文本字符串方式存储在文件系统，为了将这些文本字符串解析成有意义的数据结构，必须先要了解如表 9.1 所示的 Doom3 文本格式词法解析规则。

表 9.1　Doom3 文本格式词法解析状态表

状　态	共 同 条 件	开 始 条 件	结 束 条 件	实现方法名
单行注释	当前正在解析的字符不是空白符	以//开头的字符	以\n结尾	_skipComments0
多行注释		以/*开头的字符	以*/结尾	_skipComments1
解析数字		当前字符是（数字）或是（符号）或者（以点号且下一个是数字开头）的字符	数据源解析全部完成或下一个字符既不是数字也不是小数点（如果是浮点数表示的话）	_getNumber
解析子字符串		以\"或\'开头的字符，例如'origin'或'Body'	数据源解析全部完成或遇到换行符（子串不能多行表示）或是结束符号（要么是\"，要么是\'）	_getSubstring
解析字符串		排除上述所有的条件并且在确保数据源没有解析完成的情况下	数据源解析全部完成或下一个是空白符或者当前字符是特殊符号	_getString

注意：如表 9.1 所示，在 Doom3 文本格式中，对应 TypeScript 中有效的数据类型只有两种，即 string 和 number。

9.2.2　IDoom3Tokenizer 词法解析器

在本书的姊妹篇《TypeScript 图形渲染实战：2D 架构设计与实现》一书的第 2 章中，按照表 9.1 的解析规则，以面向接口编程方式实现了一个 Doom3 词法解析器。本书并不准备花时间和篇幅来介绍该解析器的实现细节，而是直接来了解 Doom3 词法解析器的接口方法有哪些及它们是如何使用的（请参考后续的各个_read 开头的方法）。

Doom3 词法解析器相关的接口与方法，代码如下：

```
// Doom3 文件格式中的数据类型对象 TS 如下面两种数据类型
export enum ETokenType {
    NONE,
    STRING,
    NUMBER
```

```
}
// Token 接口
export interface IDoom3Token {
    reset(): void;                          // 重用当前对象
    readonly type: ETokenType;              // 返回当前 token 的类型
    isString(str: string): boolean;         // 判断当前的 token 是否是 string 类型
    // 下面 3 个转换方法
    getString(): string;                    // 如果当前 token 是 string 类型, 可以
                                            //   获取该 token 的字符串值
    getFloat(): number;                     // 如果当前 token 是 number 类型, 并且
                                            //   需要是浮点数形式, 可以调用本函数
    getInt(): number;                       // 如果当前 token 是 number 类型并且需
                                            //   要整数形式, 可以调用本函数
}
//接口扩展和类扩展一样, 都是使用 extends 关键字
//类实现接口, 则使用 implements 关键字
export interface IDoom3Tokenizer extends IEnumerator<IDoom3Token> {
    setSource(source: string): void;      // 设置要解析的字符串
     createToken ( ) : IDoom3Token;        // 创建 IDoom3Token 接口
// 关键方法, 获取下一个可用的 IDoom3Token 接口
// 返回值: true 表示存在下一个可用的 token, 其值保存在输出参数 token 中
//         false 表示解析完成, 输出参数 token 没有意义的值
    getNextToken ( token : IDoom3Token) : boolean ;
}
// 该类需要被调用方使用, 因此 export 导出
export class Doom3Factory {
    // 注意返回的是 IDoom3Tokenizer 接口而不是 Doom3Tokenizer 实现类
    public static createTokenizer(): IDoom3Tokenizer {
        return new Doom3Tokenizer();
    }
}
```

有了上述接口和类后, 就能在后续章节中了解 Doom3 词法解析器的详细用法了。

🔊注意: 如果想要详细了解 Doom3 词法解析器实现的细节, 可以结合表 9.1 提示的解析
　　　　规则, 然后分析本书提供的解析器源码或者直接参考本书的姊妹书中的相关章节。

9.2.3　Doom3 PROC 文件格式总览

有了完整的词法解析类后, 接下来就要进行 Doom3 PROC 文件的解析操作了。在进
行解析前, 先来看一下 Doom3 PROC 整体的文件格式。

如图 9.1 所示, 整个 Doom3 PROC 文件可以分为 4 个部分。

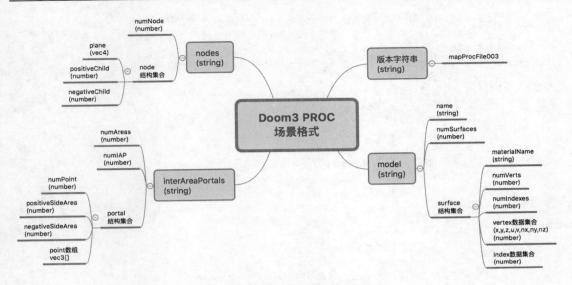

图 9.1　Doom3 PROC 文件格式内容图

- 第一行为版本字符串，用来表明当前 PROC 的版本，目前最新的版本字符串为 mapProcFile003。
- 以 model 关键字开头的渲染数据，可以把 model 看成一间要渲染的房间，而整个 Doom3 PROC 室内场景是由无数个房间组成。
- Doom3 PROC 室内场景由多个房间（model）组成，每个房间之间可以有多个门廊，而每个门廊可以连接两个房间，这些数据信息是保存在 interAreaPortals 这个关键字所指向的数据中。
- 最后一个是 nodes 关键字，用来指明 BSP 树的相关信息，本书不涉及这方面的知识点。

🔔注意：Doom3 PROC 场景是经典的 Portal 场景管理系统组织形式，本书定位为画出来，Portal 场景管理系统属于画得快的范畴，超出了本书的范围。如果大家有兴趣，可以自行查阅 Portal 场景管理相关的知识点。

9.2.4　Doom3ProcParser 的 parse 方法

有了词法解析器和 Doom3 PROC 文件的宏观结构概念后，就可以来了解 Doom3ProcParser 类的 parser 方法，该方法代码如下：

```
public parse ( source: string ): void {
    // 使用 Doom3Factory 的工厂方法 createTokenizer 创建 IDoom3Tokenizer 接口
    let tokenizer: IDoom3Tokenizer = Doom3Factory.createTokenizer();
    // 再用 IDoom3Tokenizer 接口的 createToken 方法创建一直被重用的 IDoom3Token
    接口
```

```
        let token: IDoom3Token = tokenizer.createToken();
        // 设置 IDoom3Tokenizer 解析器要解析的字符串数据
        tokenizer.setSource( source );
        // 到目前为止，我们已经设置好要解析的数据了，接下来就要进入循环解析流程了
        // 1. 读取 PROC 文件的版本号字符串
        this._readMapVersion( tokenizer, token );
        // 2. 只要 getNextToken 返回 true，就一直循环
        while ( tokenizer.getNextToken( token ) ) {
            // 3.1 如果碰到关键字"model"
            if ( token.isString( "model" ) === true ) {
                // 则调用_readArea 方法解析房间渲染数据
                this._readArea( tokenizer, token );
            } // 3.2 如果碰到 interAreaPortals 关键字
            else if ( token.isString( "interAreaPortals" ) === true ) {
                // 则调用_readPortals 方法解析门廊数据
                this._readPortals( tokenizer, token );
            } // 3.3 如果碰到 nodels 关键字
            else if ( token.isString( "nodes" ) === true ) {
                // 则调用_readNodes 方法解析 BSP Node 数据
                this._readNodes( tokenizer, token );
            }
        }
    }
```

通过上述代码可知，Doom3 PROC 文件解析调用了三个核心私有方法，其原型如下：

```
// 遇到 model 关键字，调用_readArea
private _readArea ( parser: IDoom3Tokenizer, token: IDoom3Token ): void
// 当遇到 interAreaPortals，调用_readPortals 方法
private _readPortals ( parser: IDoom3Tokenizer, token: IDoom3Token ): void
// 当遇到 nodes 关键字，调用_readNodes 方法
private _readNodes ( parser: IDoom3Tokenizer, token: IDoom3Token ): void
```

上述 3 个方法具有共同的参数，其中，parser 的类型为 IDoom3Tokenizer，而 token 是一个输出参数，token 中的数据由 parser 对象的 getNextToken(token)方法进行填充。接下来，我们按顺序来详细了解这 3 个私有方法的实现。

9.2.5　Doom3Area、Doom3Surface 及 Doom3Vertex 类

首先来看一下_readArea 要读取的文本的格式，内容如下：

```
model { /* name = */ "_area0" /* numSurfaces = */ 2
    /* surface 0 */
    {
        "../data/textures/wood/wood_1" /* numVerts = */ 191 /* numIndexes = */ 306
        ( 2250 -1410 18 18.078125 -0.140625 0 -1 0 ) ( 2250 -1410 8 18.078125
-0.0625 0 -1 0 ) ( 2248 -1410 18 18.0625 -0.140625 0 -1 0 )
        ................................... .
        ................................... .
        0 1 2 3 2 1 4 5 6 7 6 5 8 9 10 8 10 11
```

```
    }
    /* surface 2 */
    {
        "../data/textures/floor/floor_wood_4" /* numVerts = */ 40 /*
numIndexes = */ 60
          ( 2744 -1096 312 43.875 -17.1249961853 0 0 -1 ) ( 2248 -1096 312
36.125 -17.1249980927 0 0 -1 ) ( 2248 -1144 312 36.125 -17.8749980927 0 0 -1 )
        ......................................
        0 1 2 0 2 3 4 5 6 4 6 7 8 9 10 11 10 9
        ......................................
    }
}
```

根据上述文本格式，结合图 9.1model 部分的图示，我们直接通过定义几个数据结构来清晰地了解 model 有哪些渲染数据。先来看一下 model 数据类型的定义，使用 Doom3Area 类来存储 model 数据，代码如下：

```
export class Doom3Area {
    public name: string = "";                // 例如 area0 等
    public surfaces: Doom3Surface[] = [];    // 一个区域由多个 surface 组成

    public portals: number[] = [];           // 一个区域可以包含 n 个 portal
    public mins: vec3 = new vec3( [ Infinity, Infinity, Infinity ] );
                                             // 绑定盒 mins
    public maxs: vec3 = new vec3( [ -Infinity, -Infinity, -Infinity ] );
                                             // 绑定盒 maxs
}
```

通过 Doom3Area 类可知，一个 Doom3Area 是由多个 Doom3Surface 对象组成的，Doom3Surface 对应上面 model 文本格式中的 surface 关键词后的内容，看一下 Doom3Surface 是如何定义的，代码如下：

```
// 一个 area 可以由多个 surface 组成
// 一个 surface 使用同一种材质，并且具有顶点和索引缓存
export class Doom3Surface {
    public material: string = "";            // 当前表面所用的材质名称
    public vertices: Doom3Vertex[] = [];     // 当前表面顶点数据集合
    public indices: number[] = [];           // 当前顶点的索引数据集合
    // 当前表面的绑定和
    public mins: vec3 = new vec3( [ Infinity, Infinity, Infinity ] );
    public maxs: vec3 = new vec3( [ -Infinity, -Infinity, -Infinity ] );
}
```

而每个表面是由材质、顶点集合及索引集合组成的，其中，材质是通过其名字从服务器上加载获得的，索引集合则都是由类型为 number 的数组组成，唯一需要继续定义的是顶点类型 Doom3Vertex，代码如下：

```
// Doom3 PROC 的顶点格式数据
export class Doom3Vertex {
```

```
    public pos: vec3 = new vec3();                    // 位置坐标向量
    public st: vec2 = new vec2();                     // 纹理坐标向量
    public normal: vec3 = new vec3();                 // 法向量
}
```

这样就定义好了整个 model 解析需要的所有相关的数据结构。

9.2.6　Doom3ProcParser 的_readArea 方法

看一下_readArea 方法，该方法将 model 文本格式中的相关数据解析成对应的 Doom3Area、Doom3Surface 及 Doom3Vertex 对象，代码如下：

```
// 读取一个 area 对象
private _readArea ( parser: IDoom3Tokenizer, token: IDoom3Token ): void {
    let area: Doom3Area = new Doom3Area(); // 分配 Doom3Area 对象内存
    let surfCount: number = 0;
    parser.getNextToken( token );   // 跳过左花括号 {
    parser.getNextToken( token );   // 获得 name 的 token，是字符串类型
    area.name = token.getString(); // 获得 model 的 name，例如"area0"
    parser.getNextToken( token );   // 获得表面数量的 token，该 token 类型为整
                                    //   数类型
    surfCount = token.getInt();     // 因此调用 getInt 获得表面数量
    // 知道了当前 area 有多个 surface，就开始遍历得到所有的 Doom3Surface 对象
    for ( let i: number = 0; i < surfCount; i++ ) {
        // 调用_readSurface 方法，生成 Doom3Surface 对象
        let surf: Doom3Surface = this._readSurfaces( parser, token );
        area.surfaces.push( surf ); // 将生成的 Doom3Surface 存储到 surfaces
                                    //   数组中
        // 计算 area 的绑定盒
        MathHelper.boundBoxAddPoint( surf.mins, area.mins, area.maxs );
        MathHelper.boundBoxAddPoint( surf.maxs, area.mins, area.maxs );
        console.log( "area mins = ", JSON.stringify( area.mins ) );
        console.log( "area maxs = ", JSON.stringify( area.maxs ) );
    }
    // 到这里，完成了所有表面的数据解析
    parser.getNextToken( token );   // 跳过 }
    // 到这里，说明 model 全部结束
    MathHelper.boundBoxAddPoint( area.mins, this.mins, this.maxs );
    MathHelper.boundBoxAddPoint( area.maxs, this.mins, this.maxs );
    // 将当前解析完成的 model 加入到 areas 数组中去
    this.areas.push( area );
}
```

根据上述代码可知，model 中的渲染数据都是存储在 surface 中，需要调用_readSurface 来生成 Doom3Suface 对象。接下来我们就来看一下_readSurface 这个关键的解析方法。

9.2.7　Doom3ProcParser 的 _readSurface 方法

关于 _readSurface 方法的实现，先读取顶点和索引数量代码，具体如下：

```
private _readSurfaces ( parser: IDoom3Tokenizer, token: IDoom3Token ):
Doom3Surface {
    let surf: Doom3Surface = new Doom3Surface();
                                         // 分配 Doom3Surface 对象的内存
    let ptCount: number = 0;             // 顶点的数量
    let idxCount: number = 0;            // 索引的数量
    parser.getNextToken ( token );       // 跳过 {
    // 获取材质名称
    parser.getNextToken ( token );
    surf.material = token.getString();
    // 获取顶点数量
    parser.getNextToken ( token );
    ptCount = token.getInt();            // 顶点数量
    // 获取索引数量
    parser.getNextToken ( token );
    idxCount = token.getInt();           // 索引数量
```

一旦读取完顶点数量和索引数量后，就可以明确地知道要循环多少次才能读取完顶点和索引数据。再来看一下顶点数据的读取，代码如下：

```
// 遍历生成所有 Doom3Vertex 对象
for ( let i: number = 0; i < ptCount; i++ ) {
    let p: Doom3Vertex = new Doom3Vertex();            // 分配内存
    // 每个顶点是通过()来表示的，因此开头要跳过左括号(,顶点解析结束后要跳过右括号)
    parser.getNextToken ( token );                     // 跳过 (
    // 3 个 float，表示顶点坐标，并将 doom3 坐标系转换为 WebGL 坐标系
    parser.getNextToken ( token );
    p.pos.x = token.getFloat();
    parser.getNextToken ( token );
    p.pos.y = token.getFloat();
    parser.getNextToken ( token );
    p.pos.z = token.getFloat();
    MathHelper.convertVec3IDCoord2GLCoord ( p.pos );
                                       // id 顶点坐标转换成 WebGL 顶点坐标系
    // 2 个 float，表示纹理坐标，并将 Doom3 纹理坐标系转换为 WebGL 纹理坐标系
    parser.getNextToken ( token );
    p.st.x = token.getFloat();
    parser.getNextToken ( token );
    p.st.y = token.getFloat();
    MathHelper.convertVec2IDCoord2GLCoord ( p.st );
                                       // id 纹理坐标系转换成 WebGL 纹理坐标系
    // 3 个 float，表示法向量
    parser.getNextToken ( token );
    p.normal.x = token.getFloat();
    parser.getNextToken ( token );
```

```
        p.normal.y = token.getFloat();
        parser.getNextToken( token );
        p.normal.z = token.getFloat();
        MathHelper.convertVec3IDCoord2GLCoord( p.normal );
                                    // id 顶点坐标系转换成 WebGL 顶点坐标系
    // 将生成的 Doom3Vertex 添加到表面的 vertices 数组中
        surf.vertices.push( p );
    // 计算当前表面的 aabb 包围体
        MathHelper.boundBoxAddPoint( surf.vertices[ i ].pos, surf.mins,
surf.maxs );
        parser.getNextToken( token );    //跳过右括号
    }
```

　　这里需要强调：Doom3 引擎中的坐标系与 Quake3 坐标系是一样的，其顶点坐标系 x 轴指向右，y 轴指向前，而 z 轴指向上。WebGL 的坐标系则是 x 轴指向右，y 轴指向上，而 z 轴指向前。因此需要调用 MathHelper.convertVec3IDCoord2GLCoord 方法进行坐标系转换。

　　同样，Doom3 中定义的纹理坐标是 x 轴朝右，y 轴朝下，而 WebGL 的纹理坐标系是 y 轴朝上，因此也需要使用 MathHelper.convertVec2IDCoord2GLCoord 将 Doom3 纹理坐标系转换为 WebGL 纹理坐标系。

🔔注意：关于 WebGL 坐标系与 Quake3 / Doom3 坐标系的图示对比效果，可以参考第 8 章的图 8.5 和图 8.6。

　　接下来再看读取索引数据的一些技术要点，代码如下：

```
// 到此处，说明顶点全部解析完成，接下来解析索引数据
// 注意下面遍历是 i+=3 的操作，原因是要将顺时针表示的索引转换为逆时针表示
for ( let i: number = 0; i < idxCount; i += 3 ) {
    // 连续读取 i,i+1 和 i+2 的 3 个索引
    parser.getNextToken( token );
    let a: number = token.getInt();          // 读取三角形的第 1 个索引 a
    parser.getNextToken( token );
    let b: number = token.getInt();          // 读取三角形的第 2 个索引 b
    parser.getNextToken( token );
    let c: number = token.getInt();          // 读取三角形的第 3 个索引 c
    // Doom3 中，索引是顺时针的，webgl 中是逆时针的
    // 将 3 个索引加入表面的 indices 数组中，此时都是逆时针方向存储的
    // 这里进行了顺时针-->逆时针顺序的转换
    surf.indices.push( c );
    surf.indices.push( b );
    surf.indices.push( a );
    // 这也是为什么要 i+=3
}
parser.getNextToken( token );                //跳过右花括号
console.log( "surface mins = " + JSON.stringify( surf.mins ) );
console.log( "surface maxs = " + JSON.stringify( surf.maxs ) );
return surf;
}
```

在第 8 章 Quake3 场景中的三角形索引也是顺时针方向存储的，当时为了让 WebGL 能够正确地渲染，介绍了两种解决方案，要么关闭 WebGL 的背面剔除功能，要么设置背面剔除的方向为顺时针。在本节中则采用了第三种方式，将索引的方向从顺时针改为逆时针，采取的方式是将三角形的三个索引倒转，其原理如图 9.2 所示。

图 9.2　三角形索引顺序

注意：如图 9.2 所示，在 Quake3 和 Doom3 的场景格式中，三角形面的索引顺序都是顺时针存储的，而 WebGL 默认需要逆时针的索引顺序才能正确地渲染，此时我们可以将顺时针存储的三角形索引[0，1，2]倒转改为[2，1，0]的顺序，这样就变成逆时针方式存储，就不再需要调整 WebGL 的背面剔除渲染状态的设置了。

9.2.8　Doom3ProcParser 的_readPortals 方法

完成 model 相关数据格式的读取后，接着来看 interAreaPortals 门廊数据的存储格式，内容如下：

```
interAreaPortals { /* numAreas = */ 26 /* numIAP = */ 28
    /* iap 0 */ 4 0 1 ( 2496 -1720 8 ) ( 2560 -1720 8 ) ( 2560 -1720 136 )
( 2496 -1720 136 )
    /* iap 1 */ 4 0 3 ( 2248 -1408 8 ) ( 2248 -1472 8 ) ( 2248 -1472 136 )
( 2248 -1408 136 )

    ·········································
    ·········································
    ·········································
    /* iap 27 */ 4 24 25 ( -832 -1088 8 ) ( -832 -1024 8 ) ( -832 -1024 136 )
( -832 -1088 136 )
}
```

上述文本格式结合图 9.1 中 interAreaPortals 图示，来看一下 TypeScript 中是如何定义该数据结构的，代码如下：

```
// 每个 portal 属于哪个两个 area
export class Doom3Portal {
    public points: vec3[] = [];                              // portal 的顶点数据
    public areas: number[] = new Array<number>( 2 );         // 一个 portal 可以
                                                             被连接最多两个 area
}
```

将 interAreaPortals 的文本格式解析成 Doom3Portal 数组，代码如下：

```
private _readPortals ( parser: IDoom3Tokenizer, token: IDoom3Token ): void {
        let portalCount: number = 0;
        let ptCount: number = 0;
        let area0: number = -1;
        let area1: number = -1;
        parser.getNextToken( token );              // 跳过 {
        parser.getNextToken( token );      // 跳过 areaCount，也就是/* numAreas
                                           = */ 26 这句话

        // 读取 portal 门廊数量
        parser.getNextToken( token );
        portalCount = token.getInt();      // 读取 portal 数量，也就是/* numIAP =
                                           */ 28

        // 遍历所有的门廊
        for ( let i: number = 0; i < portalCount; i++ ) {
        let portal: Doom3Portal = new Doom3Portal();
                                            // 分配 Doom3Portal 内存
        // 以/* iap 0 */ 4 0 1 ( 2496 -1720 8 ) ( 2560 -1720 8 ) ( 2560 -1720
136 ) ( 2496 -1720 136 ) 这句为例子，来看一下解析流程
            parser.getNextToken( token );           // 跳过/* iap 0 */
            ptCount = token.getInt();     // 当前 portal 的顶点数量，4
            parser.getNextToken( token );
            area0 = token.getInt();        // 当前 portal0 的正面 area 索引号，0
            parser.getNextToken( token );
            area1 = token.getInt();        // 当前 portal0 的反面的 area 索引号，1
            // 设置 portal 正反面的房间号索引
            portal.areas[ 0 ] = area0;
            portal.areas[ 1 ] = area1;
            // portal 的顶点坐标，解析例如 ( 2496 -1720 8 ) ( 2560 -1720 8 ) ( 2560
-1720 136 ) ( 2496 -1720 136 ) 这些 vec3 结构
            for ( let j: number = 0; j < ptCount; j++ ) {
                let pt: vec3 = new vec3();
                parser.getNextToken( token );    // 跳过 (
                // x
                parser.getNextToken( token );
                pt.x = token.getFloat();
                // y
                parser.getNextToken( token );
                pt.y = token.getFloat();
                // z
                parser.getNextToken( token );
                pt.z = token.getFloat();
                parser.getNextToken( token );    // 跳过 )
                // 将 Doom3 顶点坐标系转换成 WebGL 坐标系
```

```
                MathHelper.convertVec3IDCoord2GLCoord( pt );
                portal.points.push( pt );     // 添加到 portal 的 points 数组中
            }
            this.portals.push( portal );      // 将 poral 添加到 Doom3ProcParser
                                              // 的 portals 数组中
        }
    }
```

9.2.9　Doom3ProcParser 的 _readNodes 方法

最后看如何解析 Doom3BspNode 的相关数据，需要注意的是本书并不使用 Doom3Bsp Node 这个数据结构。Doom3 的 Doom3BspNode 相关结构主要用于场景管理和碰撞检测中，这超出了本书的范畴。

既然不使用 Doom3BspNode，那为什么要进行解析呢？

答案很简单，因为 Doom3 的场景基于文本描述，而不像第 8 章的 Quake3 BSP 这种二进制文件格式，在文件头中带有 Lump 数据结构，可以通过字节偏移（offset）和字节数量（length）来进行随机的二进制数据区块访问。

文本文件必须顺序访问，所以即使不使用 Doom3BspNode 结构，但是仍旧需要按照其结构进行文本解析。Doom3BspNode 的文本格式如下：

```
nodes { /* numNodes = */ 1018
    /* node 0 */ ( 1 0 0 -1024 ) 1 488
    /* node 1 */ ( 1 0 0 -2048 ) 2 157
    ......
    /* node 1017 */ ( 0 0 1 -18 ) -24 0
}
```

Doom3BspNode 是如何定义的，代码如下：

```
export class Doom3BspNode {
    public plane: vec4 = new vec4();      // 平面数据
    public front: number = -1;            // BSP 平面正面所指向的 area 号
    public back: number = -1;             // BSP 平面背面所指向的 area 号
}
```

有了 Doom3BspNode 结构定义后，结合 Doom3BspNode 的文本格式，看一下 _readNodes 的实现细节，代码如下：

```
private _readNodes ( parser: IDoom3Tokenizer, token: IDoom3Token ): void {
    let nodeCount: number = 0;
    parser.getNextToken( token );         // 跳过 {
    parser.getNextToken( token );         // 获取节点的数量
    nodeCount = token.getInt();
    // 遍历所有 Bsp 节点
    for ( let i: number = 0; i < nodeCount; i++ ) {
        let node: Doom3BspNode = new Doom3BspNode();
```

```
        parser.getNextToken( token )  // 跳过  (
        // 读取 plane.x
        parser.getNextToken( token );
        node.plane.x = token.getFloat();
        // 读取 plane.y
        parser.getNextToken( token );
        node.plane.y = token.getFloat();
        // 读取 plane.z
        parser.getNextToken( token );
        node.plane.z = token.getFloat();
        // 读取 plane.w
        parser.getNextToken( token );
        node.plane.w = token.getFloat();
        parser.getNextToken( token ); // 跳过  )
        // front area index
        parser.getNextToken( token );
        node.front = token.getInt();
        // back area index
        parser.getNextToken( token );
        node.back = token.getInt();
        this.nodes.push( node );
    }
    parser.getNextToken( token ); // 跳过 }
}
```

至此，已经完成了个整个 Doom3 PROC 文件的解析流程，关于这些方法如何调用，可以回顾本章 9.2.4 节中的 parse 方法实现源码。

9.3　使用 Doom3ProcScene 加载和渲染 PROC 场景

完成 Doom3ProcParser 类的解析功能后，来看 Doom3ProcScene 类。该类的功能如下：

（1）调用 Doom3ProcParser 类解析和加载 Doom3 PROC 文件。

（2）根据解析的材质信息从服务器请求各种纹理数据，生成 GLTexture 对象。

（3）一旦所有 GLTexture 对象都加载完毕后，会将 Doom3Surface 结构编译成对应的 GLStaticMesh 对象。

（4）然后将 GLStaticMesh 对象和对应的 GLTexture 对象整合成 RenderSuface 对象，并存储到 RenderSuface 数组中。

（5）完成上述过程后就可以遍历整个 RenderSurface 数组进行绘制操作。

上述流程中，（1）至（4）步由 Doom3ProcScene 类的 parseDoom3Map 和 loadTextures 方法实现，而第 5 步操作由 Doom3ProcScene 类的 draw 方法实现。

9.3.1　RenderSurface 对象

在实现上述 5 个步骤前，先来看一下 Doom3ProcScene 的成员变量和构造函数，代码
如下：

```
export class Doom3ProcScene {
    public gl: WebGLRenderingContext;
    public renderSurfaces: RenderSurface[] = [];
    public mins: vec3 = new vec3( [ Infinity, Infinity, Infinity ] );
    public maxs: vec3 = new vec3( [ -Infinity, -Infinity, -Infinity ] );
    public constructor ( gl: WebGLRenderingContext ) {
        this.gl = gl;
    }
}
```

上述变量中最关键的是 renderSurfaces 数组，该数组存储了 RenderSurface 对象。该对
象的定义如下：

```
class RenderSurface {
    public surface: GLStaticMesh;        // 要绘制的静态 mesh 对象
    public texture: GLTexture;           // 使用哪个纹理来绘制静态 mesh
    public constructor ( surf: GLStaticMesh, tex: GLTexture ) {
        this.surface = surf;
        this.texture = tex;
    }
}
```

RenderSurface 对象用来表示用哪个纹理来绘制哪个 GLStaticMesh 对象。

9.3.2　Doom3ProcScene 的 draw 方法

有了 renderSufaces 这个数组后，就能遍历该数组进行整个 Doom3 PROC 场景的渲染
操作了，其实现代码如下：

```
public draw ( camera: Camera, program: GLProgram ): void {
    program.bind();                      //绑定纹理着色器
    program.setMatrix4( GLProgram.MVPMatrix, camera.viewProjection
Matrix );                                // 设置当前的 mvp 矩阵
    // 遍历所有 RenderSurface 对象
    for ( let i: number = 0; i < this.renderSurfaces.length; i++ ) {
        let surf: RenderSurface = this.renderSurfaces[ i ];
        surf.texture.bind();             // 绑定当前渲染表面的纹理对象
        program.loadSampler();           // 载入纹理 Sampler
        surf.surface.draw();             // 调用 GLStaticMesh 的 draw 方法
        surf.texture.unbind();  // 解绑当前渲染表面的纹理，恢复 WebGL 的渲染状态
    }
    program.unbind();                    // 渲染完毕后，解绑纹理着色器
}
```

你会发现,自从实现 WebGLUtilLib 库后,所有 3D 绘制相关的操作都是由 GLMeshBase 的两个子类来实现,其中动态物体的绘制使用 GLMeshBuilder 子类,而静态物体的绘制则由 GLStaticMesh 对象负责,这样就完成了前面第(5)步的操作。

9.3.3　Doom3ProcScene 类的 loadTextures 方法

接下来实现 DoomProcScene 类的 loadTextures 方法,该方法从服务器异步加载所有的纹理数据生成 GLTexture 对象,并将生成的 GLTexture 对象存储到 GLTextureCache 容器对象中。实现代码如下:

```
public async loadTextures ( parser: Doom3ProcParser ): Promise<void> {
    // 封装一个 Promise 对象
    return new Promise( ( resolve, reject ): void => {
        // 创建字典对象
        let names: Dictionary<string> = new Dictionary<string>();
        let _promises: Promise<ImageInfo | null>[] = [];
        // 遍历所有 Doom3Area 对象
        for ( let i: number = 0; i < parser.areas.length; i++ ) {
            // 遍历当前的 Doom3Area 对象中的所有 Doom3Surface 对象
            for ( let j: number = 0; j < parser.areas[ i ].surfaces.length;
j++ ) {
                let surf: Doom3Surface = parser.areas[ i ].surfaces[ j ];
                // 查看 names 字典,该字典保存所有已经添加的材质名称,目的是防止重复
                  加载纹理
                if ( names.contains( surf.material ) === false ) {
                    // 如果不存在名字,就添加该名字
                    names.insert( surf.material, surf.material );
                    // 将 Promise 加入_promises 数组中
                    _promises.push( HttpRequest.loadImageAsyncSafe( surf.
material + ".png", surf.material ) );
                }
            }
        }
        //console.log(names.Keys);
        // 添加完所有请求的 Promise 对象后,调用 all 静态方法
        Promise.all( _promises ).then( ( images: ( ImageInfo | null )[] ) => {
            console.log( images );          // 加载完毕后,输出所有 ImaeInfo 对象,
                                                      用于 debug
            // 遍历 ImageInfo 对象,加载图像数据,生成纹理对象
            for ( let i: number = 0; i < images.length; i++ ) {
                let img: ImageInfo | null = images[ i ];
                if ( img !== null ) {
                    // 创建 GLTexture 对象
                    let tex: GLTexture = new GLTexture( this.gl, img.name );
                    tex.upload( img.image ); // 加载图像数据
                    GLTextureCache.instance.set( img.name, tex );
                     // 将成功生成的 GLTexture 对象存储到 GLTextureCache 容器中
                }
```

```
        }
        resolve();          // 全部完成后，调用 resolve 回调，表示完成回调
    } );
} );
}
```

注意：关于 Promise、await 及 async 等相关内容，请参考第 3 章的 3.5 节。

9.3.4　Doom3ProcScene 的 parseDoom3Map 方法

最后来看一下 Doom3ProcScene 的 parseDoom3Map 方法，其实现代码如下：

```
public async parseDoom3Map ( url: string ): Promise<void> {
    let response: string = await HttpRequest.loadTextFileAsync( url );
    let parser: Doom3ProcParser = new Doom3ProcParser();
    parser.parse( response );
    parser.mins.copy( this.mins );
    parser.maxs.copy( this.maxs );
    // 使用 await
    await this.loadTextures( parser );
    // 使用 await 等待所有纹理加载完毕后才运行下面的代码
    // 将 Doom3 的顶点和索引数据编译成 GLStaticMesh 对象
    let verts: TypedArrayList<Float32Array> = new TypedArrayList
( Float32Array );
    let indices: TypedArrayList<Uint16Array> = new TypedArrayList
( Uint16Array );
    //最简单的方式，每个 surface 为一个 StaticMesh
    for ( let i: number = 0; i < parser.areas.length; i++ ) {
        for ( let j: number = 0; j < parser.areas[ i ].surfaces.length;
j++ ) {
            verts.clear();          // 重用 verts 动态类型数组
            indices.clear();        // 重用 indices 动态类型数组
            parser.makeSurfaceVerticesTo( i, j, verts );
                    // 将 Doom3Surface 对象中的渲染数据转换为动态类型数
                    // 组（因为 GLStatic 只接受动态类型数组作为输入）
            parser.makeSurfaceIndicesTo( i, j, indices );
                    // 将 Doom3Surface 对象中的索引数组转换为动态类型数
                    // 组（因为 GLStatic 只接受动态类型数组作为输入）
            // 根据名称查找当前 GLTextureCache 是否存在该纹理，此时 await
                this.loadTextures( parser )已经载入所有纹理，但可能存在的情
                况是服务器上的确没有要加载的纹理
            let tex: GLTexture | undefined = GLTextureCache.instance.
getMaybe( parser.areas[ i ].surfaces[ j ].material );
            if ( tex === undefined ) {
                // 如果不存在，就用 default 纹理，创建 GLStaticMesh
                let mesh: GLStaticMesh = new GLStaticMesh( this.gl,
GLAttribState.POSITION_BIT | GLAttribState.TEXCOORD_BIT, verts.slice(),
indices.slice() );
                // 然后创建 RenderSurface
                let surf: RenderSurface = new RenderSurface( mesh,
```

```
                              GLTextureCache.instance.getMust( "default" ) ,
                              parser.areas[i].surfaces[j].mins,
                              parser.areas[i].surfaces[j].maxs
                          ) ;
                          // 将 RenderSurface 加入到渲染列表中
                          this.renderSurfaces.push( surf );
                  } else {
                          // 创建 GLStaticMesh
                          let mesh: GLStaticMesh = new GLStaticMesh( this.gl,
GLAttribState.POSITION_BIT | GLAttribState.TEXCOORD_BIT, verts.slice(),
indices.slice() );
                          // 然后创建 RenderSurface
                          let surf: RenderSurface = new RenderSurface( mesh, tex ,
                              parser.areas[i].surfaces[j].mins,
                              parser.areas[i].surfaces[j].maxs
                          ) ;
                          // 将 RenderSurface 加入到渲染列表中
                          this.renderSurfaces.push( surf );
                  }
             }
        }
    }
```

在 Doom3ProcScene 的 parseDoom3Map 方法中调用了 Doom3ProcParser 的 makeSurface
VerticesTo 和 makeSurfaceIndicesTo 这两个方法，这些方法的作用是将 Doom3Surface 对象
中的顶点和索引数据转换为动态类型数组，将转换后的动态类型数组作为 GLStaticMesh
类的构造函数的参数。下面来看一下这两个方法的实现过程，代码如下：

```
    public makeSurfaceVerticesTo ( areaId: number,
                                   surfId: number, arr: TypedArrayList
                                   <Float32Array> ): void {
        let area: Doom3Area = this.areas[ areaId ];
        let surf: Doom3Surface = area.surfaces[ surfId ];
        for ( let i: number = 0; i < surf.vertices.length; i++ ) {
            let v: Doom3Vertex = surf.vertices[,i ];
            arr.push( v.pos.x );
            arr.push( v.pos.y );
            arr.push( v.pos.z );
            arr.push( v.st.x );
            arr.push( v.st.y );
        }
    }
    public makeSurfaceIndicesTo ( areaId: number,
                                  surfId: number, arr: TypedArrayList
                                  <Uint16Array> ): void {
        let area: Doom3Area = this.areas[ areaId ];
        let surf: Doom3Surface = area.surfaces[ surfId ];
        for ( let i: number = 0; i < surf.indices.length; i++ ) {
            let idx: number = surf.indices[ i ];
            arr.push( idx );
        }
    }
```

至此，完成了解析和渲染 Doom3 场景的所有源码解析，如果你想查看渲染后的效果，

可以在 main.ts 中输入并运行如下代码：

```
let app: Doom3Application = new Doom3Application( canvas );
app.run();
```

当运行上述代码后，就能看到整个 Doom3 场景的渲染结果，通过使用预先设定的摄像机的相关键，我们可以控制摄像机进行上下左右前后移动，或者进行 Yaw / Pitch / Roll 的摄像机旋转操作。

🔔注意：Doom3 引擎的源码及文件格式是开源的，可以按照 PROC 文件格式编写解析和渲染代码，但是游戏资源（例如图片、关卡场景数据、各种音频和视频等数据）是有版权保护的。为了避免版权问题，本书只提供如何解析和渲染 Doom3 场景的代码实现，但不提供相关的场景渲染效果图及游戏资源。

9.4　AABB 包围盒

回顾 9.2 节中的 Doom3 PROC 场景解析代码，会看到 Doom3Surface 类、Doom3Area 类及 Doom3ProcParser 类中都存在 mins 和 maxs 这两个类型为 vec3 的成员变量，这些变量用来表示 AABB（Axis-Aligned Bounding Box）轴对称包围（或绑定）盒结构。

与 AABB 轴对称包围盒对应的另外一个概念是 OBB（Oriented Bounding Box）包围盒。为了形象地认识 AABB 和 OBB，请参考如图 9.3 和图 9.4 所示的内容。

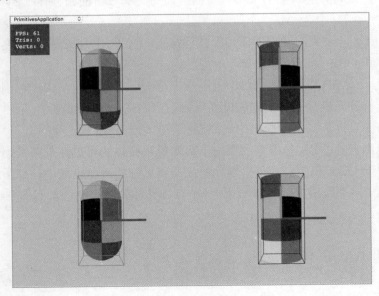

图 9.3　胶囊体与圆柱体初始化时的 AABB 和 OBB 包围盒

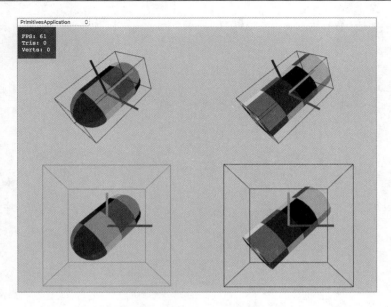

图 9.4　胶囊体与圆柱体旋转后的 AABB 和 OBB 包围盒

9.4.1　AABB 包围盒与 OBB 包围盒的特点

如图 9.3 所示，在初始化阶段，胶囊体（Capsule）的 OBB 包围盒（左上）和 AABB 包围盒（左下）是具有一致性的大小和方向，而右上和右下的圆柱体（Cylinder）也和胶囊体一样。

如图 9.4 所示，当我们将胶囊体和圆柱体绕着[1，1，1]轴旋转一定度数后，获得的 AABB 包围体和 OBB 包围体就完全不一样了。

你会发现，AABB 包围盒和 OBB 包围盒都是一个六面体。AABB 包围盒不管物体如何旋转，总是与世界坐标系（固定的世界坐标系）的三个轴平行对称。而 OBB 包围盒总是和物体的局部坐标系（不停变换的局部坐标系）的三个轴平行对称。

AABB 包围盒和 OBB 包围盒主要用于摄像机视截体的可见性判断及物体级别的碰撞检测当中。由于 OBB 包围盒在可见性判断及物体级别的碰撞检测中计算量较大，代码比较复杂，超出了本书范围，因此本书不涉及 OBB 具体的知识点。本书仅介绍 AABB 包围盒的相关内容。

9.4.2　构建 AABB 包围盒

前面提到了 Doom3Surface 类、Doom3Area 类及 Doom3ProcParser 类中都存在 mins 和

maxs 这两个类型为 vec3 的成员变量，并且在各自的解析方法中（Doom3ProcParser 类的 _readSurface 方法中会计算当前解析的 Doom3Surface 的包围盒，而在_readArea 方法中会计算当前 Doom3Area 的包围盒。

最后在 parse 方法中会计算整个 PROC 场景的包围盒，这样我们得到了每个表面、每个房间及整个场景的 AABB 包围盒结构数据，调用了 MathHelper 类的 boundBoxAddPoint 方法，该方法会计算 AABB 的 mins 和 maxs 值，代码如下：

```
/*
    /3--------/7  |
   / |       /   |
  /  |      /    |
 1---------5     |
 |  /2- - -|- -6
 | /       | /
 |/        | /
 0---------4/
*/
    public static boundBoxAddPoint ( v: vec3, mins: vec3, maxs: vec3 ): void
    {
        if ( v.x < mins.x ) { mins.x = v.x };
                                    // v 的 x 轴分量小于小的，就更新 mins.x 分量值
        if ( v.x > maxs.x ) { maxs.x = v.x };
                                    // v 的 x 轴分量大于大的，就更新 maxs.x 分量值
        // 原理同上
        if ( v.y < mins.y ) { mins.y = v.y };
        if ( v.y > maxs.y ) { maxs.y = v.y };
        // 原理同上
        if ( v.z < mins.z ) { mins.z = v.z };
        if ( v.z > maxs.z ) { maxs.z = v.z };
    }
```

参考上述代码注释中的六面体，其中，编号为 2 的顶点（左下后，坐标值都是负数）表示最小值 mins，编号为 5 的顶点（右上前，坐标值都是正数）表示最大值 maxs。了解了 mins 和 maxs 后，就很容易理解上述代码了。

为了保证 boundBoxAddPoint 静态方法的正确行，我们在 MathHelper 类中再提供一个初始化 mins 和 maxs 的静态方法，代码如下：

```
    public static boundBoxClear ( mins: vec3, maxs: vec3, value: number =
Infinity ): void
    {
        mins.x = mins.y = mins.z = value;
                                    // 初始化时，让 mins 表示浮点数的最大范围
        maxs.x = maxs.y = maxs.z = -value;
                                    // 初始化是，让 maxs 表示浮点数的最小范围
    }
```

至此，我们完成了 AABB 包围盒的初始化和生成算法。接下来看一下如何计算变换后的包围盒算法（如图 9.4 中左下和右下图所示的效果）。

9.4.3 计算 AABB 包围盒的 9 个顶点坐标值

如果要计算平移、旋转或缩放等仿射变换后的 AABB 轴对称包围盒，最方便的方式是获得 AABB 包围盒的 8 个顶点，然后将这些顶点从局部坐标系变换到全局坐标系，然后再调用 boundBoxAddPoint 方法计算出变换后的 mins 和 maxs 值。

如果要实现上述这种算法，必须要获取 AABB 的参与变换的这些关键顶点的坐标，我们提供了两个方法来计算这些 AABB 包围盒的关键顶点的坐标值。先来看一下计算 AABB 包围盒中心点算法，代码如下：

```
// 获得 AABB 包围盒的中心点坐标
public static boundBoxGetCenter ( mins: vec3, maxs: vec3, out: vec3 | null
= null ): vec3
{
    if ( out === null )
    {
        out = new vec3();
    }
    // (maxs + mins) * 0.5
    vec3.sum( mins, maxs, out );
    out.scale( 0.5 );
    return out;
}
```

一旦我们获得 AABB 包围盒的中心点后，就能很容易地计算出 8 个顶点的坐标值，代码如下：

```
public static boundBoxGet8Points ( mins: vec3, maxs: vec3, pts8: vec3[] ): void
    {
        /*
        /3--------/7  |
        / |       /   |
        / |      /    |
        1---------5   |
        |  /2- - -|- -6
        | /       |  /
        |/        | /
        0---------4/
        */
        let center: vec3 = MathHelper.boundBoxGetCenter( mins, maxs );
                                        // 获取中心点
        let maxs2center: vec3 = vec3.difference( center, maxs );
                                        // 获取最大点到中心点之间的距离向量
        pts8.push( new vec3( [ center.x + maxs2center.x, center.y +
maxs2center.y, center.z + maxs2center.z ] ) );  // 0
        pts8.push( new vec3( [ center.x + maxs2center.x, center.y -
maxs2center.y, center.z + maxs2center.z ] ) );  // 1
        pts8.push( new vec3( [ center.x + maxs2center.x, center.y +
maxs2center.y, center.z - maxs2center.z ] ) );  // 2
        pts8.push( new vec3( [ center.x + maxs2center.x, center.y -
```

```
maxs2center.y, center.z - maxs2center.z ] ) );  // 3
        pts8.push( new vec3( [ center.x - maxs2center.x, center.y +
maxs2center.y, center.z + maxs2center.z ] ) );  // 4
        pts8.push( new vec3( [ center.x - maxs2center.x, center.y -
maxs2center.y, center.z + maxs2center.z ] ) );  // 5
        pts8.push( new vec3( [ center.x - maxs2center.x, center.y +
maxs2center.y, center.z - maxs2center.z ] ) );  // 6
        pts8.push( new vec3( [ center.x - maxs2center.x, center.y -
maxs2center.y, center.z - maxs2center.z ] ) );  // 7
    }
```

9.4.4　计算变换后的 AABB 包围盒

有了 9.4.3 节的 boundBoxGet8Points 方法后，我们就能计算变换后的 AABB 包围盒，其代码如下：

```
public static boundBoxTransform ( mat: mat4, mins: vec3, maxs: vec3 ): void
{
    let pts:vec3[] = [];              // 分配数组内存，类型为 vec3
    MathHelper.boundBoxGet8Points(mins,maxs,pts);
                                     // 获得局部坐标系表示的 AABB 的 8 个顶点坐标
    let out:vec3 = new vec3();        // 变换后的顶点
    // 遍历局部坐标系的 8 个 AABB 包围盒的顶点坐标
    for(let i:number = 0; i < pts.length;i++){
        // 将局部坐标表示的顶点变换到 mat 坐标空间中，变换后的结果放在 out 变量中
        mat.multiplyVec3(pts[i],out);
        // 重新构造新的与世界坐标系轴对称的 AABB 包围盒
        this.boundBoxAddPoint(out,mins,maxs);
    }
}
```

有了 boundBoxTransform 这个方法后，我们就能计算任意变换后的 AABB 轴对称包围盒了。其中，参数 mat 是一个 mat4 类型的矩阵，一般用来表示世界变换，可以包含平移、缩放、旋转和镜像等矩阵变换。

9.4.5　AABB 包围盒的两个常用碰检算法

AABB 包围盒可以进行很多有针对性的碰撞检测测试，例如 AABB 包围盒与各种基本几何体（如球体、柱体、立方体、三角形、多边形等）的碰撞测试，本书仅提供两个比较常用的算法：测试一个点是否在 AABB 包围盒内，以及测试两个 AABB 包围盒是否重叠。其他算法，请读者自行查阅相关资料。

先来看一下 boundBoxContainsPoint 方法的实现。该方法判断一个点是否在 AABB 包围盒内部，如果在则返回 true，否则返回 false，代码如下：

```
public static boundBoxContainsPoint ( point: vec3, mins: vec3, maxs: vec3 ):
boolean
{
    return ( point.x >= mins.x && point.x <= maxs.x && point.y >= mins.y
&& point.y <= maxs.y && point.z >= mins.z && point.z <= maxs.z );
}
```

你可以多次调用上述算法，测试各个由顶点构成的形状（三个顶点组成的三角形或多个顶点组成的多边形）或几何体（3D 中，所有物体都可以由三角形表示）与 AABB 包围盒之间的关系。

另外一个方法 boundBoxBoundBoxOverlap 的实现代码如下：

```
public static boundBoxBoundBoxOverlap ( min1: vec3, max1: vec3, min2: vec3,
max2: vec3 ): boolean
{
    if ( min1.x > max2.x ) return false;
    if ( max1.x < min2.x ) return false;
    if ( min1.y > max2.y ) return false;
    if ( max1.y < min2.y ) return false;
    if ( min1.z > max2.z ) return false;
    if ( max1.z < min2.z ) return false;
    return true;
}
```

boundBoxBoundBoxOverlap 方法用来判断两个 AABB 包围盒是否相交（或重叠）。如果相交则返回 true，否则返回 false。

至此，关于 AABB 包围盒相关的算法都已介绍完毕。我们这里使用 AABB 包围盒的一个重要原因是为了下一节的内容：使用摄像机视截体来剔除掉那些不在视野范围内的 Doom3 RenderSuface 对象（即摄像机不可见的渲染表面），仅渲染那些摄像机视截体可见的 RenderSurface。接下来看一下摄像机视截体相关的算法。

9.5　摄像机视截体

在本书的第 6 章中实现了一个 Camera 类，大部分 Demo 都继承自 CameraApplication 类，从而获得了使用键盘来移动和旋转 Camera 然后进行 3D 场景畅游的功能。

但是到目前为止，一直使用了强制全绘的方式来渲染整个场景，这意味着，即使在 Camera 看不见场景的情况下，也会渲染整个场景。本节我们将使用摄像机视截体（View Frustum）这个数据结构来解决不可见物体的剔除功能，从而加速整个场景的渲染速度。

9.5.1　摄像机视截体的概念

关于摄像机视截体的感性认识，可以参考如图 9.5 所示的效果。

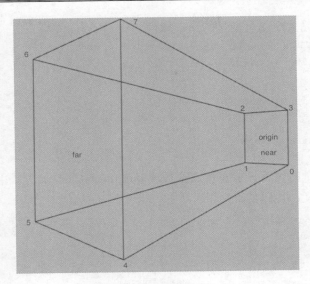

图 9.5　视截体效果图

如图 9.5 所示，摄像机的视截体也是一个六面体，但是近平面（由顶点编号 0～3 组成的 near 平面）四边形与远平面（由顶点编号 4～7 组成的 far 平面）四边形尺寸并不相同，因此形成的是一个截体。

我们使用视截体来表示摄像机的一个可见空间范围，凡是位于这个可见空间范围内的 3D 场景或物体都可以被摄像机看到，因此需要将其渲染出来。如果不在该可见空间范围内的静态或动态物体，则不需要投入渲染流水线进行绘制。

9.5.2　Frustum 类的成员变量和构造函数

当对摄像机的视截体有了感性的认识后，开始进入对摄像机视截体的理性认识，即通过一个名为 Frustum 的类，从数学与代码的角度来实现图 9.5 所示的效果。

通过图 9.5 可知，视截体由 9 个关键点组成，即原点（origin）与 0～7 编号的 8 个顶点组成了视截体的几何外形，同时通过这 9 个顶点的不同组合，可以获得上/下/左/右/远/近这 6 个平面的数学表示，这样我们就分析出了 Frustum 的成员变量，代码如下：

```
export class Frustum {
private _origin: vec3;
    private _origin: vec3;          // 原点坐标
    private _points: vec3[];        // 0～3 表示近平面四边形的坐标，4～7 表示远平面
                                    的四边形坐标，这些顶点坐标的布局，请参考图 9.5
    private _planes: vec4[];        // 上述 9 个顶点不同排列组合后生成的上/下/左/右/
                                    远/近 6 个平面，其法向量都是朝 Frustum 内部，
                                    切记
}
```

接着提供了上述 3 个成员变量的只读属性，代码如下：

```
public get origin(): vec3 {
    return this._origin;
}
public get points(): vec3[] {
    return this._points;
}
public get planes(): vec4[] {
    return this._planes;
}
```

而这些成员变量的设置只能在构造函数或 buildFromCamera 方法中。下面接着来看一下其构造函数的定义，代码如下：

```
public constructor(origin:vec3 | null = null,points8:vec3[] | null = null) {
    //预先给内存分配 8 个点
    if(orgin !== null){
        this._origin = origin;
    }else{
        this._origin = new vec3();
    }
    if(points8 !== null && points8.length === 8){
        this._points = points8;
    }else{
        this._points = new Array(8);
        for (let i = 0; i < this._points.length; i++) {
            this._points[i] = new vec3();
        }
    }
    this._planes = new Array(6);
    for (let i = 0; i < this._planes.length; i++) {
        this._planes[i] = new vec4();
    }
}
```

构造函数中的 origin 和 points8 这两个参数用来设置_origin 和_points 这两个成员变量，当我们从 Camera 类中构建 Frustum 时，并不需要设置这些数据（具体参考下面的buildFromCamera 方法实现）。之所以提供这两个参数，是为了演示绘制图 9.5 所示的效果。而 Frustum 的 6 个平面，总是通过_origin 和_points 这两个成员变量计算出来的。

9.5.3　buildFromCamera 方法的实现

接下来看一下 Frustum 类的核心方法：buildFromCamera。该方法从参数 camera 类中的相关属性值计算出基于世界坐标系表示的 Frsutum 的原点、8 个顶点及 6 个平面的值，代码如下：

```
// 由代码可知，Frustum 中的 origin、points 和 planes 都是在世界坐标系中的表示方式
public buildFromCamera(camera: Camera): void {
    let left:number = camera.left * camera.far / camera.near;
```

```
let right:number = camera.right * camera.far / camera.near;
let bottom:number = camera.bottom * camera.far / camera.near;
let top:number = camera.top * camera.far / camera.near;
//计算出近平面 4 个点
this.points[0].x = left;
this.points[0].y = bottom;
this.points[0].z = -camera.near;
this.points[1].x = right;
this.points[1].y = bottom;
this.points[1].z = -camera.near;
this.points[2].x = right;
this.points[2].y = top;
this.points[2].z = -camera.near;
this.points[3].x = left;
this.points[3].y = top;
this.points[3].z = -camera.near;
//计算出远平面 4 个点
this.points[4].x = left;
this.points[4].y = bottom;
this.points[4].z = -camera.far;
this.points[5].x = right;
this.points[5].y = bottom;
this.points[5].z = -camera.far;
this.points[6].x = right;
this.points[6].y = top;
this.points[6].z = -camera.far;
this.points[7].x = left;
this.points[7].y = top;
this.points[7].z = -camera.far;
//记住，此时的摄像机和 8 个 cornor 是在 view 坐标系中表示
//将摄像机的原点和 8 个 cornor 点变换到世界坐标系
this._origin.x = 0;
this._origin.y = 0;
this._origin.z = 0;
// 摄像机的原点在 view 坐标系中是 [ 0 , 0 , 0 ]，通过 invViewMatrix * _origin,
    得到了 _origin 在世界坐标系的表示
this._origin = camera.invViewMatrix.multiplyVec3(this.origin);
// 将 view 坐标系中表示的 8 个顶点也变换到世界坐标系中
for (let i = 0; i < this._points.length; i++) {
    this._points[i] = camera.invViewMatrix.multiplyVec3(this.points[i]);
}
//构建世界坐标系表示的 6 个平面，法线朝内
MathHelper.planeFromPoints(this._origin, this._points[0], this._
points[3], this._planes[0]);
    MathHelper.planeFromPoints(this._origin, this._points[2], this._
points[1], this._planes[1]);
    MathHelper.planeFromPoints(this._origin, this._points[3], this._
points[2], this._planes[2]);
    MathHelper.planeFromPoints(this._origin, this._points[1], this._
points[0], this._planes[3]);
    MathHelper.planeFromPoints(this._points[0], this._points[2], this._
points[1], this._planes[4]);
    MathHelper.planeFromPoints(this._points[5], this._points[7], this._
points[4], this._planes[5]);
```

```
        // 将 6 个平面单位化
        for(let i:number = 0; i < this._planes.length;i++){
            MathHelper.planeNormalize(this._planes[i]);
        }
    }
```

🔔**注意**：上述方法中需要注意两点，即 Frustum 类的 origin、points，以及 planes 中的坐标都位于世界坐标系中，并且 planes 六个平面的顺序为左、右、上、下、近、远，所有法向量朝着 Frustum 的内部。

9.5.4　让 Camera 类支持 Frustum

让 Camera 类支持 Frustum，首先在 Camera 类中增加如下几个成员变量：

```
export class Camera
{
    ........................
    private _left: number;
    private _right: number;
    private _bottom: number;
    private _top: number;
    private _frustum: Frustum;                  // 添加 frustum 对象
}
```

然后在 Camera 的构造函数中增加如下代码：

```
public constructor ( gl: WebGLRenderingContext, width: number, height:
number, fovY: number = 45.0, zNear: number = 1, zFar: number = 1000 )
    {
        this.gl = gl;
        this._aspectRatio = width / height;
        this._fovY = MathHelper.toRadian( fovY );
        this._near = zNear;
        this._far = zFar;

        // 增加如下代码
        this._top = this._near * Math.tan( this._fovY * 0.5 ),
        this._right = this._top * this._aspectRatio;
        this._bottom = -this._top;
        this._left = -this._right;
        this._frustum = new Frustum();          // frustum 内存分配
        ......
    }
```

最后在 Camera 类的 _calcViewMatrix 方法的最后增加如下代码：

```
this._frustum.buildFromCamera( this );
```

由于 _calcViewMatrix 方法由 Camera 类的 update 方法调用，因此实际上我们一直在按照屏幕刷新频率在不停更新摄像机和视截体的相关信息。这种方式简单，但是效率不高。最好实现一些 Dirty 标记变量，例如每次摄像机移动或旋转时，标记 Dirty 为 true，然后只有在 Dirty 为 true 的情况下进行视图矩阵的更新及视截体的更新之类的操作。本书为了让代码清晰、简单，没有做这方面的优化，就将这个任务留给读者吧。

至此，我们的摄像机类就内置了支持视截体更新的操作，接下来还需要实现视截体与一些常用包围体之间相交（或重叠）的算法，只有与视截体相交，说明是可见的，才需要投入渲染流水线。

9.5.5　Frustum 与包围盒及三角形的可见行测试

接下来我们来实现两个最常用的 Frustum 可见测试算法，其中第一个是用来测试一个 AABB 轴对称包围盒是否与 Frustum 相交，如果相交说明是可见的，那么在该包围盒里的所有几何体都要被渲染。该算法的实现代码如下：

```
public isBoundBoxVisible(mins: vec3, maxs: vec3): boolean {
    for (let i = 0; i < this._planes.length; i++) {
        let current = this._planes[i];
        vec3.v0.x = (current.x > 0.0) ? maxs.x : mins.x;
        vec3.v0.y = (current.y > 0.0) ? maxs.y : mins.y;
        vec3.v0.z = (current.z > 0.0) ? maxs.z : mins.z;
        if (MathHelper.planeDistanceFromPoint(current, vec3.v0) < 0.0) {
            return false;
        }
    }
    return true;
}
```

上述算法的内容是测试 AABB 轴对称包围盒的 mins 和 maxs 这两个属性是否都不在围成 Frustum 的 6 个平面内部。如果都不在内部，说明不可见，被剔除掉，返回 fasle，否则返回 true。三角形测试类似，只是将 mins 和 maxs 改成三角形的三个顶点，代码如下：

```
public isTriangleVisible(a: vec3, b: vec3, c: vec3): boolean {
    for (let i: number = 0; i < this._planes.length; i++) {
        let current: vec4 = this._planes[i];
        if (MathHelper.planeDistanceFromPoint(current, a) >= 0.0) {
            continue;
        }
        if (MathHelper.planeDistanceFromPoint(current, b) >= 0.0) {
            continue;
        }
        if (MathHelper.planeDistanceFromPoint(current, c) >= 0.0) {
            continue;
        }
        return false;
    }
    return true;
}
```

9.5.6　让 GLStaticMesh 支持包围盒

Frustum 与 AABB 轴对称包围盒的可见行测试是加速渲染的一个最简单有用的方法，因此我们直接为最底层的 GLStaticMesh 提供包围盒的属性支持，为此在 GLStaticMesh 类中增加 mins 和 maxs 这两个 public 访问级别的成员变量。至于这两个变量值的设置，则由具体的使用者来设置。

为了能在 Doom3ProcScene 类的 draw 方法中支持视截体与 AABB 包围盒的可见性测试，我们对 RenderSurface 的构造函数增加 mins 和 maxs 参数，代码如下：

```
class RenderSurface {
    public surface: GLStaticMesh;           // 要绘制的静态 mesh 对象
    public texture: GLTexture;              // 使用哪个纹理来绘制静态 mesh
    public constructor ( surf: GLStaticMesh, tex: GLTexture ,mins:vec3,
maxs:vec3) {
        this.surface = surf;
        this.texture = tex;
        mins.copy(this.surface.mins);       // 将 Doom3Surface 的 mins 复制到
                                               GLStaticMesh 的 mins 属性中
        maxs.copy(this.surface.maxs);       // 将 Doom3Surface 的 maxs 复制到
                                               GLStaticMesh 的 maxs 属性中
    }
}
```

最后在 Doom3ProcScene 类的 parseDoom3Map 方法中凡是涉及 new RenderSurface 的代码都增加 mins 和 maxs 参数输入，代码如下：

```
// 增加复制 Doom3Surface 的 mins 和 maxs 到 GLStaticMesh 的操作
let surf: RenderSurface = new RenderSurface( mesh, tex ,
                     parser.areas[i].surfaces[j].mins,
                     parser.areas[i].surfaces[j].maxs
                 );
```

9.5.7　更新 Doom3ProcScene 的 draw 方法

本节更新一下 9.3.2 节中实现的 Doom3ProcScene 类的 draw 方法，让其支持视截体可见行判断，代码如下：

```
public draw ( camera: Camera, program: GLProgram ): void {
    program.bind();                  //绑定纹理着色器
    program.setMatrix4( GLProgram.MVPMatrix, camera.viewProjection
Matrix );                            // 设置当前的 mvp 矩阵
    // 遍历所有 RenderSurface 对象
    for ( let i: number = 0; i < this.renderSurfaces.length; i++ ) {
        let surf: RenderSurface = this.renderSurfaces[ i ];
        // 增加如下代码用来判断当前的 RenderSurface 是否在视截体内
```

```
            if(camera.frustum.isBoundBoxVisible(surf.surface.mins,surf.
surface.maxs) === false){
            continue;                    // 不可见，就不要绘制了
        }
        surf.texture.bind();            // 绑定当前渲染表面的纹理对象
        program.loadSampler();          // 载入纹理 Sampler
        surf.surface.draw();            // 调用 GLStaticMesh 的 draw 方法
        surf.texture.unbind();          // 解绑当前渲染表面的纹理，恢复 WebGL 的渲染
                                        // 状态

    }
    program.unbind();                   // 渲染完毕后，解绑纹理着色器
}
```

9.5.8　将 Frustum 绘制出来

最后我们在 DrawHelper 中增加一个静态的辅助方法，该方法将 Frustum 对象绘制出来。图 9.5 中的视截体效果就是使用本方法绘制的，其代码实现如下：

```
// 其中参数 pts 是 Frustum.points 返回的包含 8 个顶点的数组
public static drawWireFrameFrustum ( builder: GLMeshBuilder, mat: mat4, pts:
vec3[], color: vec4 = vec4.red ): void
{
    builder.gl.disable( builder.gl.DEPTH_TEST );
    // 使用 LINE_LOOP 绘制近平面的四边形
    builder.begin( builder.gl.LINE_LOOP ); // 使用的是 LINE_LOOP 图元绘制模式
    {
        builder.color( color.r, color.g, color.b ).vertex( pts[ 0 ].x,
pts[ 0 ].y, pts[ 0 ].z ); //
        builder.color( color.r, color.g, color.b ).vertex( pts[ 1 ].x,
pts[ 1 ].y, pts[ 1 ].z ); //
        builder.color( color.r, color.g, color.b ).vertex( pts[ 2 ].x,
pts[ 2 ].y, pts[ 2 ].z ); //
        builder.color( color.r, color.g, color.b ).vertex( pts[ 3 ].x,
pts[ 3 ].y, pts[ 3 ].z ); //
        builder.end( mat );
    }
    // 使用 LINE_LOOP 绘制远平面的四边形
    builder.begin( builder.gl.LINE_LOOP ); // 使用的是 LINE_LOOP 图元绘制模式
    {
        builder.color( color.r, color.g, color.b ).vertex( pts[ 4 ].x,
pts[ 4 ].y, pts[ 4 ].z ); //
        builder.color( color.r, color.g, color.b ).vertex( pts[ 5 ].x,
pts[ 5 ].y, pts[ 5 ].z ); //
        builder.color( color.r, color.g, color.b ).vertex( pts[ 6 ].x,
pts[ 6 ].y, pts[ 6 ].z ); //
        builder.color( color.r, color.g, color.b ).vertex( pts[ 7 ].x,
pts[ 7 ].y, pts[ 7 ].z ); //
        builder.end( mat );
    }
    // 使用 LINES 绘制近平面与远平面的四条边
```

```
    builder.begin( builder.gl.LINES );              // 使用的是LINES图元绘制模式
    {
        builder.color( color.r, color.g, color.b ).vertex( pts[ 0 ].x,
pts[ 0 ].y, pts[ 0 ].z );   //
        builder.color( color.r, color.g, color.b ).vertex( pts[ 4 ].x,
pts[ 4 ].y, pts[ 4 ].z );   //
        builder.color( color.r, color.g, color.b ).vertex( pts[ 1 ].x,
pts[ 1 ].y, pts[ 1 ].z );   //
        builder.color( color.r, color.g, color.b ).vertex( pts[ 5 ].x,
pts[ 5 ].y, pts[ 5 ].z );   //
        builder.color( color.r, color.g, color.b ).vertex( pts[ 2 ].x,
pts[ 2 ].y, pts[ 2 ].z );   //
        builder.color( color.r, color.g, color.b ).vertex( pts[ 6 ].x,
pts[ 6 ].y, pts[ 6 ].z );   //
        builder.color( color.r, color.g, color.b ).vertex( pts[ 3 ].x,
pts[ 3 ].y, pts[ 3 ].z );   //
        builder.color( color.r, color.g, color.b ).vertex( pts[ 7 ].x,
pts[ 7 ].y, pts[ 7 ].z );   //
        builder.end( mat );
    }
    builder.gl.enable( builder.gl.DEPTH_TEST );
}
```

9.5.9　Doom3ProcScene 类增加包围盒绘制方法

在 Doom3ProcScene 类中增加显示所有可见的 RenderSurface 包围盒的方法，其代码如下：

```
public drawBoundBox(builder:GLMeshBuilder,camera:Camera,program:GLProgram):
void{
        program.bind();              //绑定纹理着色器
        for ( let i: number = 0; i < this.renderSurfaces.length; i++ ) {
            let surf: RenderSurface = this.renderSurfaces[ i ];
            // 增加如下代码用来判断当前的 RenderSurface 是否在视截体内
            if(camera.frustum.isBoundBoxVisible(surf.surface.mins,surf.
surface.maxs) === false){
                continue;                  // 不可见，就不要绘制了
            }
            DrawHelper.drawBoundBox(builder,camera.viewProjectionMatrix,
surf.surface.mins,surf.surface.maxs);
        }
        program.unbind();
    }
```

9.6　本章总结

本章首先讲解了实现 Doom3 PROC 场景解析和渲染的 3 个类的实现。

首先介绍的是 Doom3Application 类，该类继承自 CameraApplication 类，因此可以任意地移动或旋转摄像机，从而达到在 Doom3 PROC 场景中进行漫游的目的。Doom3

Application 内部的 run 虚函数被覆写（override），在内部调用了 Doom3ProcScene 类的 parseDoom3Map 方法来解析场景文件并加载所有的纹理，当整个渲染资源准备就绪后，就调用 Doom3ProcScene 类的 draw 方法不停地渲染整个场景。

　　由于 Doom3ProcScene 类的 parseDoom3Map 方法在内部使用了 Doom3ProcParser 类来进行 PROC 文本文件的解析，因此我们又重点介绍了 Doom3 PROC 文件格式，实现核心的 parse 方法。

　　一旦 PROC 文件格式解析成功后，就要进入渲染流程。整个 Doom3 PROC 的渲染是由 Doom3ProcScene 类实现的。除此之外，Doom3ProcScene 类还实现了 loadTextures 方法从服务器加载纹理数据。

　　当完成 Doom3 PROC 整个场景的解析和渲染操作后，我们引入了摄像机视截体可视性判断的相关的技术，该技术从摄像机类生成 Frustum 对象，Frustum 对象表示摄像机的一个可见性区域，与该可视区域相交的物体都应该被渲染。为了支持这种操作，我们又实现了 AABB 包围盒类，最终我们使用了 Frustum 和 AABB 包围盒相交检测的技术来快速了解包围盒内的物体是否可见，任何不可见的物体都不会进入渲染流水线，从而加速 WebGL 的绘制速度。

　　以上就是本章的主要内容，希望读者能理解并掌握。

第 10 章　解析和渲染 Doom3 MD5 骨骼蒙皮动画

在上一章中解析和渲染了 Doom3 PROC 静态场景,本章将继续解析与渲染 id Software 公司 Doom3 引擎中的 MD5 骨骼蒙皮动画（Skined Mesh Animation）。

在骨骼动画技术未普及前,游戏中使用的是与传统动画片一样的技术。在 3D 建模软件中建立人物模型,然后按照每秒如 24 帧的间隔修改模型,以获得模型的不同序列姿态,然后生成关键帧动画。当程序获得这些关键帧后,会根据一些时间差值算法,将一帧帧绘制显示出来,这种动画称为关键帧动画（Keyframe Animation）。id Software 公司 Quake2 引擎中的 MD2 及 Quake3 引擎中的 MD3 动画格式就是采用上述模式进行播放绘制的。

这种逐关键帧差值动画的缺点是文件及内存中占用大量的空间。假设有一个人物角色在跑的动画序列,该序列由 30 帧组成,每帧需要使用成千上万的顶点来描述某个时刻的动作姿态,那么 30 帧跑动画需要非常大的硬盘或内存空间来存储这些数据。如果由多个动画序列组成一系列动作的话,其存储量就更多了。

另外一个缺点是不适合多动画序列的算法合成,例如,想控制的角色能跑、能跳跃、能射击,然后还要支持这三个动作的各种排列组合（跑、跳、射击、边跑边跳、边跑边射击、边跳边射击、边跑边跳边射击等）,那对美术人员来说简直是一场噩梦。

Doom3 引擎中采用的 MD5 骨骼动画技术,就能很好地解决上述问题,接下来我们来看一下该解决方案背后的原理。

10.1　骨骼蒙皮动画原理

在本书的姊妹篇《TypeScript 图形渲染实战:2D 架构设计与实现》一书的最后一章中为了演示场景图的作用,特意编写了一个骨骼层次动画的 2D Demo。运行该 Demo 后,当我们使用鼠标 F 和 B 键选中某根骨骼后,使用 F 和 B 键可以旋转该骨骼。这个 Demo 实际揭露了骨骼蒙皮动画中骨骼部分的操作原理（骨骼矩阵的父子合成及全局合成的流程和作用）。

为了更好地了解骨骼蒙皮动画背后的原理，笔者特意扩展了该 Demo，让其支持通过鼠标操作来演示骨骼运动及蒙皮动画的效果。接下来我们就通过该 Demo 的效果图来了解一些关键的知识点。

10.1.1　骨骼蒙皮动画效果演示

在运行该 Demo 时，会得到如图 10.1 所示的效果。当用鼠标单击时，会进行点与骨骼的碰检测试，一旦选中某条骨骼后，就会高亮显示（本 Demo 中使用绿色高亮选中状态）。

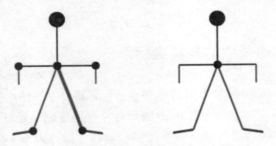

图 10.1　骨骼蒙皮动画 Demo 初始化效果

选中某条骨骼后，右击，在选中的骨骼坐标系中生成一个或多个圆点，如图 10.2 左图所示，右腿依附两个圆点，右脚依附一个圆点。

在有骨骼选中的情况下（右腿），通过拖动鼠标来操作选中骨骼旋转运动，如图 10.2 右图所示。

父骨骼（右腿）运动时，子骨骼（右脚）也会运动，但是父骨骼（右腿）坐标系中的两个圆点仍旧保持与父骨骼（右腿）位置不变性，而子骨骼（右脚）中的圆点也和子骨骼（右脚）的位置保持不变性。

右脚骨骼运动时，仅会影响自身坐标系的圆点相对运动，但不会影响父骨骼（右腿）坐标系中的两个圆点，如图 10.2 右图所示。

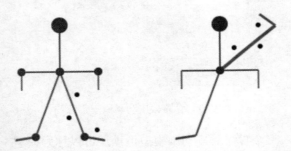

图 10.2　蒙皮动画效果（左图为初始状态，右图为骨骼变换后的状态）

以上就是骨骼蒙皮动画的最本质表现。你可以将这些圆点替换成三角形的顶点，绘制出来的效果就是各种所需的形体。但是不管如何，组成这些形体的点集与其所属的骨骼在位置上总是保持不变的。这些点集可以称为蒙皮（Skin Mesh），而各条骨骼（Bone）合起来构成的整体结构可以被称为骨架（Skeleton），例如，图 10.2 左图这种初始化标准姿态可以被称为绑定姿态（BindPose）。

这样的好处是，对于骨骼动画来说，只需要保存一个标准绑定姿势（BindPose）的顶点（和索引）数据就足够了。其动画序列只需要存储每帧每条骨骼的方向和位置数据就足够了，这样就会大大减少硬盘或内存的需求，当然与之带来的是更多的数学计算，我们在后面会详解。

10.1.2　骨骼蒙皮动画中的各种坐标系

理解骨骼蒙皮动画的关键是理解有哪些坐标系，蒙皮中的顶点坐标是相对哪个坐标系定义的，以及顶点坐标在各种坐标空间中如何进行变换。因此最好的方式当然是图解了。我们根据图 10.2 所示的效果，建立整个骨骼和蒙皮（圆点表示）的空间关系图，效果如图 10.3 所示。

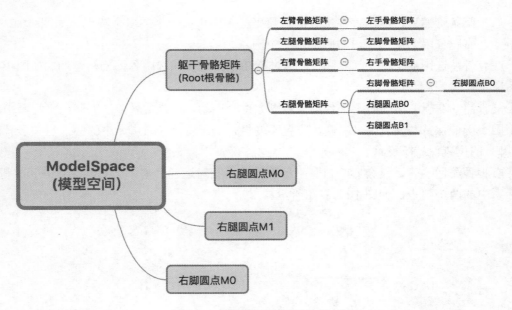

图 10.3　骨骼蒙皮动画原理示意图

如图 10.3 所示，整个骨骼蒙皮动画模型最顶层可以称为模型空间的坐标系。在该坐标系空间中定义了两部分的数据，具体如下：

- 骨骼层次变换数据，主要是层次化地定义了动画的骨架部分，并且可以在某个骨骼空间中定义顶点数据。例如，右腿圆点 B0 和右腿圆点 B1 是相对右腿骨骼空间定义的顶点坐标，而右脚圆点 B0 则是相对右脚骨骼空间定义的顶点坐标。其中 B 是 BoneSpace 的缩写，表示当前圆点是定义在骨骼的局部空间中。
- 蒙皮顶点数据，例如右腿圆点 M0、右腿圆点 M1 及右脚圆点 M0 这 3 个顶点数据，其中右腿、右脚表明这些顶点由哪个骨骼坐标系变换而来的。而 M 字母表示这些顶点目前位于 ModelSpace 空间中。

10.1.3　骨骼蒙皮动画数学关键点的问答

根据图 10.3 所示，我们以问答的方式来了解骨骼蒙皮动画开发中的几个关键点。

1．骨骼矩阵有哪几种定义方式？

回答：在骨骼蒙皮动画中，骨骼矩阵有两种定义方式，一种是所有骨骼都是相对父亲坐标系定义的。例如，右脚骨骼矩阵相对父亲右腿骨骼矩阵定义的，而右腿骨骼矩阵又相对躯干骨骼矩阵定义的，而躯干骨骼是根骨骼，但是它又是被定义在模型空间中的。

另外一种是所有骨骼都定义在模型坐标系中，每个骨骼都是在同一个坐标空间中，即模型空间中。

🔔注意：综上所述，在渲染骨骼蒙皮动画前，一定要先确认正在操作的骨骼是相对哪个坐标系定义的。

2．如何将相对父亲定义的矩阵转换为相对模型空间表示？

回答：如上所述，骨骼矩阵存在两种不同方式的定义，那么接下来看一下如何将相对父亲定义的骨骼矩阵转换成相对模型坐标系定义的骨骼矩阵。例如，我想将右脚骨骼矩阵从相对父亲右腿骨骼矩阵的定义改成相对模型空间（矩阵）的定义，那么你可以用如下方式：

右脚模型空间矩阵 = 躯干骨骼矩阵 * 右腿骨骼矩阵 * 右脚骨骼矩阵　（公式 10-1）

🔔注意：上述操作纯粹就是多个矩阵相乘，但是一定要注意上面的矩阵乘法顺序，因为矩阵乘法不符合交换律。

3．如何将右脚圆点B0坐标值变换成右脚圆点M0的坐标值？

回答：如图 10.3 所示，我们来看一下如何将位于右脚骨骼坐标系中的右脚圆点 B0 变换为位于模型坐标系中的右脚圆点 M0 的位置。你可以使用公式 10-1 获得右脚模型空间矩阵，然后再使用如下方式进行顶点变换：

$$右脚圆点 M0 = 右脚模型空间矩阵 * 右脚圆点 B0 \qquad （公式 10-2）$$

4．如何将右脚圆点M0的坐标值变换为右脚圆点B0坐标值？

回答：将右脚圆点 M0 的坐标值变换为右脚圆点 B0 坐标值是上述问题 3 操作的逆操作，可以使用矩阵逆操作来实现。首先依旧通过公式 10-1 获得右脚模型空间矩阵，然后对右脚模型空间矩阵实行求逆操作（mat4.inverse 方法）来获得逆矩阵，然后使用如下方式进行顶点变换：

$$右脚圆点 B0 = 右脚模型空间矩阵的逆矩阵 * 右脚圆点 M0 \quad （公式 10-3）$$

通过上述操作，就能将右脚圆点 M0 的坐标值变换到右脚骨骼矩阵的局部空间中。

🔊**注意**：关于矩阵与顶点的变换及矩阵求逆相关的操作和几何原理，请参考本书第 6 章的内容。

至此，我们已经基本了解了骨骼动画背后的关键数学操作。但是 2D 版 Demo 实现的是简化版的骨骼动画，还缺乏权重的概念。在真正的骨骼动画中，骨骼与骨骼的连接处会存在一些被多个骨骼共享的顶点，这些顶点会按照受每个骨骼不同的权重值（n 个权重值的和为 1）合成正确的位置坐标。关于这部分内容，将在 MD5 骨骼蒙皮动画的渲染中讲解。

10.2　解析和渲染.md5mesh 文件格式

MD5 骨骼蒙皮动画格式来自于 Id Software 公司 Doom3 引擎。MD5 骨骼蒙皮动画格式由两个文件组成，其中以.md5mesh 结尾的文件表示绘制相关的数据，而以.md5anim 结尾的文件表示的是动画（作）序列。比较常规的做法是，一个.md5mesh 文件匹配多个.md5anim 文件，例如，跑动作序列数据就存储在 run.md5anim 文件中，跳动作序列存储在 jupm.md5anim 文件中，而射击动作序列存储在 shoot.md5anim 文件中。但是不管如何，.md5mesh 文件中的骨骼数量和坐标系必须要匹配对应的各个动作序列。

关于 MD5 骨骼蒙皮动画的解析和渲染，涉及 3 个 TypeScript 源文件。其中，MD5Mesh.ts 文件中存储的都是与.md5mesh 文件格式相关的结构，MD5Anim.ts 文件则存储与.md5anim 文件格式相关的结构，而 MD5SkinedMesh.ts 文件中实现了 MD5SkinedMesh 类，该类用于解析.md5mesh 和.md5anim 文件、加载纹理及绘制等操作。本节先来关注.md5mesh 文件格式的解析和渲染实现。

注意：Doom3 和 Quake3 一样，实现了一个复杂的材质系统，并且以.mtr 格式存储在文件系统中，本书并不实现材质系统，因此凡是遇到需要材质名的字符串，会全部替换为相应的 PNG 纹理名，使用纹理贴图来绘制骨骼蒙皮动画。

10.2.1　.md5mesh 文件解析流程

.md5mesh 文件也是使用文本格式，主要保存的是几何渲染数据及绑定姿态（BindPose）相关数据。我们先来看一下 MD5SkinedMesh 这个类中的 parse 方法，通过该方法，可以了解整个.md5mesh 的解析流程，代码如下：

```
public parse ( source: string ): void
    {
        // 解析前的准备工作，先创建 IDoom3Tokenizer 接口
        let tokenizer: IDoom3Tokenizer = Doom3Factory.createTokenizer();
        let token: IDoom3Token = tokenizer.createToken();
                                            // 创建重用的 IToken 接口
        tokenizer.setSource( source );  // 设置要解析的.md5mesh 文件文本字符串
        // 解析 1. MD5Version 10
        tokenizer.getNextToken( token );    // 读取 MD5Version 关键字
        tokenizer.getNextToken( token );    // 读取版本号
        console.log( "MD5Version = ", token.getInt() );  // 数据类型为 int
        // 解析 2. commandline "<string>"
        tokenizer.getNextToken( token );    // 读取 commandline 关键字
        tokenizer.getNextToken( token );    // 读取 commandline 的值
        console.log( "commmandline = ", token.getString() );
        // 解析 3. numJoints <int>
        tokenizer.getNextToken( token );    // 读取 numJoints 关键字
        tokenizer.getNextToken( token );    // 读取 numJoints 的值
        let numJoints: number = token.getInt();      // 转换为 int 类型
        console.log( "numJoints = ", numJoints );
        // 解析 4. numMeshes <int>
        tokenizer.getNextToken( token );    // 读取 numMeshes 关键字
        tokenizer.getNextToken( token );    // 读取 numMeshes 的值
        let numMeshes: number = token.getInt();
        console.log( "numMeshes = ", numMeshes );
        // 解析 5. 已知 numJoints，读取所有关节数据（骨骼）
        this._readJoints( tokenizer, token, numJoints );
        // 解析 6. 已知 numMeshes，读取所有 mesh 蒙皮数据
        this._readMeshes( tokenizer, token, numMeshes );
    }
```

由上述代码可知，.md5mesh 文件中主要存储的是 joints 数据和 meshes 数据，接下来看 MD5SkinedMesh 类_readJoints 方法的实现细节。

10.2.2　.md5mesh 中的绑定姿态

.md5mesh 文件中关节（后续用关节与骨骼表示同一个概念）存储的是一个标准绑定姿态（BindPose）。其文件格式如下：

```
joints {
    "name" parent ( pos.x pos.y pos.z ) ( orient.x orient.y orient.z )
    ......
}
```

其中：

- name 是 string 类型，表示 joint 的名称；
- parent 是 int 类型，表示当前 joint 的父亲 id 号，如果 parent 为-1，则表示当前 joint 为根关节；
- (pos.x pos.y pos.z)是 vec3 类型，表示当前 joint 的位置坐标，定义在模型坐标系；
- (orient.x orient.y orient.z)是 quat（四元数）类型，表示当前 joint 的方向，定义在模型坐标系，为了节省空间，w 值没有存储在文件中，因此必须要调用 quat 类的 calculateW 方法计算 quat.w 的值。

🔖注意：.md5mesh 中的 joint 都是定义在模型坐标系中的，切记！

接下来，在 MD5Mesh.ts 文件中使用 MD5Joint 类来定义上述结构，代码如下：

```
// MD5 骨骼数据结构
export class MD5Joint
{
    public name: string;                    // 骨骼名称
    public parentId: number;                // 父亲骨骼的索引号
    public originInModelSpace: vec3;        // 骨骼的原点位置坐标
    public orientationInModelSpace: quat;   // 四元数表示的骨骼朝向
    public bindPoseMatrix: mat4;            // 由 origin 和 orientation 合成
                                            // bindPose 矩阵
    public inverseBindPoseMatrix: mat4;     // bindPose 的逆矩阵，将模型坐标
                                            // 系的顶点变换到 joint 坐标系
    public constructor ()
    {
        this.name = "";
        this.parentId = -1;                          // 初始化时索引都指向-1
        this.originInModelSpace = new vec3();
        this.orientationInModelSpace = new quat();
        this.bindPoseMatrix = new mat4();
        this.inverseBindPoseMatrix = new mat4();
    }
}
```

10.2.3　解析绑定姿态

有了上述定义好的结构,我们就可以进行相关数据的解析了,代码如下:

```
private _readJoints ( parser: IDoom3Tokenizer, token: IDoom3Token,
numJoints: number ): void
    {
        parser.getNextToken( token );              // 读取"joints"关键词
        parser.getNextToken( token );              // 跳过 {
        for ( let i: number = 0; i < numJoints; i++ )
        {
            let joint: MD5Joint = new MD5Joint();
            parser.getNextToken( token );          // joint 名称
            joint.name = token.getString();
            parser.getNextToken( token );          // joint 的父亲 id 号
            joint.parentId = token.getInt();
            // joint 的位置
            parser.getNextToken( token ); // (
            parser.getNextToken( token ); joint.originInModelSpace.x =
token.getFloat();
            parser.getNextToken( token ); joint.originInModelSpace.y =
token.getFloat();
            parser.getNextToken( token ); joint.originInModelSpace.z =
token.getFloat();
            parser.getNextToken( token );    // )
            // joint 的方向,存储了 quat 的 x,y,z 值,w 需要计算出来
            parser.getNextToken( token );    // (
            parser.getNextToken( token ); joint.orientationInModelSpace.x
= token.getFloat();
            parser.getNextToken( token ); joint.orientationInModelSpace.y
= token.getFloat();
            parser.getNextToken( token ); joint.orientationInModelSpace.z
= token.getFloat();
            joint.orientationInModelSpace.calculateW(); // 计算 quat.w 值
            // 将 joint 的位置和 quat 合成 bindpose 矩阵,该矩阵位于 modelspace
            MathHelper.matrixFrom( joint.originInModelSpace, joint.
orientationInModelSpace, joint.bindPoseMatrix );
            // 计算 bindPoseMatrix 的逆矩阵
            joint.bindPoseMatrix.inverse( joint.inverseBindPoseMatrix );
            this.joints.push( joint );
            parser.getNextToken( token );    // )
        }
        parser.getNextToken( token );    // }
    }
```

上述代码中的关键点有 3 处:

- 要使用 quat.calculateW 方法计算出 orientationInModelSpace.w 值;
- 要将 originInModelSpace 和 orientationInModelSpace 合成绑定姿态矩阵,该矩阵可以将骨骼坐标系表示的顶点变换到模型坐标系,可参考公式 10-2 部分的相关内容;

- 要计算出绑定姿态矩阵的逆矩阵，该矩阵可以将模型坐标系表示的顶点变换到骨骼坐标系，可参考公式 10-3 部分的相关内容。

最后来看一下 MathHelper.matriFrom 方法的实现，具体代码如下：

```
public static matrixFrom ( pos: vec3, q: quat, dest: mat4 | null = null ):
mat4
{
    if ( dest === null )
    {
        dest = new mat4();
    }
    q.toMat4( dest );            // 调用 quat 的 toMat4 方法，再放入平移部分数据
    dest.values[ 12 ] = pos.x;
    dest.values[ 13 ] = pos.y;
    dest.values[ 14 ] = pos.z;
    return dest;
}
```

10.2.4　.md5mesh 中的蒙皮数据

再来看一下蒙皮（mesh）数据的格式，一共可以分为 4 个部分，内容如下：

（1）定义 shader 名：

```
mesh {
    shader "<string>"
```

shader 为 string 类型，表示的是.mtr 文件的名称，但是本书并没有实现复杂的 Doom3 材质系统，因此默认情况下直接替换成 PNG 格式的纹理名。

（2）定义顶点相关数据：

```
numverts <int>
vert vertIdx ( s t ) firstWeight numWeight
  vert ...
```

numverts 是 int 类型，表示后面有多少个顶点数据。

vert 表示的是 MD5Vertext 结构，vertIdx 为 int 类型，表示当前顶点的索引号。(s t) 为 vec2 类型，表示纹理坐标；firstWeight 为 int 类型，表示的是后续 weight 数组中的索引号；而 numWeight 表示有多少个 weigth。MD5 中 Mesh 的位置需要通过 firstWeight 及 numWeight 计算得到。有了上述结构，我们来定义 MD5Vertex 类，其代码如下：

```
// MD5 模型的顶点数据结构
export class MD5Vertex
{
    public uv: vec2;                        // 纹理坐标
    public firstWeight: number;            // 指向 weights 列表中的索引号
    public numWeight: number;              // 从上面索引开始，有多少个 weight 值
    public finalPosInModelSpace: vec3;     // 位置坐标
    public animiatedPosInModelSpace:vec3;  // 每运行一帧动画后要进行更新操作
```

```
        public constructor ()
        {
            this.uv = new vec2();
            this.firstWeight = -1;                    // 初始化为-1
            this.numWeight = 0;                       // 初始化为 0 个
            this.finalPosInModelSpace = new vec3();
            this.animiatedPosInModelSpace = new vec3();
        }
    }
```

🔔 **注意**：finalPosInModelSpace 和 animiatedPosInModelSpace 这两个变量并不是属于.md5mesh 文件格式的内容，而是通过相关算法计算出来的，是整个骨骼蒙皮动画的核心要点之一，在后续代码中会计算出来，请大家保持必要的关注。从后缀 InModelSpace 就知道，这两个变量最后都是位于模型坐标系中（关于骨骼蒙皮动画坐标系相关知识点，请参考第 10.1.2 和 10.1.3 节的内容）。

接下来看一下解析顶点的方法，代码如下：

```
private _readVertex ( parser: IDoom3Tokenizer, token: IDoom3Token, vertex:
MD5Vertex ): void
{
    parser.getNextToken( token );        // vert
    parser.getNextToken( token ); token.getInt();
    parser.getNextToken( token );    // (
    parser.getNextToken( token ); vertex.uv.x = token.getFloat();
    parser.getNextToken( token ); vertex.uv.y = 1.0 - token.getFloat();
                                // 纹理坐标和 Quake 一样，y 轴需要调整一下
    parser.getNextToken( token );    // )
    parser.getNextToken( token ); vertex.firstWeight = token.getInt();
    parser.getNextToken( token ); vertex.numWeight = token.getInt();
}
```

🔔 **注意**：关注上述代码中关于纹理坐标的注释。

（3）定义索引三角形数据，代码如下：

```
numtris <int>
tri triIdx vertIdx[0] vertIdx[1] vertIdx[2]
tri ...
```

numtris 表示三角形的数量，是一个 int 类型。tri 定义索引三角形。每个三角形由 3 个顶点索引 vertIdx[0] vertIdx[1] vertIdx[2]组成。

```
private _readTriangleTo ( parser: IDoom3Tokenizer, token: IDoom3Token,
triIndices: number[] ): void
{
    let i0: number;
    let i1: number;
    let i2: number;
    parser.getNextToken( token );        // tri
    parser.getNextToken( token ); token.getInt();
    parser.getNextToken( token ); i0 = token.getInt();
```

```
    parser.getNextToken( token ); i1 = token.getInt();
    parser.getNextToken( token ); i2 = token.getInt();
    triIndices.push( i2, i1, i0 );        // 和 Quake3 一样，需要调整索引顺序，顺
                                              时针变为逆时针
}
```

注意：关注上述代码中关于索引顺序的注释。

（4）定义权重数据，代码如下：

```
numweights <int>
    weight weightIdx jointId jointWeight ( pos.x pos.y pos.z )
    weight ...
}
```

numWeights 为 int 类型，表示 weight 的数量。然后是 weight 的定义，weightIdx 表示
当前 weight 的索引号，jointId 表示当前 weight 属于哪个 joint，jointWeight 表示权重值，
浮点数（float）类型，位于[0，1]之间。最后的(pos.x pos.y pos.z)为 vec3 类型，相对骨骼
坐标系表示的位置信息。有了这些数据，我们来定义 MD5Weight 类，代码如下：

```
// 骨骼动画的权重数据结构
export class MD5Weight
{
    public jointId: number;          // 当前权重属于哪个骨骼
    public jointWeight: number;      // 当前权重的值，[ 0，1 ]之间
    public posInJointSpace: vec3;    // 偏移量，相对的是第一帧标准姿态蒙皮的偏移
    public constructor ()
    {
        this.jointId = -1;           // 初始化是索引都指向-1
        this.jointWeight = 0;
        this.posInJointSpace = new vec3();
    }
}
```

接着定义解析 weight 数据的方法，代码如下：

```
private _readWeight ( parser: IDoom3Tokenizer, token: IDoom3Token, weight:
MD5Weight ): void
{
    parser.getNextToken( token );   // weight
    parser.getNextToken( token ); token.getInt();
    parser.getNextToken( token ); weight.jointId = token.getInt();
    parser.getNextToken( token ); weight.jointWeight = token.getFloat();
    parser.getNextToken( token );    // (
    parser.getNextToken( token ); weight.posInJointSpace.x = token.getFloat();
    parser.getNextToken( token ); weight.posInJointSpace.y = token.getFloat();
    parser.getNextToken( token ); weight.posInJointSpace.z = token.getFloat();
    parser.getNextToken( token );    // )
}
```

10.2.5　解析蒙皮数据

有了第 10.2.4 节中定义好的这些解析方法后，接下来就可以进行整个蒙皮数据的解析工作了，代码如下：

```
private _readMeshes ( parser: IDoom3Tokenizer, token: IDoom3Token,
numSurfs: number ): void
    {
        let count: number;
        let surf: MD5Mesh;
        let vertex: MD5Vertex;
        let weight: MD5Weight;
        for ( let i: number = 0; i < numSurfs; i++ )
        {
            surf = new MD5Mesh();
            parser.getNextToken( token );      // "mesh"
            parser.getNextToken( token );        // {
            parser.getNextToken( token );         // "shader"
            parser.getNextToken( token );        //
            surf.material = token.getString();
            // 顶点
            parser.getNextToken( token );        // "numverts"
            parser.getNextToken( token );
            count = token.getInt();
            for ( let j: number = 0; j < count; j++ )
            {
                vertex = new MD5Vertex();
                // 调用_readVertex方法
                this._readVertex( parser, token, vertex );
                surf.vertices.push( vertex );
            }
            // 索引三角形
            parser.getNextToken( token );         // "numtris"
            parser.getNextToken( token );
            count = token.getInt();
            for ( let j: number = 0; j < count; j++ )
            {
                // 调用_readTriangleTo方法
                this._readTriangleTo( parser, token, surf.indices );
            }
            // 权重值
            parser.getNextToken( token );
            parser.getNextToken( token );
            count = token.getInt();
            for ( let j: number = 0; j < count; j++ )
            {
                weight = new MD5Weight();
                // 调用_readWeight方法
                this._readWeight( parser, token, weight );
                surf.weights.push( weight );
            }
```

```
            this.meshes.push( surf );
            parser.getNextToken( token );          // }
        }
    }
```

至此，解析.md5mesh 的所有方法都完成了，调用 MD5SkinedMesh 类的 parse 就能顺利地将.md5mesh 文件解析成 MD5Mesh.ts 文件对应的各个类结构。

10.2.6　计算顶点最终位置

你会发现，.md5mesh 文件中的 vert 数据并没有包含位置坐标信息，而是具有 firstWeigth 和 numWeight 这两个值，其中：

- 通过 firstWeight 可以从 weight 结构列表中获得索引处的 weight 结构，而该 weight 结构包含了权重信息及位于骨骼坐标系的位置坐标；
- 通过 numWeight，我们就知道从 firstWeight 开始，numWeight 的结构参与计算 MD5Vertex 中的 finalPosInModelSpace 的值。

接下来看一下计算 MD5Vertex 中 finalPosInModelSpace 的核心算法，代码如下：

```
public updateMeshFinalPositions ( meshIdx: number ): void
{
    let mesh: MD5Mesh = this.meshes[ meshIdx ];
                                        // 获取参数所指向的 MD5Mesh 结构
    // 变量 MD5Mesh 中的所有顶点
    for ( let j: number = 0; j < mesh.vertices.length; j++ )
    {
        let vert: MD5Vertex = mesh.vertices[ j ];
                                        // 获取当前的 MD5Vertex 对象
        // 遍历当前 MD5Vertex 中关联的所有权重对象
        for ( let k: number = 0; k < vert.numWeight; k++ )
        {
            // 注意权重对象的寻址算法
            let weight: MD5Weight = mesh.weights[ vert.firstWeight + k ];
            // 先获得当前顶点关联的 weight 对象，再从 weight 对象的 jointId 获得该
               weight 所属的关节
            // 然后再从关节中获得基于模型坐标系表示的绑定姿态矩阵(在_readJoints 方
               法中计算出了姿态矩阵和其逆矩阵)
            let bindPose: mat4 = this.joints[ weight.jointId ].bindPoseMatrix;
            // 将基于骨骼坐标系表示的坐标变换到模型坐标系中表示
            bindPose.multiplyVec3( weight.posInJointSpace, vec3.v0 );
            // 然后再乘以权重标量
            vec3.v0.scale( weight.jointWeight );
            // 将计算出来的向量 add 到 finalPosInModelSpace 中
            vert.finalPosInModelSpace.add( vec3.v0 );
        }
    }
    // 遍历完所有的权重对象后得到最终位于模型坐标系的顶点坐标
}
```

可以在 MD5SkinedMesh 类的 parse 方法的最后增加如下代码：

```
// 最后逐 mesh 更新顶点坐标
for ( let i: number = 0; i < this.meshes.length; i++ )
{
    this.updateMeshFinalPositions( i );
}
```

这样就计算出了当前 MD5SkinedMesh 中所有 MD5Mesh 的基于模型坐标系表示的顶点坐标，该坐标只要在 parse 中计算一次就可以了，后续我们可以使用 finalPosInModelSpace 来做一些有趣的事情。

10.2.7　加载和生成纹理

当解析好.md5mesh 文件后，接下来需要做的事情是加载资源。和 Doom3 PROC 类似，实现异步 loadTextures 方法，代码如下：

```
public async loadTextures ( gl: WebGLRenderingContext ): Promise<void>
{
    // 封装一个 Promise 对象
    return new Promise( ( resolve, reject ): void =>
    {
        // 创建字典对象
        let names: Dictionary<string> = new Dictionary<string>();
        let _promises: Promise<ImageInfo | null>[] = [];
        // 遍历所有 MD5 Mesh 对象集合
        for ( let i: number = 0; i < this.meshes.length; i++ )
        {
            let mesh: MD5Mesh = this.meshes[ i ];
            // 查看 names 字典，该字典保存所有已经添加的材质名称，目的是防止重复加载
               纹理
            if ( names.contains( mesh.material ) === false )
            {
                // 如果不存在名字，就添加该名字
                names.insert( mesh.material, mesh.material );
                // 将 Promise 加入到_promises 数组中
                _promises.push( HttpRequest.loadImageAsyncSafe( MD5Skine
dMesh.path + mesh.material + ".png", mesh.material ) );
            }
        }
        //console.log(names.Keys);
        // 添加完所有请求的 Promise 对象后，调用 all 静态方法
        Promise.all( _promises ).then( ( images: ( ImageInfo | null )[] ) =>
        {
            console.log( images );            // 加载完毕后，输出所有 ImaeInfo 对象，
                                                 用于 debug
            // 遍历 ImageInfo 对象，加载图像数据，生成纹理对象
            for ( let i: number = 0; i < images.length; i++ )
            {
```

```
            let img: ImageInfo | null = images[ i ];
            if ( img !== null )
            {
                // 创建 GLTexture 对象
                let tex: GLTexture = new GLTexture( gl, img.name );
                tex.upload( img.image );        // 加载图像数据
                GLTextureCache.instance.set( img.name, tex );
                // 将成功生成的 GLTexture 对象存储到 GLTextureCache 容器中
            }
        }
        resolve();              // 全部完成后，调用 resolve 回调，表示完成回调
    } );
} );
}
```

10.2.8　绘制绑定姿态（BindPose）

有了 MD5Vertex 的 inalPosInModelSpace 坐标值后，我们就能很容易地绘制出 .md5mesh 中的绑定姿态了，代码如下：

```
public drawBindPose ( texBuilder: GLMeshBuilder, mvp: mat4 ): void
    {
        for ( let i: number = 0; i < this.meshes.length; i++ )
        {
            this._drawMesh( i, texBuilder, mvp );
        }
    }
```

而 drawBindPose 方法内部又调用了 _drawMesh 私有方法，该方法的实现代码如下：

```
private _drawMesh ( meshIdx: number, texBuilder: GLMeshBuilder, mvp: mat4 ): void
{
    let mesh: MD5Mesh = this.meshes[ meshIdx ];
    let verts: MD5Vertex[] = mesh.vertices;
    // 如果纹理名对应的纹理存在，则使用，否则就使用 default 纹理
    let tex: GLTexture | undefined = GLTextureCache.instance.getMaybe
( mesh.material );
    if ( tex !== undefined )
    {
        texBuilder.setTexture( tex );
    } else
    {
        texBuilder.setTexture(GLTextureCache.instance.getMust("default"));
    }
    // 直接使用 finalPosInModelSpace 来绘制绑定姿态
    texBuilder.begin();
    for ( let j: number = 0; j < mesh.indices.length; j++ )
    {
        let vert: MD5Vertex = verts[ mesh.indices[ j ] ];
        texBuilder.texcoord( vert.uv.x, vert.uv.y ).vertex( vert.finalPos
InModelSpace.x, vert.finalPosInModelSpace.y, vert.finalPosInModelSpace.z );
    }
```

```
        texBuilder.end( mvp );
}
```

到目前为止，我们完成了.md5mesh 的解析和渲染核心内容的源码解析，当你在 Application 中调用 MD5SkinedMesh 的 drawBindPose 方法后，就会在屏幕上显示出标准的静态绑定姿态（BindPose）。下一节我们将关注.md5anim 的解析和渲染。

10.3　解析和渲染.md5anim 文件格式

当我们完成.md5mesh 动画格式的解析后，只能得到标准绑定姿态的一帧数据，也只能绘制出该帧姿态的效果图。如果想绘制出连续的动画序列，那么必须要解析和渲染.md5anim 文件格式，该文件格式包含如下主要信息：

- 基于父子关系定义的关节层次变换信息（.md5mesh 的 joints { }中的 joint 的变换信息是相对于模型空间定义的）；
- 每一帧的 Bounding Box 信息，你可以根据这些信息构建当前帧的 AABB 或 OBB 包围盒（关于包围盒相关知识点可参考本书第 9 章 9.4 节内容）；
- baseframe 骨架信息，用来每帧生成当前帧姿态；
- 一些列的帧信息，用来生成某一帧的当前姿态。

接下来看看这些信息的具体格式、如何解析，以及有什么用途。

10.3.1　.md5anim 的解析流程

先来看一下.md5anim 的解析流程。由于一个.md5mesh 文件可以匹配多个.md5anim 文件（每个.md5anim 就是一个动作序列，如 run.md5anim、jupm.md5anim 等）。因此我们将.md5anim 解析后的结果也放在 MD5SkinedMesh 类中，来更新一下 MD5SkinedMesh 类的定义，代码如下：

```
export class MD5SkinedMesh
{
    public static path: string = "data/doom3/";
    public joints: MD5Joint[];  // .md5mesh 中的 BindPose 关节
    public meshes: MD5Mesh[];   // 一个.md5mesh 文件可以有多个mesh，但只有一
                                   个.md5mesh 文件
    public anims: MD5Anim[];    // 增加 MD5Anim 对象数组，每个 MD5Anim 对象对应
                                   一个.md5anim 文件
}
```

有了 anims 数组后，我们需要添加一个 MD5Anim 对象（.md5anim 解析后得到 MD5Anim 对象），代码如下：

```
public parseAnim ( content: string ): void
{
    let anim: MD5Anim = new MD5Anim();
    anim.parse( content );
    this.anims.push( anim );
}
```

parseAnim 方法的 context 参数并不是.md5mesh 文件存储在服务器端的路径名，而是.md5mesh 文件的文本字符串。parseAnim 方法调用 anim 的 parse 方法，解析完成后添加到 MD5SkinedMesh 对象的 anims 数组中。

由上述代码可知，.md5anim 文件的解析是由 MD5Anim 类的 parse 方法进行的，来看一下 parse 方法的实现过程，代码如下：

```
public parse ( source: string ): void
{
    let tokenizer: IDoom3Tokenizer = Doom3Factory.createTokenizer();
    let token: IDoom3Token = tokenizer.createToken();
    tokenizer.setSource( source );
    tokenizer.getNextToken( token );                // Version
    tokenizer.getNextToken( token );
    tokenizer.getNextToken( token );                // Commandline
    tokenizer.getNextToken( token );
    tokenizer.getNextToken( token );                // numFrames
    tokenizer.getNextToken( token );
    let numFrames: number = token.getInt();
    tokenizer.getNextToken( token );                // numJoints
    tokenizer.getNextToken( token );
    let numJoints: number = token.getInt();
    tokenizer.getNextToken( token );                // frameRate
    tokenizer.getNextToken( token );
    this.frameRate = token.getInt();
    tokenizer.getNextToken( token );                // numAnimatedComponents
    tokenizer.getNextToken( token );
    let numAnimatedComponents: number = token.getInt();
    // 接下来就是各个关键区块内容的解析
    this._readHierarchy( tokenizer, token, numJoints );  // 使用了 numJoints
    this._readBounds( tokenizer, token, numFrames );     // 使用了 numFrames
    this._readBaseFrames( tokenizer, token, numJoints ); // 使用了 numJoints
    // 使用了 numFrames 和 numAnimatedComponents
    this._readFrames( tokenizer, token, numFrames, numAnimatedComponents );
}
```

从上述代码中，可以大致地了解.md5anim 文件格式的文件头相关的格式和内容。接下来看一下各个区块内容的解析。

10.3.2　解析.md5anim 中的关节层次信息

MD5Anim 类型的_readHierarchy 读取的是关节层次的相关信息，我们先来看一下这些层次信息是如何被定义的，具体内容如下：

```
hierarchy {
    "name"    parentId animatedComponentBits  animatedComponentOffset
    ......
}
```

其中，name 为 string 类型，表示关节的名称；parentId 为 int 类型，表示当前关节的关节索引号，如果是根关节，那么 parentId 为 -1。关于 animatedComponentsBits 和 animatedComponentOffset 这两个值，在后续代码中会讲解如何使用。

📖注意：.md5anim 文件的 hierarchy 中的关节名称和关节数量，必须与其依附的.md5mesh 文件中的 joints 里的关节名称和关节数量相同。它们之间的主要区别是.md5anim 中关节的变换信息是相对父关节定义的，而.md5mesh 中的关节变换信息是相对模型坐标系定义的。

根据上述信息，我们在 MD5Anim.ts 中定义一个名为 MD5AnimJoint 的数据结构，代码如下：

```
export class MD5AnimJoint
{
    // 由 _readHierarchy 方法填充如下数据
    public name: string;
    public parentId: number;
    public componentBits: number;
    public componentOffset: number;
}
```

解析代码如下：

```
private _readHierarchy ( parser: IDoom3Tokenizer, token: IDoom3Token,
numJoints: number ): void
{
    parser.getNextToken( token );        // 读取 hierarchy 关键字
    parser.getNextToken( token );        // 读取左花括号 {
    for ( let i: number = 0; i < numJoints; i++ )
    {
        let channel: MD5AnimJoint = new MD5AnimJoint();
        parser.getNextToken( token );
        channel.name = token.getString();
        parser.getNextToken( token );
        channel.parentId = token.getInt();
        parser.getNextToken( token );
        channel.componentBits = token.getInt();
        parser.getNextToken( token );
        channel.componentOffset = token.getInt();
        this.animJoints.push( channel );
        this.skeleton.poses.push( new Pose() );
    }
    parser.getNextToken( token ); // }
}
```

10.3.3　解析.md5anim 中的包围盒数据

接下来看一下.md5anim 文件中的 bounds 相关信息，其格式定义如下：

```
bounds {
    ( min.x min.y min.z ) ( max.x max.y max.z )
    ......
}
```

很明显，(min.x min.y min.z) 和(max.x max.y max.z)都是为 vec3 数据类型，表示 AABB 轴对称包围盒。

📣注意：上述 AABB 包围盒的 min 和 max 坐标定义在模型坐标系，并且 AABB 包围盒的数量等于当前动画序列的帧数（每一帧有一个包围盒）。

上面提到，既然 AABB 包围盒的数量等于当前动画序列的帧数，那么可以把 AABB 包围盒数据定义在帧数据结构中。来看一下其定义和解析过程，代码如下：

```
export class MD5Frame
{
    // 由_readBounds 方法填充如下数据
    public min: vec3;
    public max: vec3;
    // 由_readFrames 方法填充如下数据
    public components: number[];
    public constructor ()
    {
        this.min = new vec3();
        this.max = new vec3();
        this.components = [];
    }
};
```

📣注意：关于 components 的相关内容，在后面的内容中会讲解，本节只解析 MD5Frame 中的 AABB 包围体相关数据。

有了 MD5Frame 这个结构，就可以来解析 bounds 相关数据了，代码如下：

```
private _readBounds ( parser: IDoom3Tokenizer, token: IDoom3Token,
numFrames: number ): void
{
    parser.getNextToken ( token );              // bounds
    parser.getNextToken ( token );              // {
    for ( let i: number = 0; i < numFrames; i++ )
    {
        let frame: MD5Frame = new MD5Frame();
        // ( min.x min.y min.z )
        parser.getNextToken ( token );          // (
        parser.getNextToken ( token );
```

```
            frame.min.x = token.getFloat();
            parser.getNextToken( token );
            frame.min.y = token.getFloat();
            parser.getNextToken( token );
            frame.min.z = token.getFloat();
            parser.getNextToken( token );           // )
            // ( max.x max.y max.z )
            parser.getNextToken( token );           // (
            parser.getNextToken( token );
            frame.max.x = token.getFloat();
            parser.getNextToken( token );
            frame.max.y = token.getFloat();
            parser.getNextToken( token );
            frame.max.z = token.getFloat();
            this.frames.push( frame );
            parser.getNextToken( token );           // )
        }
        parser.getNextToken( token );               // }
    }
```

10.3.4　解析.md5anim 中的 baseframe 数据

本节再来了解一下动画序列、帧及关节之间的关系。例如，一个名为 run.md5anim 的文件格式，表示的是一个跑的动作序列，该动作序列有多少帧，可以通过.md5anim 的 numFrames 知道。每一帧都是由一个动作姿态组成的，而每个动作姿态都是由 numJoints 个关节的变换信息合成的，这就是它们直接的本质关系。

接下来看一下.md5anim 文件中的 baseframe 数据，其格式如下：

```
baseframe {
    ( baseOrigin.x     baseOrigin.y     baseOrigin.z  ) ( baseOrient.x
baseOrient.y baseOrient.z )
    ......
}
```

其中，(baseOrigin.x　baseOrigin.y　baseOrigin.z) 为 vec3 类型，表示关节位置坐标，而 baseOrient 是 quat 类型，需要调用 quat.calcuateW 方法计算出 w 值。baseframe 中的数据数量等于关节的数量，因此可以将 baseframe 的相关数据存储在前面定义的 MD5AnimJoint 结构中，代码如下：

```
export class MD5AnimJoint
{
    // 由_readHierarchy 方法填充如下数据
    public name: string;
    public parentId: number;
    public componentBits: number;
    public componentOffset: number;
    // 增加下面两个变量
    // 由_readBaseFrames 填充如下数据
    public baseOriginInParentSpace: vec3;
```

```
        public baseOrientation: quat;
        public constructor ()
        {
            this.name = "";
            this.parentId = -1;
            this.componentBits = 0;
            this.componentOffset = 0;
            this.baseOriginInParentSpace = new vec3();
            this.baseOrientation = new quat();
        }
    }
```

注意：baseOrigin 和 baseOrient 都是定义在骨骼坐标系中的。

定义好存储 baseOrigin 和 baseOrient 的结构后，接下来就是解析代码，具体如下：

```
    private _readBaseFrames ( parser: IDoom3Tokenizer, token: IDoom3Token,
numJoints: number ): void
    {
        parser.getNextToken( token );              // baseFrame
        parser.getNextToken( token );              // {
        for ( let i: number = 0; i < numJoints; i++ )
        {
            parser.getNextToken( token );          // (
            parser.getNextToken( token );
            this.animJoints[ i ].baseOriginInParentSpace.x = token.getFloat();
            parser.getNextToken( token );
            this.animJoints[ i ].baseOriginInParentSpace.y = token.getFloat();
            parser.getNextToken( token );
            this.animJoints[ i ].baseOriginInParentSpace.z = token.getFloat();
            parser.getNextToken( token );          // )
            parser.getNextToken( token );          // (
            parser.getNextToken( token );
            this.animJoints[ i ].baseOrientation.x = token.getFloat();
            parser.getNextToken( token );
            this.animJoints[ i ].baseOrientation.y = token.getFloat();
            parser.getNextToken( token );
            this.animJoints[ i ].baseOrientation.z = token.getFloat();
            this.animJoints[ i ].baseOrientation.calculateW();
            parser.getNextToken( token );          // )
        }
        parser.getNextToken( token );              // }
    }
```

10.3.5 解析.md5anim 中的 frame 数据

解析 numframes 个 frame 数据，其格式如下：

```
frame frameId {
    <float> <float> <float> ...
}
```

其中，frame 关键字表示当前是 frame 数据，而 frameId 为当前 frame 的编号，当前 frame 的内容是一系列的浮点数。这些浮点数表示的是相对 baseframe 发生改变的坐标或方向值，这种表示方式会大幅度减少存储空间。通过 baseframe 和 frame，可以构建当前帧的骨架。我们可以将 frame 的数据定义在第 10.3.3 节中的 MD5Frame 的 components 变量中。下面来看一下如何解析 frame 数据，代码如下：

```
    private _readFrames ( parser: IDoom3Tokenizer, token: IDoom3Token,
numFrames: number, numComponents: number ): void
    {
        for ( let i: number = 0; i < numFrames; i++ )
        {
            parser.getNextToken( token );                 // frame
            parser.getNextToken( token );               // frameId
            parser.getNextToken( token );                 // {

            for ( let j: number = 0; j < numComponents; j++ )
            {
                parser.getNextToken( token );
                // 添加到 MD5Frame 的 components 数组中
                this.frames[ i ].components[ j ] = token.getFloat();
            }
            parser.getNextToken( token );                 // }
        }
    }
```

到目前为止，已经完成了整个.md5anim 文件的解析过程，解析后的结果都保存在了 MD5Anim 类的两个数组中。下面来看一下 MD5Anim 的这些关键成员变量，代码如下：

```
export class MD5Anim
{
    public animJoints: MD5AnimJoint[];
    public frames: MD5Frame[];
    public frameRate: number;
}
```

有了 animJoints 和 frames 数据，我们就能构建某一帧的动作姿态了，而这就是下一节要做的事情。

10.3.6　帧动作姿态结构

在 MD5Anim 类中，有了 animJoints 和 frames 数据，就能构建某一帧的动作姿态。
为了更好地解耦，在 MD5Anim.ts 文件中定义表示最终合成姿态的两个类，第一个 Pose 类如下：

```
export class Pose
{
    public parentId: number;              // 父关节的索引号
    public originInParentSpace: vec3;     // 相对父关节的位置
```

```
    public orientationInParentSpace: quat; // 相对父关节的方向
    public matrix: mat4;        // originInParentSpace 和 orientationInParentSpace
                                   合成的矩阵

    public constructor ()
    {
        this.parentId = -1;
        this.originInParentSpace = new vec3();
        this.orientationInParentSpace = new quat();
        this.matrix = new mat4();
    }
}
```

第二个类名为 Skeletion，是 Pose 类的集合，表示某一帧最终合成的骨架，代码如下：

```
export class Skeleton
{
    public poses: Pose[];                        // 所有关节在某一帧时的姿态
    public minInModelSpace: vec3;
    public maxInModelSpace: vec3;

    public constructor ()
    {
        this.poses = [];
        this.minInModelSpace = new vec3();
        this.maxInModelSpace = new vec3();
    }
}
```

10.3.7　MD5Anim 类的 buildLocalSkeleton 方法

本节来看一下如何使用 MD5Anim 类的 buildLocalSkeleton 方法，从 MD5Joint、MD5Frame 这两个数据类生成 Skeleton 类，代码如下：

```
// 参数 frameNum 指明要构建哪一帧的姿态骨架
public buildLocalSkeleton ( frameNum: number ): void
{
    let frame: MD5Frame = this.frames[ frameNum ];
    // 构建当前帧的骨架姿态
    // 遍历当前帧中的所有关节
    for ( let i: number = 0; i < this.animJoints.length; i++ )
    {
        let applied: number = 0;                        //核心的变量
        let joint: MD5AnimJoint = this.animJoints[ i ];    // 获取当前的关节
        let pose: Pose = this.skeleton.poses[ i ]; // 获取当前要填充的 pose
        // 将 joint 中的相关数据复制到 pose 对应的变量中
        pose.parentId = joint.parentId;
        joint.baseOriginInParentSpace.copy( pose.originInParentSpace );
        joint.baseOrientationInParentSpace.copy( pose.orientationInParen
tSpace );
        // 根据 bit 值来替换姿态，注意 components 的寻址关系
```

```
        if ( joint.componentBits & EAnimatedComponent.COMPONENT_BIT_TX )
        {
            // 替换 tx
            pose.originInParentSpace.x = frame.components[ joint.
componentOffset + applied ];
            applied++; // 加 1
        }
        if ( joint.componentBits & EAnimatedComponent.COMPONENT_BIT_TY )
        {
            // 替换 ty
            pose.originInParentSpace.y = frame.components[ joint.
componentOffset + applied ];
            applied++; // 加 1
        }
        if ( joint.componentBits & EAnimatedComponent.COMPONENT_BIT_TZ )
        {
            // 替换 tz
            pose.originInParentSpace.z = frame.components[ joint.
componentOffset + applied ];
            applied++; // 加 1
        }
        if ( joint.componentBits & EAnimatedComponent.COMPONENT_BIT_QX )
        {
            // 替换 qx
            pose.orientationInParentSpace.x = frame.components[ joint.
componentOffset + applied ];
            applied++;
        }
        if ( joint.componentBits & EAnimatedComponent.COMPONENT_BIT_QY )
        {
            // 替换 qy
            pose.orientationInParentSpace.y = frame.components[ joint.
componentOffset + applied ];
            applied++;
        }
        if ( joint.componentBits & EAnimatedComponent.COMPONENT_BIT_QZ )
        {
            // 替换 qz
            pose.orientationInParentSpace.z = frame.components[ joint.
componentOffset + applied ];
            applied++;
        }
        pose.orientationInParentSpace.calculateW();      // 计算 quat 的 w 值
        pose.orientationInParentSpace.normalize();       // quat 的单位化
        // 将 origin 和 orientation 合成仿射矩阵 mat，该矩阵是局部表示的矩阵
        // 此时 pose.matrix 是将 local 表示的顶点变换到父亲坐标系的矩阵，切记
        MathHelper.matrixFrom(pose.originInParentSpace,pose.orientation
InParentSpace,pose.matrix);
    }
}
```

在上述代码中，componentBits 的值是如下几个枚举值之一：

```
export enum EAnimatedComponent
{
    COMPONENT_BIT_TX = 1 << 0,  // & = true 表示 pos.x 有改变
    COMPONENT_BIT_TY = 1 << 1,  // & = true 表示 pos.y 有改变
    COMPONENT_BIT_TZ = 1 << 2,  // & = true 表示 pos.z 有改变
    COMPONENT_BIT_QX = 1 << 3,  // & = true 表示 quat.x 有改变
    COMPONENT_BIT_QY = 1 << 4,  // & = true 表示 quat.y 有改变
    COMPONENT_BIT_QZ = 1 << 5   // & = true 表示 pos.z 有改变
};
```

10.3.8　MD5Anim 类的 updateToModelSpaceSkeleton 方法

在上一节代码中，合成了某一帧中每个 Pose 相对父 Pose 表示的 matrix 值，也就是说到目前为止 Pose.mtrix 是 local 矩阵。但我们需要的是每个 Pose.matrix 相对模型空间的表示，因此需要实现一个名为 updateToModelSpaceSkeleton 的方法，该方法的源码如下：

```
public updateToModelSpaceSkeleton():void{
        // 将 pose 的局部矩阵合成 modelspace 矩阵
        for(let i:number = 0; i < this.skeleton.poses.length;i++){
            let pose:Pose = this.skeleton.poses[i];
            if(pose.parentId >= 0 ){
                let parentPose:Pose = this.skeleton.poses[pose.parentId];
                mat4.product(parentPose.matrix,pose.matrix,pose.matrix);
            }
        }
    }
```

10.3.9　MD5SkinedMesh 类的 playAnim 方法

有了上面 MD5Anim 类的两个骨架构建方法后，我们就能实现 MD5SkinedMesh 类的 playAnim 方法了，该方法根据指定的动作序列号，以及该动作序列中的哪一帧，计算出 MD5Mesh 类中 MD5Vertex.animatedPosInModelSpace 的值，从而完成整个绘制需要的、正确的顶点坐标值。下面来看一下其实现过程，代码如下：

```
public playAnim ( idx: number, frameNum: number ): void
{
    let anim: MD5Anim = this.anims[ idx ];
    anim.buildLocalSkeleton( frameNum );    // 合成 pose 的局部 matrix
    anim.updateToModelSpaceSkeleton();      // 合成 pose 的 Model Space
                                            // matrix 表示

    for ( let i: number = 0; i < anim.skeleton.poses.length; i++ )
    {
        let pose: Pose = anim.skeleton.poses[ i ];
```

```
        // 继续合成 pose 的 matrix 矩阵
        // 此时 pose.matrix 的矩阵表示的是 Model Space 坐标系表示的 MD5Vertex.
           finalPosInModelSpace 顶点
        // 变换到 MD5Mesh 中的 bindpose 的局部空间中，然后接着变换到当前 pose 的
           Model Space 中
        mat4.product ( pose.matrix, this.joints[ i ].inverseBindPoseMatrix,
pose.matrix );
    }
    // 遍历所有 mesh
    for ( let i: number = 0; i < this.meshes.length; i++ )
    {
        let mesh: MD5Mesh = this.meshes[ i ];          // 获取当前 mesh
        for ( let j: number = 0; j < mesh.vertices.length; j++ )
        {
            let vert: MD5Vertex = mesh.vertices[ j ]; // 获取当前的 MD5Vertex
            vert.animiatedPosInModelSpace.reset();   // 重用该坐标
            // 遍历各个权重，合成最终的 animatedPosInModelSpace 的值
            for ( let k: number = 0; k < vert.numWeight; k++ )
            {
                let weight: MD5Weight = mesh.weights[ vert.firstWeight + k ];
                            // 获取 MD5Vertex 关联的权重对象
                // 获取当前权重关联的 pose 的 matrix,注意这个 matrix 在本方法上面的
                   注释
                let bindPose: mat4 = anim.skeleton.poses[ weight.jointId ].
matrix;

                // 将 finalPosInModelSpace 变换到 Model Space
                bindPose.multiplyVec3( vert.finalPosInModelSpace, vec3.v0 );
                vec3.v0.scale( weight.jointWeight );       // 缩放权重
                vert.animiatedPosInModelSpace.add( vec3.v0 );
                        // 添加当前权重到 animiatedPosInModelSpace 中
            }
        }
    }
}
```

10.3.10　MD5SkinedMesh 的 drawAnimPose 方法

一旦计算出 MD5Vertex 的 animiatedPosInModelSpace 坐标值后，就如同 drawBindPose 一样，将某个动画序列中的某一帧绘制出来，代码如下：

```
public drawAnimPose ( texBuilder: GLMeshBuilder, mvp: mat4 ): void
{
    for ( let i: number = 0; i < this.meshes.length; i++ )
    {
        this._drawAnimMesh( i, texBuilder, mvp );
    }
}
```

drawAnimPose 内部调用了 _drawAnimMesh 的私有方法，代码如下：

```
private _drawAnimMesh ( meshIdx: number, texBuilder: GLMeshBuilder, mvp:
mat4 ): void
{
    let mesh: MD5Mesh = this.meshes[ meshIdx ];
    let verts: MD5Vertex[] = mesh.vertices;
    let tex: GLTexture | undefined = GLTextureCache.instance.getMaybe
( mesh.material );
    if ( tex !== undefined )
    {
        texBuilder.setTexture( tex );
    } else
    {
        texBuilder.setTexture(GLTextureCache.instance.getMust("default"));
    }
    texBuilder.begin();
    for ( let j: number = 0; j < mesh.indices.length; j++ )
    {
        let vert: MD5Vertex = verts[ mesh.indices[ j ] ];
        texBuilder.texcoord( vert.uv.x, vert.uv.y ).vertex( vert.animiated
PosInModelSpace.x, vert.animiatedPosInModelSpace.y, vert.animiatedPosIn
ModelSpace.z );
    }
    texBuilder.end( mvp );
}
```

🔊 注意：你会发现 drawAnimPose 和 drawBindPose 方法的绘制代码非常相似，主要区别是
　　　drawAnimPose 使用的是 MD5Vertex 中的 animiatedPosInModelSpace 坐标值，而
　　　drawBindPose 使用的是 MD5Vertex 中的 finalPosInModelSpace 坐标值。

10.4　实现 MD5SkinedMeshApplication Demo

本节通过编写一个名为 MD5SkinedMeshApplication 的 Dmoe 来看一下如何使用
MD5SkinedMesh 类，代码如下：

```
import { CameraApplication } from "../lib/CameraApplication";
import { GLProgram } from "../webgl/WebGLProgram";
import { GLProgramCache } from "../webgl/WebGLProgramCache";
import { HttpRequest } from "../common/utils/HttpRequest";
import { vec3, mat4 } from "../common/math/MathLib";
import { GLMeshBuilder, EVertexLayout } from "../webgl/WebGLMesh";
import { GLAttribState } from "../webgl/WebGLAttribState";
import { GLTextureCache } from "../webgl/WebGLTextureCache";
import { MD5SkinedMesh } from "../lib/MD5SkinedMesh";
export class MD5SkinedMeshApplication extends CameraApplication
{
    public program: GLProgram;
    public texBuilder: GLMeshBuilder;

    public angle: number = 0;
```

```typescript
    public model: MD5SkinedMesh;
    public constructor ( canvas: HTMLCanvasElement )
    {
        super( canvas, { premultipliedAlpha: false }, true );
        this.program = GLProgramCache.instance.getMust( "texture" );
        this.texBuilder = new GLMeshBuilder( this.gl, GLAttribState.
POSITION_BIT | GLAttribState.TEXCOORD_BIT, this.program, GLTextureCache.
instance.getMust("default"), EVertexLayout.INTERLEAVED );
        this.model = new MD5SkinedMesh();
        this.camera.z = 4;
    }
public async run():Promise<void>{
    // 载入 md5mesh
        let response: string = await HttpRequest.loadTextFileAsync
( MD5SkinedMesh.path + "test.md5mesh" );
    // 解析 md5mesh
        this.model.parse(response);
    // 获取纹理
        await this.model.loadTextures(this.gl);
    // 载入 md5anim
        response = await HttpRequest.loadTextFileAsync( MD5SkinedMesh.path
+ "testwalk.md5anim");
    // 解析 md5anim 并添加到 md5anims 数组中
        this.model.parseAnim(response);
        this.start();                                    // 进入不停更新和渲染流程
    }
    public currFrame:number = 0;
    public update ( elapsedMsec: number, intervalSec: number ): void{
        super.update(elapsedMsec,intervalSec);
    // 让 frameNum 增加，但是达到最后一帧后再从头开始播放，实现循环播放的方式
        this.currFrame++;
        this.currFrame %= this.model.anims[0].frames.length; // 连续播放
    // update 中更新动画
        this.model.playAnim(0,this.currFrame); // 更新 0 号动画序列
        this.angle += 0.5;
    }
    public render():void{
        this.matStack.loadIdentity();
    // 因为我们在 Doom3 MD5 格式解析时，并没有将 Doom3 坐标系的顶点转换为 WebGL 坐
标系，但是它们都是属于右手坐标系，所以可以通过旋转，将 Doom3 坐标系与 WebGL 坐标系重合，
从而解决坐标问题，这里演示了这种方式
        this.matStack.rotate(-90,vec3.right);
    // 绘制绑定姿态
        this.matStack.rotate(this.angle,vec3.forward);
        mat4.product(this.camera.viewProjectionMatrix,this.matStack.mode
lViewMatrix,mat4.m0);
        this.model.drawBindPose(this.texBuilder,mat4.m0);
    // 播放动画的当前一帧的姿态
        this.matStack.pushMatrix();
        this.matStack.translate(new vec3([1.0,0,0]));
        mat4.product(this.camera.viewProjectionMatrix,this.matStack.mode
lViewMatrix,mat4.m0);
        this.model.drawAnimPose(this.texBuilder,mat4.m0);
```

```
        this.matStack.popMatrix();
    }
}
```

注意：（1）在本章解析 MD5 格式时，MD5Vertex 等结构中顶点坐标都是按照 Doom3 引擎的坐标系存储的，并没有像 Quake3 BSP 和 Doom3 PROC 解析时，将顶点相关的坐标转换为 WebGL 坐标系。由于 Doom3 坐标系和 WebGL 坐标系都是右手系，因而可以通过矩阵堆栈最顶层的旋转操作来将 Doom3 坐标系转换为 WebGL 坐标系，从而进行正确的绘制操作。

（2）Doom3 引擎的源码及文件格式是开源的，我们可以按照 MD5 文件格式编写解析和渲染代码，但是游戏资源（如图片、关卡场景数据、各种音频和视频等数据）是有版权保护的。为了避免版权问题，本书只提供如何解析和渲染 MD5 骨骼蒙皮动画的代码实现，但不提供相关的场景渲染效果图及游戏资源。

10.5　本 章 总 结

本章主要讲解了如何解析和渲染 Doom3 引擎中的 MD5 骨骼蒙皮动画。首先通过扩展本书的姊妹篇《TypeScript 图形渲染实战：2D 架构设计与实现》一书中最后一章的 2D 骨骼层次 Demo，使其支持不支持权重合成的简化版的 2D 骨骼蒙皮动画效果，目的是了解骨骼蒙皮动画的各种坐标系及蒙皮顶点的转换流程。

在有了父子层次关系、骨骼坐标系、模型坐标系和绑定姿态等这些概念后就进入 Doom3 引擎的.md5mesh 文件格式的解析与渲染流程。了解了.md5mesh 文件格式中的各个重要的数据结构，利用.md5mesh 的这些数据结构，最终的目的是计算各个 MD5Vertex 对象的 finalPosInModelSpace 坐标值，这些坐标值就是绘制.md5mesh 绑定姿态的关键数据。

然后介绍了.md5anim 文件格式的解析和渲染。了解了.md5anim 文件格式中各个重要的数据结构，最后利用.md5anim 的这些数据结构，计算出当前动画序列某一帧中所有蒙皮顶点 MD5Vertex 对象的 animatedPosInModelSpace 坐标值，通过这些坐标值，就可以绘制出该帧的姿态。只要不停更新帧号，不停地计算 animatedPosInModelSpace 的坐标值进行绘制，就会获得动画播放的功能。

以上就是本章的主要内容，希望读者能理解并掌握。

推荐阅读

Python Flask Web开发入门与项目实战

作者：钱游　书号：978-7-111-63088-3　定价：99.00元

从Flask框架的基础知识讲起，逐步深入到Flask Web应用开发
详解116个实例、28个编程练习题、1个综合项目案例

本书从Flask框架的基础知识讲起，逐步深入到使用Flask进行Web应用开发。其中，重点介绍了使用Flask+SQLAlchemy进行服务端开发，以及使用Jinja 2模板引擎和Bootstrap进行前端页面开发，让读者系统地掌握用Python微型框架开发Web应用的相关知识，并掌握Web开发中的角色访问权限控制方法。

React+Redux前端开发实战

作者：徐顺发　书号：978-7-111-63145-3　定价：69.00元

阿里巴巴钉钉前端技术专家核心等三位大咖力荐

本书是一本React入门书，也是一本React实践书，更是一本React企业级项目开发指导书。书中全面、深入地分享了资深前端技术专家多年一线开发经验，并系统地介绍了以React.js为中心的各种前端开发技术，可以帮助前端开发人员系统地掌握这些知识，提升自己的开发水平。

Vue.js项目开发实战

作者：张帆　书号：978-7-111-60529-4　定价：89.00元

通过一个完整的Web项目案例，展现了从项目设计到项目开发的完整流程

本书以JavaScript语言为基础，以Vue.js项目开发过程为主线，系统地介绍了一整套面向Vue.js的项目开发技术。从NoSQL数据库的搭建到Express项目API的编写，最后再由Vue.js显示在前端页面中，让读者可以非常迅速地掌握一门技术，提高项目开发的能力。

推荐阅读

Unity与C++网络游戏开发实战：基于VR、AI与分布式架构

作者：王静逸 刘岾　书号：978-7-111-61761-7　定价：139.00元

游戏开发资深专家呕心沥血之作，分享10年实战经验
摩拜联合创始人、中手游创始人等7位重量级大咖力荐

权威：资深技术专家倾情奉献，7位重量级大咖力荐

全面：涵盖图形学、仿真系统、网络架构和人工智能等众多领域

系统：全流程讲解大型网络游戏及网络仿真系统的前后端开发

实用：详解一个完整的仿真模拟系统开发，提供完整的工业级源代码

　　本书以Unity图形开发和C++网络开发为主线，系统地介绍了网络仿真系统和网络游戏开发的相关知识。本书从客户端开发和服务器端开发两个方面着手，讲解了一个完整的仿真模拟系统的开发，既有详细的基础知识，也有常见的流行技术，更有完整的项目实战案例，而且还介绍了AR、人工智能和分布式架构等前沿知识在开发中的应用。

　　本书共21章，分为4篇。第1、2篇为客户端开发，主要介绍了Unity基础知识与实战开发；第3、4篇为服务器端开发，主要介绍了C++网络开发基础知识与C++网络开发实战。

　　本书内容全面，讲解通俗易懂，适合网络游戏开发、军事虚拟仿真系统开发和智能网络仿真系统开发等领域的开发人员和技术爱好者阅读，也适合系统架构人员阅读。另外，本书还适合作为相关院校和培训机构的培训教材使用。